安全管理技术

袁昌明　编著

北　京
冶　金　工　业　出　版　社
2009

内 容 提 要

本书分两篇，第一篇全面介绍了安全管理基本概念，安全生产方针与法规，事故与职业病管理，安全检查，安全教育与标准化作业，安全预测、决策及规划，安全技术措施计划与目标管理，事故应急救援；第二篇主要介绍了事故发生原理、危险源辨识、危险性分析方法、危险源分级、控制与管理、固有危险源引起的事故及其控制、作业环境危险源及控制、人的操作可靠性及其失误的控制等内容。

本书可作为大专院校安全工程及相关专业学生的选用教材，亦可作为企业负责人、安全管理与技术人员，以及生产作业人员的培训教材，还可作为从事安全工程专业的科研人员，安全生产监督、监察与管理人员的参考用书。

图书在版编目(CIP)数据

安全管理技术/袁昌明编著. —北京：冶金工业出版社，2009.3

ISBN 978-7-5024-4547-8

Ⅰ.安…　Ⅱ.袁…　Ⅲ.安全管理　Ⅳ.X92

中国版本图书馆CIP数据核字(2009)第011940号

出 版 人　曹胜利
地　　址　北京北河沿大街嵩祝院北巷39号，邮编100009
电　　话　(010)64027926　电子信箱　postmaster@cnmip.com.cn
责任编辑　尚海霞　朱华英　美术编辑　李　心　版式设计　葛新霞
责任校对　栾雅谦　责任印制　牛晓波
ISBN 978-7-5024-4547-8
北京印刷一厂印刷；冶金工业出版社发行；各地新华书店经销
2009年3月第1版，2009年3月第1次印刷
787mm×1092mm　1/16；18印张；429千字；272页；1-3000册
46.00元

冶金工业出版社发行部　电话：(010)64044283　传真：(010)64027893
冶金书店　地址：北京东四西大街46号(100711)　电话：(010)65289081
(本书如有印装质量问题，本社发行部负责退换)

前　言

随着科学技术的进步和人类社会的发展,安全问题越来越受到整个社会的关注。搞好安全工作,对于促进生产发展、提高人民生活质量与水平、坚持安全发展、建设和谐社会等具有重要的现实意义。

作为安全科学的重要组成部分之一,安全管理技术伴随工业生产的出现而出现,又随着生产技术和管理水平的提高而不断发展。它既有一般管理工作的共性,又有其特殊的规律、遵循的原则、理论基础,以及分析问题和解决问题的方法。掌握安全管理的有关知识和技术,科学而有效地组织和使用人力、物力和财力等各种物质资源;正确而全面地利用计划、组织、协调、控制等管理手段,控制来自自然界的、机械设备的、物质的危险因素和人的不安全行为,避免伤亡事故和职业病的发生,从而保证职工的安全和健康,保障生产的顺利进行。

本书分安全管理基础和系统安全管理两篇共十五章。第一篇安全管理基础论述的主要内容为:安全管理基本概念,安全生产方针与法规,事故与职业病管理,安全检查,安全教育与标准化作业,安全预测、决策及规划,安全技术措施计划与目标管理,事故应急救援。第二篇系统安全管理阐述的内容为:事故发生原理,危险源辨识,危险性分析方法,危险源分级、控制与管理,固有危险源引起的事故及其控制,作业环境危险源及控制,人的操作可靠性及其失误的控制。

本书力求内容丰富、语言简洁、层次清晰、通俗易懂,注重理论联系实际,强调实用性和可操作性。本书可作为大专院校安全工程及相关专业学生的选用教材,亦可作为企业负责人、安全管理与技术人员,以及生产作业人员的培训教材,还可作为从事安全工程专业的科研人员,安全生产监督、监察与管理人员的参考书。

全书由中国计量学院袁昌明教授编著,在成书过程中,得到了冶金工业出版社的大力支持和帮助;中国计量学院研究生车慧子、袁寅同学参与了大量的文字整理工作;本书部分章节还参阅了参考文献中所列的许多著作和文献,在此一并表示感谢。

由于作者学识水平所限,书中不妥之处,敬请广大读者和专家批评指正。

编著者

2008 年 9 月

目　录

第一篇　安全管理基础

第一篇　安全管理基础

第一章　概　　述

第一节　安全管理的产生和发展

科学的产生和发展，从开始起便是由生产所决定的。安全管理这门科学和其他科学一样，也是随生产的发展，特别是工业生产的发展而发展的。

自人类出现，安全问题就存在。人类需要保护自己，要与自然灾害作斗争，警惕凶猛野兽的袭击和强大邻居的骚扰，他们有觉察危险迹象的本能，并且知道评价危险程度和作出防护反应。

科学技术的进步、生产的发展，提高了生产力，促进了社会的发展。然而，在技术进步和生产发展的同时，也会产生许多威胁人类安全与健康的问题。而要解决这些问题就需要从安全管理、安全技术、职业卫生等方面采取措施。

例如，火的发明和应用，改变了人类饮食、促进了人类文明，为生产和生活提供热源等，但由于在使用过程中往往会引起灼烫、火灾、爆炸等事故。为防止灼烫、火灾、爆炸等事故发生，需要有消防管理、防火防爆安全技术措施来应对。

电的发明和应用，电是能源、动力，现代社会离不开电，但人们在发电、送电、变配电和用电过程中往往会发生触电、电气火灾、电离辐射等事故和职业危害。为防止触电、电气火灾等事故，以及电离辐射危害，需要对电气设备加强安全管理，需要采取电气安全技术措施保证安全。

空压机、球磨机的发明和应用，提高了生产效率。但空压机、球磨机在运行过程中所产生的噪声、振动等给作业人员健康带来一定的影响，这就需要采取管理与技术措施，解决噪声及振动的问题。

18 世纪中叶，蒸汽机的发明促进了工业革命的发展，大规模的机械化生产开始出现，作业人员在极其恶劣的环境中每天从事超过 10 小时的劳动，作业人员的安全和健康时刻受到机器的威胁，伤亡事故和职业病不断出现。为了确保生产过程中作业人员的安全和健康，一些学者开始研究劳动安全卫生问题，采用的多种管理和技术手段改善作业环境和作业条件，丰富了安全管理和安全技术的内容。

20 世纪初，现代工业兴起和快速发展，重大事故和环境污染相继发生，造成了大量的人员伤亡和巨大的财产损失，给社会带来了极大危害，使人们不得不在一些企业设置专职安全人员和安全机构，开展安全检查、安全教育等安全管理活动。20 世纪 30 年代，很多国家设立了安全生产管理的政府机构，颁布了劳动安全卫生的法律法规，逐步建立了较完善的安全教育、安全检查、安全管理等制度，这些内容更进一步丰富了安全生产管理的内容。

进入20世纪50年代,经济的快速增长,使人们的生活水平迅速提高,创造就业机会、改善工作条件、公平分配国民生产总值等问题,引起了越来越多经济学家、管理学家、安全工程专家和政治家的注意。工人强烈要求不仅要有工作机会,还要有安全和健康的工作环境。一些工业化国家,进一步加强了安全生产法律法规体系建设,在安全生产方面投入了大量资金进行科学研究,产生了一些安全生产管理原理、事故预防原理和事故模式理论等风险管理理论,以系统安全理论为核心的现代安全管理思想、方法、模式和理论基本形成。

20世纪末,随着现代制造业和航空航天技术的飞速发展,人们对职业安全卫生问题的认识也发生了很大变化,安全生产成本、环境成本等成为产品成本的重要组成部分,职业安全卫生问题成为非官方贸易壁垒的利器。在这种背景下,"持续改进"、"以人为本"的健康安全管理理念逐渐被企业管理者所接受,以职业健康安全管理体系为代表的企业安全生产风险管理思想开始形成,现代安全生产管理的内容更加丰富,现代安全生产管理理论、方法、模式以及相应的标准、规范更加成熟。

现代安全生产管理理论、方法和模式是20世纪50年代进入我国的。20世纪六七十年代,我国开始吸收并研究事故模式理论、事故预防理论和现代安全生产管理思想。20世纪八九十年代,开始研究企业安全生产风险评价、危险源辨识和监控,一些企业管理者开始尝试安全生产风险管理。20世纪末,我国几乎与世界工业化国家同步研究并推行了职业健康安全管理体系。进入21世纪以来,我国有些学者提出了系统化企业安全生产风险管理的理论雏形,认为企业安全生产管理是风险管理,管理的内容包括危险源辨识、风险评价、危害预测与监测管理、事故预防与风险控制管理以及应急管理等,该理论将现代风险管理完全融入安全生产管理之中。

随着技术的进步、生产的发展,人们开始意识到,技术的进步、生产的发展随之带来的事故和灾害是由人、物、环境之间的不协调造成的。人们通过对大量事故的分析与研究,寻求事故的本质、发生规律及其原因,从而确立有效地控制事故的方法。人类在长期的生产实践中,积累了许多处理人和生产工具、生产环境之间关系的方法和经验,形成了利用自然,改造自然,克服自然界危险和有害因素,促进生产发展,保护自身安全与健康的知识体系。人类这种控制生产活动中的不安全因素,研究自身防护方法的管理手段就是安全管理。

传统的安全管理缺乏明确的目标,往往凭经验和直觉处理生产活动中的安全问题,不能系统地、全面地发现潜在危险和处理问题。因此,只能就事论事,见树木不见森林,头痛医头、脚痛医脚,实际上只能起到扬汤止沸的作用。现代安全管理以系统论、控制论和信息论为基础,以可靠性工程、人机工程、运筹学等基本理论和方法为手段,系统地、全面地发现生产中的不安全因素和控制这些因素的有效途径,逐步形成了一门较完整的现代安全管理知识范畴和学科体系。

第二节　安全管理的概念

安全管理是一门技术科学,它是介于基础科学与工程技术之间的综合性科学。它强调理论与实践的结合,重视科学与技术的全面发展。安全管理的特点是把人、物、环境三者进行了有机的联系,试图控制人的不安全行为、物的不安全状态和环境的不安全条件,解决人、物、环境之间不协调的矛盾,排除影响生产效益的人为和物质的阻碍事件。

一、安全管理的定义

安全管理同其他学科一样,有它自己特定的对象和研究范围。从管理的角度看,研究领域可分为三个系统:(1)技术系统,即机器—机器系统;(2)社会技术系统,即人—机系统;(3)社会系统,即人—人系统。安全管理涉及人、物、环境相互关系协调的问题,安全管理的研究领域应是社会技术系统,即人—机系统。因此,安全管理就是一门专门研究人—机—环境系统中安全问题的管理方法与手段的技术科学。

安全管理也有其独特的理论体系,并运用理论体系提出解决问题的方法。与安全管理相关的学科包括劳动心理学、劳动卫生学、统计科学、计算科学、运筹学、管理科学、安全系统工程、人机工程、可靠性工程、安全技术等。在工程技术方面,安全管理已广泛地应用于基础工业、交通运输、军事及尖端技术工业等。

安全管理是管理科学的一个分支,也是安全工程学的一个重要组成部分。安全工程学包括安全技术、工业卫生工程及安全管理。

安全技术是安全工程的技术手段之一。它着眼于对生产过程中物的不安全因素和环境的不安全条件,采用技术措施进行控制,以保证物和环境安全、可靠,达到技术安全的目的。

工业卫生工程也是安全工程的技术手段之一。它着眼于消除或控制生产过程中对人体健康产生影响或危害的有害因素,从而保证安全生产。

安全管理则是安全工程的组织、计划、决策和控制过程,它是保障安全生产的一种管理措施。

根据以上分析,我们从科学性和技术性这两个方面,给安全管理下定义:安全管理是研究人、物、环境三者之间的协调性,对安全工作进行决策、计划、组织、控制和协调;在法律制度、组织管理、技术和教育等方面采取综合措施,控制人、物、环境的不安全因素,以实现安全生产为目的的一门综合性学科。

为了进一步说明定义,我们对定义中的几个概念;人、物、环境;安全工作;决策、计划、组织、控制和协调;法律制度、组织管理;技术和教育;安全生产分别予以说明。

(1) 人、物、环境,所谓“人”是指企业全体员工,包括生产工人、管理人员和技术人员;“物”是指与生产活动有关的、影响生产的机器设备、设施、工具、用品等,“环境”是指生产过程中作业环境条件,包括机器布置、材质堆放、照明、噪声及振动、温湿度、空气质量、信号、标志、色彩及射线和辐射等。

(2) “安全工作”是指为保证系统的安全性、实现安全生产所做的一切工作。它包括安全管理、安全技术、工业卫生与科学研究等内容。

(3) “决策、计划、组织、控制和协调”是指对企业安全工作进行的系统分析与管理的方法和工作程序,也是管理科学的基本手段与工作方法。

(4) “法律和制度、组织管理、技术和教育”是指为保证安全生产所建立的法规、规程、标准、组织机构、管理体系,所采取的技术措施和进行的安全教育与培训等,是安全管理的工作内容。

(5) “安全生产”是指在劳动生产过程中,努力改善劳动条件,克服不安全因素和不卫生条件,使劳动生产在保证劳动者的安全和健康、国家财产免遭损失的前提下顺利进行。

从以上定义中,我们可以看出,安全管理在解决系统中的安全问题上从两个方面考虑:

一是借助于法律制度、组织管理和教育控制人的不安全行为;二是借助于技术措施和管理控制物的不安全因素,改善作业环境。安全管理实质上就是对人、物、环境的系统管理。

二、安全管理的原理与原则

安全管理作为管理的重要组成部分,既遵循管理的普遍规律,服从管理的基本原理与原则,又有其特殊的原理与原则。

原理是对客观事物实质内容及其基本运动规律的表述。原理与原则之间存在内在的、逻辑对应的关系。安全管理原理是从生产管理的共性出发,对生产管理工作的实质内容进行科学分析、综合、抽象与概括所得出的生产管理规律。

原则是根据对客观事物基本规律的认识引发出来的,是需要人们共同遵循的行为规范和准则。安全生产原则是指在生产管理原则的基础上,指导生产管理活动的通用规则。

原理与原则的本质与内涵是一致的。一般来说,原理更基本,更具有普遍意义;原则更具体,对行动更有指导性。

1. 系统原理

(1) 系统原理的含义。系统原理是指运用系统论的观点、理论和方法来认识和处理管理中出现的问题,对管理活动进行系统分析,以达到管理的优化目标。

所谓系统是由相互作用和相互依赖的若干部分组成,具有特定功能的有机整体。任何管理对象都可以作为一个系统。系统可以分为若干子系统,子系统可以分为若干要素,即系统是由要素组成的。按照系统的观点,管理系统具有 6 个特征,即集合性、相关性、目的性、整体性、层次性和适应性。

安全管理系统是生产管理的一个子系统,包括各级安全管理人员、安全防护设备与设施、安全管理规章制度、安全生产操作规范和规程,以及安全生产管理信息等。安全贯穿于整个生产活动过程中,安全生产管理是全面、全过程和全员的管理。

(2) 运用系统原理的原则:

1) 动态相关性原则。动态相关性原则表明:构成管理系统的各要素是运动和发展的,它们相互联系又相互制约。显然,如果管理系统的各要素都处于静止状态,就不会发生事故。

2) 整分合原则。高效的现代安全生产管理必须在整体规划下明确分工,在分工基础上有效综合,这就是整分合原则。运用该原则,要求企业管理者在制定整体目标和进行宏观策划时,必须将安全生产纳入其中,在考虑资金、人员和体系时,都必须将安全生产作为一个重要内容考虑。

3) 反馈原则。反馈是控制过程中对控制机构的反作用。成功、高效的管理,离不开灵活、准确、快速的反馈。企业生产的内部条件和外部环境是不断变化的,必须及时捕获、反馈各种安全生产信息,以便及时采取行动。

4) 封闭原则。在任何一个管理系统内部,管理手段、管理过程都必须构成一个连续封闭的回路,才能形成有效的管理活动,这就是封闭原则。封闭原则告诉我们,在企业安全生产中,各管理机构之间、各种管理制度和方法之间,必须具有紧密的联系,形成相互制约的回路,才能有效。

2. 人本原理

(1) 人本原理的含义。在安全管理中把人的因素放在首位,体现以人为本,这就是人本原理。以人为本有两层含义:一是一切管理活动都是以人为本展开的,人既是管理的主体,又是管理的客体,每个人都处在一定的管理层面上,离开人就无所谓管理;二是管理活动中,作为管理对象的要素和管理系统各环节,都需要人掌管、运作、推动和实施。

(2) 运用人本原理的原则:

1) 动力原则。推动管理活动的基本力量是人,管理必须有能够激发人的工作能力的动力,这就是动力原则。对于管理系统,有三种动力,即物质动力、精神动力和信息动力。

2) 能级原则。现代管理认为,单位和个人都具有一定的能量,并且可按照能量的大小顺序排列,形成管理的能级,就像原子中电子的能级一样。在管理系统中,建立一套合理能级,根据单位和个人能量的大小安排其工作,发挥不同能级的能量,保证结构的稳定性和管理的有效性,这就是能级原则。

3) 激励原则。管理中的激励就是利用某种外部诱因的刺激,调动人的积极性和创造性。以科学的手段,激发人的内在潜力,使其充分发挥积极性、主动性和创造性,这就是激励原则。人的工作动力来源于内在动力、外部压力和工作吸引力。

3. 预防原理

(1) 预防原理的含义。安全生产管理工作应该做到预防为主,通过有效的管理和技术手段,减少和防止人的不安全行为和物的不安全状态,达到预防事故的目的。在可能发生人身伤害、设备或设施损坏和环境破坏的场合,事先采取措施,防止事故发生。

(2) 运用预防原理的原则:

1) 事故是可以预防的原则。生产活动过程都是由人来进行规划、设计、施工、生产运行的,我们可以改变设计方案,改变施工方法,改变运行管理方式,避免事故发生。同时,我们可以寻找本质因素,采取措施予以控制,达到预防事故的目的。因此,生产活动过程中的事故是可以预防的。

2) 因果关系原则。事故的发生是许多因素互为因果连锁发生的最终结果,只要诱发事故的因素存在,发生事故是必然的,只是时间或迟或早而已,这就是因果关系原则。

3) 3E 原则。造成人事故的原因可归纳为 4 个方面,即人的不安全行为、设备的不安全状态、环境的不安全条件,以及管理缺陷。针对这 4 方面的原因,可采取 3 种对策,即工程技术(engineering)对策、教育(education)对策和法制(enforcement)对策,即所谓 3E 原则。

4) 本质安全化原则。本质安全化原则是指从一开始和从本质上实现安全化,从根本上消除事故发生的可能性,从而达到预防事故发生的目的。本质安全化应满足三个条件:失误—安全、故障—安全、安全保护设施是设备本身自有的,而不是后加的。

4. 强制原理

(1) 强制原理的含义。采取强制管理的手段控制人的意愿和行为,使人的活动、行为等受到安全生产管理要求的约束,从而实现有效的安全生产管理。所谓强制就是绝对服从,不必经被管理者同意便可采取的控制行动。

(2) 运用强制原理的原则:

1) 安全第一原则。安全第一就是要求在进行生产和其他工作时把安全工作放在一切工作的首要位置。当生产和其他工作与安全发生矛盾时,要以安全为主,生产和其他工作要服从于安全。

2）监督原则。监督原则是指在安全合作中，为了使安全生产法律法规得到落实，必须设立安全生产监督管理部门，对企业生产中的守法和执法情况进行监督。监督主要包括国家监察、行业管理、群众监督等。

三、安全管理的目的、内容

1. 企业安全管理的目的

企业安全管理是遵照国家的安全生产方针、安全生产法规，根据企业实际情况，从组织管理与技术管理上提出相应的安全管理措施，在对国内外安全管理经验教训、研究成果的基础上，寻求适合企业实际的安全管理方法。而这些管理措施和方法的作用都在于控制和消除影响企业安全生产的不安全因素、不卫生条件，从而保障企业生产过程中不发生人身伤亡事故和职业病，不发生火灾、爆炸事故，不发生设备事故、险肇事故。因此，安全管理的目的是：

（1）确保生产场所及生产区域周边范围内人员的安全与健康。即要消除危险、危害因素，控制生产过程中伤亡事故和职业病的发生，保障企业内和周边人员的安全与健康；

（2）保护财产和资源。即要控制生产过程中设备事故和火灾、爆炸事故的发生，避免由不安全因素导致的经济损失；

（3）保障企业生产顺利进行。提高效率，促进生产发展，是安全管理的根本目的和根本任务；

（4）促进社会生产发展。促进社会进步，建立和谐社会，维护社会稳定是安全管理的最终目标。

2. 安全工作的主要内容

这里应当明确的是，安全与生产是相辅相成的。没有安全管理保障，生产就无法进行；反之，没有生产活动，也就不存在安全问题。我们所指的安全管理，是针对生产活动中的安全问题，围绕着企业安全生产所进行的一系列管理活动。根据安全管理的研究对象是人—机系统中的安全问题，根据安全管理的定义是控制人、物、环境的不安全因素，我们可以将安全管理工作的内容陈述如下：

（1）安全生产方针与安全生产责任制的贯彻实施；

（2）安全生产法规、制度的建立与执行；

（3）事故与职业病预防与管理；

（4）安全预测、决策及规划；

（5）安全教育与安全检查；

（6）安全技术措施计划的编制与实施；

（7）安全目标管理；

（8）事故应急救援；

（9）危险源辨识分析与控制。

随着生产的发展，新技术、新工艺的应用，以及生产规模的扩大，产品品种的不断增多与更新，职工队伍的不断壮大与更替，加之生产过程中环境因素的随时变化，企业生产会出现许多新的安全问题。当前，随着改革的不断深入，在建设具有中国特色的社会主义市场经济过程中，用工形式多样化，企业经济成分多样化，不再是计划经济体制时期的用工单一，经济成分单一,安全管理的对象、形式及方法也随市场经济的要求而发生变化。因此,安全管理的工作内容要不断适应生产发展的要求,随时调整和加强工作重点。

第三节　安全管理的研究方法

安全管理是企业管理的一个重要分支。安全管理是研究解决生产中与安全有关的问题。其方法有以下两种:

(1) 事后法。这种方法是对过去已发生的事件进行分析,总结经验教训,采取措施,防止重复事件的发生,因而是对现行安全管理工作的指导。例如对某一事故分析其原因,查找引起事故的不安全因素,根据分析结果,制定和实施防止此类事故再度发生的措施。此种方法有人称为"问题出发型"方法,即我们通常所说的传统的安全管理方法。

(2) 事先法。这种方法是从现实情况出发,研究系统内各要素之间的联系,预测可能会引起危险、导致事故发生的某些原因。通过对这些原因的控制来消除危险,避免事故,从而使系统达到最佳安全状态,这就是所谓的现代安全管理方法。也有人称为"问题发现型"方法。

无论是"事先型"研究方法还是"事后型"研究方法,其工作步骤都是"从问题开始,研究解决问题的对策、对实施的对策效果予以评价,并反馈评价结果,更新研究对策"。安全管理工作步骤如图 1－1 所示。

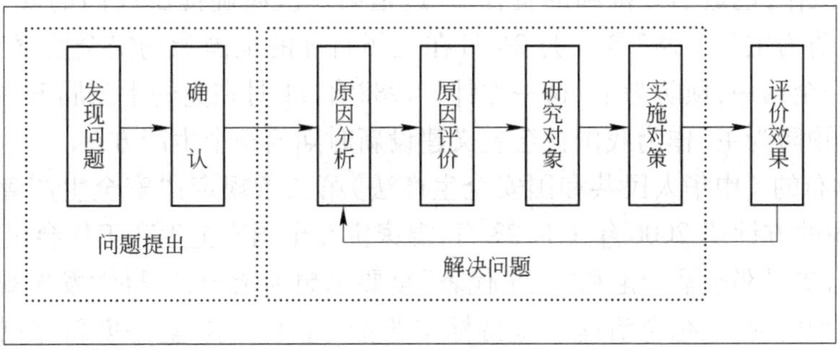

图 1－1　安全管理的工作步骤

(1) 发现问题,即找出所研究的问题,"事后法"是指分析已存在的问题或事故,"事先法"则是指预防可能要出现的问题或事故。

(2) 确认,是对所研究的问题进一步核查与认定,要查清何时、何人、何条件、何事(或可能出现什么事)等。

(3) 原因分析,是解决问题的第一步。原因分析即寻求问题或事故的影响因素,对所有的影响因素进行归类,并分析这些因素之间的相互关系。

(4) 原因评价,将问题的原因按其影响程度大小排序分级,以视轻重缓急解决问题。

(5) 研究对策,根据原因分析与评价,有针对性地提出解决问题,研究防止或预防事故的措施。

(6) 实施对策,将所制定的措施付诸实践,并从人力、物力、组织等方面予以保证。

(7) 评价,是对实施对策后的效果、措施的完善程度及合理性进行检查与评定,并将评价结果反馈,以寻求最佳的实施对策。

第二章 安全生产方针与法规

有效的安全管理,一定程度上取决于组织保证和行政管理措施。而组织管理的成功往往取决于管理人员对安全工作的指导思想、法规及其职责的认识与贯彻执行法规的能力。只有充分认识和正确理解安全生产方针,严格贯彻安全生产法规,认真履行安全生产责任,才能保证各项安全管理措施的实施。

第一节 安全生产方针

安全生产方针是我国一切生产活动实现安全生产的指导思想,安全第一、预防为主的方针是我国多年安全生产管理工作的经验总结,它高度概括了工作的目的和任务。

早在1952年第二次全国劳动保护会议上就明确了"生产必须安全,安全促进生产"的辩证关系,规定了"管生产必须管安全"的原则。1983年国务院在[1983]85号《批转劳动人事部、国家经委、全国总工会关于加强安全生产和劳动安全监察工作的报告的通知》中指出:"在'安全第一,预防为主'的思想指导下搞好安全生产,是经济管理、生产管理部门和企业领导的本职工作,也是不可推卸的责任。"这是第一次明确提出我国的安全生产方针是"安全第一,预防为主"。1987年1月26日在杭州召开的全国劳动安全监察工作会议上又一次重申了"安全第一,预防为主"这一方针。1988年11月在党的十三届五中全会决议中,把"安全第一,预防为主"作为我国社会主义建设新时期的安全生产方针。

2002年颁布的《中华人民共和国安全生产法》第三条规定:"安全生产管理,坚持安全第一、预防为主的方针。"2006年1月23日,温家宝在全国安全生产工作会议上强调:加强安全生产工作,要以邓小平理论和"三个代表"重要思想为指导,以科学发展观统领全局,坚持"安全第一、预防为主、综合治理",坚持标本兼治、重在治本,坚持创新体制机制、强化安全管理。

随着安全科学的研究与发展,人们在生产实践中逐渐认识到:保障生产的前提是保证安全,保证安全的基础是预防事故,这就是我国目前实行的"安全第一,预防为主"的安全生产方针的基本思路。"安全第一,预防为主"的安全方针,既阐明了安全与生产的辩证关系,又明确了安全工作的重点和安全管理的工作方向。即当安全与生产出现矛盾时,应首先解决安全问题,安全问题是各级管理人员要抓的头等大事,是企业职工首先考虑的问题;要保证安全生产,必须以预防为主的"事先型"研究方法来解决安全问题,变被动的安全管理为主动的、系统的安全管理。消除或减少事故,首先要对危险源进行管理,对隐患进行整改和排除。

"安全第一"是指安全生产是生产企业的头等大事。各企业及其主管部门、各级安全生产监督管理部门和各级工会等,都要十分重视安全生产,把安全工作渗透到生产的各个环节中去,坚持"管生产必须管安全"的原则,真正做到生产与安全的"五同时",即在计划、布置、检查、总结、评比生产工作的时候,同时计划、布置、检查、总结、评比安全工作。安全与生产是矛盾的统一体。例如在生产过程中,不安全因素与生产顺利进行是矛盾的,若对不安全因素进行整改和控制,有时会影响生产、增加开支,这与生产进度和节约费用是矛盾的。加之安全管理人员与生产人员往往考虑问题的角度不同,安全人员考虑的是安全,生产人员考虑的是生产效益,会发生矛盾。这些矛盾只有在正确认识和理解"安全第一"思想的基础上,才能达到统一。从长远和全局看,生产中的不安全因素若任其发展,不仅影响生产,而且会导致事故发生,造成损失。而通过对事故隐患进行整改和治理,可以实现安全生产,保障生产顺利进行。在对隐患整改时,可能会耽误生产,增加开支,但实际上最终是改善了劳动条件,消除了潜在危险,减少了因事故造成的损失,从而加快了生产的进程,提高了劳动生产率和经济效益。因此,在考虑生产时,应该把安全作为一个前提条件,制定和落实安全生产的各项措施,以保证职工的安全与健康,保障生产长期、安全地进行。

"预防为主"就是要把安全工作的重点从事后处理转变为事前预防。在生产活动中,安全工作首先要认真贯彻"三同时"的原则。《中华人民共和国安全生产法》第二十四条规定:"生产经营单位新建、改建、扩建工程项目的安全设施,必须与主体工程同时设计、同时施工、同时投入生产使用。安全设施投资应纳入建设项目概算"。真正做到设备、设施的本质安全。另外,在现行设备和环境条件下,如何控制危险,整改事故隐患,以消除物的不安全因素,也是预防事故的一个方面。在人的因素方面,主要采取教育、训练和严格规章制度等措施,防止人的失误而引起的事故。"预防为主"也是安全工作的指导思想,安全工作要围绕这一指导思想展开。预防事故是安全生产的基础工作,要做好这一工作,必须要研究生产系统中可能导致事故发生、影响人体健康的基本原因与危险因素,探讨由危险因素转化为危险状态,由危险状态转化为事故的转化条件及其发生、发展的规律。只有这样,才能有效地控制危险因素、防止事故发生,保护劳动者的安全与健康,以达到生产系统的最佳安全状态。

安全管理人员不仅要对安全生产方针有正确的认识和理解,而且要在实际工作中认真贯彻执行和进行宣传,使企业领导和广大职工对安全生产都有一个正确的认识,调动他们参与安全工作和管理的积极性,开展全面、全过程、全员安全管理。

第二节　安全管理组织

建立健全合理的安全管理组织机构,在企业中形成安全管理的组织保证体系,有效地进行安全生产指挥和协调,是安全生产必不可少的组织措施。

一、安全生产管理体制

1. 安全管理体制的概念

为贯彻"安全第一,预防为主"的方针,必须建立一个衔接有序、运作有效、保障有力的安全生产管理体制。

体制是关于一个社会组织系统的结构组成、管理权限划分、事务运作机制等方面的综合概念。安全生产管理体制就是安全管理系统的结构组成、管理权限划分、事务运作机制等方面的综合概念。

1983 年国务院在批转劳动人事部、国家经济委员会、中华全国总工会《关于加强安全生产和劳动安全监察工作的报告》的通知中,确定了在我国安全生产工作中实行"国家劳动安全监察、行政管理和群众(工会组织)监督相结合的工作体制"。

20世纪90年代,在不断的实践中,人们认识到安全生产涉及企业、职工、政府三个方面,认为行政管理的提法欠妥,企业是安全生产的主体,企业应该对搞好安全生产负有直接的责任。因此,国务院1993年50号文《关于加强安全生产工作的通知》中正式提出:实行"企业负责、行业管理、国家监察、群众监督、劳动者遵章守纪"的安全生产管理体制。

2005年5月11日,温家宝总理在国务院常务工作会议上指出:要加强"国家监察、地方监督、企业负责"的安全生产管理体制建设。

"企业负责,行业管理,国家监察,群众监督,劳动者遵章守纪"安全管理体制,体现了"安全第一,预防为主"的安全生产方针,强调了"管生产必须管安全"的原则,发挥和调动了职工群众管安全的作用和积极性。

(1) 企业负责。"中华人民共和国安全生产法"明确规定:生产经营单位的主要负责人对本单位的安全生产工作全面负责。对于企业来说,从企业主要领导到班组长,要实行安全第一领导负责制,分管生产的领导负责日常安全工作,同时设立相应专职安全机构和人员进行有效的具体管理。班组、科室应配安全员,各级领导机构和人员都应明确安全生产责任制,这样才能确保企业安全生产。因此,企业是安全生产的主体和基础。

(2) 行业管理。行业管理是行业管理部门,生产管理部门和企业自身,按"管生产必须管安全"的原则,对企业生产进行安全管理、检查、监督和指导。行业管理是通过对安全工作的组织指挥、计划、决策和控制等过程来实现安全生产目标,它起到对安全管理的督导作用。

(3) 国家监察。国家监察是保证安全生产所建立的安全监察制度。它是国家授权安全生产监督部门,依据安全生产法规,以法制手段,对行业主管部门和企业的安全生产情况进行监督检查,促其搞好安全生产,保障职工在生产过程中的安全与健康。

国家安全监察与行业主管部门对工业企业安全管理的业务指导关系不同,它能较好地站在国家利益方面,正确公正地处理好企业与职工、生产与安全的关系,使国家安全生产方针、政策、法规得到有效的贯彻执行。

(4) 群众监督。群众监督是由工会系统来组织实施的,各级工会组织职工自下而上对安全生产进行监督检查,它主要是协助、监督企业行政做好安全工作,提高群众遵章守纪的自觉性。

(5) 劳动者遵章守纪,就是企业职工必须按照国家、行业,以及企业内部的规章制度进行作业,目的就是规范劳动者的安全行为,杜绝违章指挥作业、违反劳动纪律的现象。

2. 安全生产管理体制的五个方面的关系

(1) 五个方面的目标是一致的,都是贯彻"安全第一,预防为主"的安全生产方针,促进安全生产。

(2) 企业是安全工作的主体和具体实施者。

(3) 行业管理指行业部门帮助、指导和监督企业的宏观管理工作。

(4) 国家监察代表国家的执法部门解决:有法可依——制定法规;执法必严——贯彻法规;违法必究—检查法规执行。

(5) 群众监督是由工会系统来组织实施的,各级工会组织职工自下而上对安全生产进行监督检查,它主要是协助、监督企业行政做好安全工作,提高群众遵章守纪的自觉性。

(6) 前四个方面不能相互代替,应密切配合,相互支持,形成整体。

(7) 劳动者是安全管理法规与规程的具体实践者。

二、企业安全管理制度、组织机构及其管理方式

企业安全管理组织机构的设置、人员的配备及其素质，以及职责的履行、管理制度的落实，直接影响安全管理工作。对此，我们必须予以足够的认识和重视。

1. 安全管理的基本制度

安全管理的基本制度主要包括安全生产教育制度、安全生产检查制度、安全技术措施计划制度、工伤事故调查处理制度、安全生产责任制、工伤保险制度、事故应急救援制度和劳保用品管理制度等。

（1）安全生产教育制度。安全教育包括思想政治教育、劳动纪律教育、法制教育、安全技术训练，以及典型经验和事故教训教育等，在实施这一制度时，应对企业各级干部，各工种工人进行安全教育的目的、内容、课时、教育方法等作出具体、明确的规定。

（2）安全生产检查制度。安全监察机构的主要职责是对安全生产方针、政策和安全卫生法规等的贯彻执行情况进行监督检查；检查安全技术措施计划的完成情况；对违反安全卫生法规的单位或有关人员提出处理意见；对不具备安全生产基本条件的作业场所、机器设备，有权提请有关部门责令停产整顿，或予以封闭停用，参加伤亡事故的调查处理等。在实施这一制度时，应对安全检查的范围、内容、时间、方法、组织领导，以及对检查出来的问题如何处理等作出规定。

（3）安全技术措施计划制度。通过编制和实施安全技术措施计划，可以把改善企业劳动条件的工作纳入国家和企业计划之中，有步骤地解决安全技术中的重大问题，特别是一些关键性的项目，应从设计、制造、革新或采用新技术入手，在根本上改善劳动条件。

（4）工伤事故调查处理制度。对已发生的伤亡事故，按规定及时报告、妥善处理和进行统计分析，及时、准确地掌握事故情况，从中找出发生事故的原因及其规律，总结教训。

（5）安全生产责任制。安全生产责任制是明确各级各部门和个人在生产过程应负的安全责任的规定。

（6）工伤保险制度。工伤保险也称职业伤害保险，是对劳动过程中遭受人身伤害（包括事故伤残和职业病以及这种情况造成的死亡）的职工、遗属提供经济补偿的一种社会保险制度。

（7）事故应急救援制度。《中华人民共和国安全生产法》、《危险化学品安全管理条例》、《关于特大安全事故行政责任追究的规定》、《特种设备安全监察条例》、《使用有毒物品作业场所劳动保护条例》、《中华人民共和国职业病防治法》等法规和规定，对生产经营单位、县级以上地方各级人民政府有关制订事故应急救援预案和应急救援体系等提出了相应的要求。

（8）劳动防护用品管理制度。《中华人民共和国安全生产法》第三十七条规定：生产经营单位必须为从业人员提供符合国家标准或行业标准的劳动防护用品，并监督、教育从业人员按照使用规则佩戴、使用。

2. 安全管理机构及其管理方式

《中华人民共和国安全生产法》第十九条规定：矿山、建筑施工单位和危险物品的生产、经营、储存单位，应当设置安全生产管理机构或者配备专职安全生产管理人员。其他生产经营单位，从业人员超过300人的，应当设置安全生产管理机构或者配备专职安全生产管理人

员；从业人员在300人以下的，应当配备专职或者兼职的安全生产管理人员，或者委托具有国家规定的相关专业技术资格的工程技术人员提供安全生产管理服务。

企业根据其规模，可设安全处、安全科、安全组等安全管理机构。为了加强安全管理工作，国家和企业主管部门及企业都设有安全生产委员会，以增强安全管理的协调和指挥能力。企业安全生产委员会一般由厂长或主管生产的副厂长、总工程师、工会主席和安全处(科)长及企业其他处(科)等二级机构的负责人以及群众参加的安全组织网络，负责协调和解决安全问题。安全管理机构是安全生产委员会的日常办事机构。另外，为保证企业安全生产，企业各级工会也应相应地设置安全管理机构与配备安全管理人员。

企业各级安全机构的管理方式主要有直线制、职能制、直线—职能制、矩阵结构、多维结构等。

(1) 直线制。这种管理方式是将安全工作从计划到实施，沿着从上至下的生产指挥方式进行的。这种方式虽然简单、明了，且指挥管理统一，但易产生遗漏或偏差，只适用于规模很小、生产非常简单的小型企业。现在工业企业中已不采用，如图2-1所示。

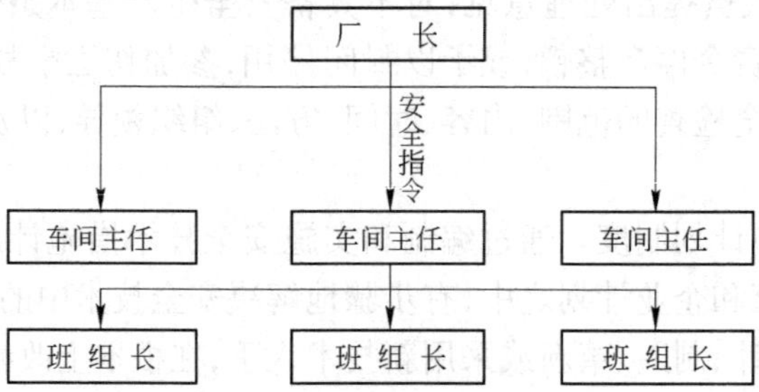

图2-1 直线制管理方式

(2) 职能制。由于工业规模扩大，管理工作复杂化，企业不得不实行管理的专业分工，由专业职能部门分别指挥安全的方式。从专业角度看，该方式的特点是计划内容全面，能充分发挥职能机构专业管理作用。但这种方式主要缺点是，多头领导，妨碍集中统一指挥，易产生生产与安全脱节的现象。职能制管理方式如图2-2所示。

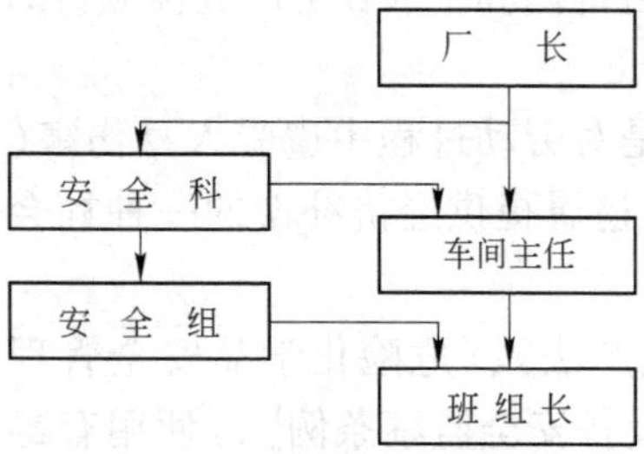

图2-2 职能制管理方式

(3) 直线—职能制。这种管理方式是直线与职能两种方式的综合管理形式，它把企业管理人员划分为两大类即直线指挥人员和职能管理人员。直线指挥人员拥有对下级实行指挥和命令的权力，并对该组织的工作负有全部责任。职能管理人员是直线指挥人员的参谋，只能通过各级主管人员对下级机构进行业务指导和建议，而不能对他们直接下达命令。这种综合式组织形式是一种比较好的管理体系，目前被广泛采用，因为它具有以下优点：

1) 各级部门负责人有相应的安全职能机构作为助手，因而能对本部门的安全生产进行有效的组织和指挥。

2) 保证每个生产单位内部都有统一的指挥和管理，避免了多头指挥和无人负责的混乱现象。

这种机构设置的管理方式也有不足之处，由于各专业职能机构观察处理问题的角度不同，彼此会产生矛盾，如果处理不好，就会妨碍安全管理工作的顺利进行。

直线—职能制安全管理方式如图2－3所示。它是我国目前大多数企业采用的安全管理方式。从图2－3可以看出，安全机构应隶属于该级行政领导，上下级安全机构（或人员）是业务指导关系。

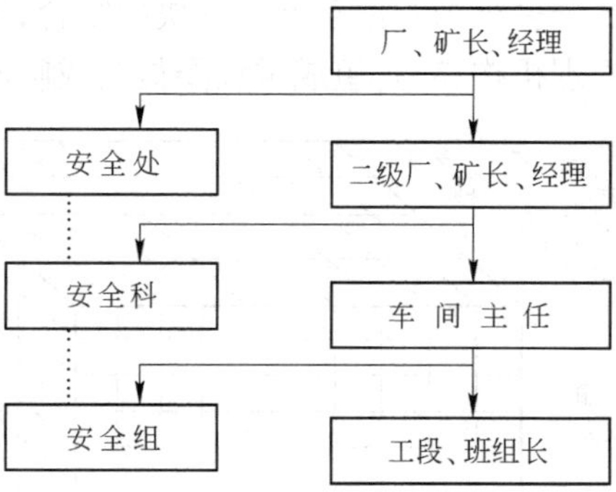

图2－3　直线—职能制管理方式
——生产、安全直线指挥　……业务指导

（4）矩阵结构。矩阵结构是为完成某一特定任务，从各部门抽调有关人员成立的专门组织，去从事安全检查、安全措施计划的实施等工作。这种组织方式既有纵向职能领导关系，又有按安全管理工作内容划分的横向组织的目标领导关系，这两者结合起来形成的管理系统称为矩阵结构，如图2－4所示。从图2－4可以看出，这种纵横交错的组织结构，使企业安全管理中纵向的联系和横向的联系、集权化和分权化都很好地结合起来，加强了各部门之间的协作，提高了中层和基层安全管理的灵活性和责任感，提高了工作效率，并可以集中专门的知识、技能和经验来制定计划和解决一些安全问题，还可以使上层管理集中精力于制定决策、目标和计划，以及对执行情况进行监督。不足之处是，可能会因双重领导而造成工作中的矛盾和困难，所抽调人员易产生临时观念从而对工作产生影响。

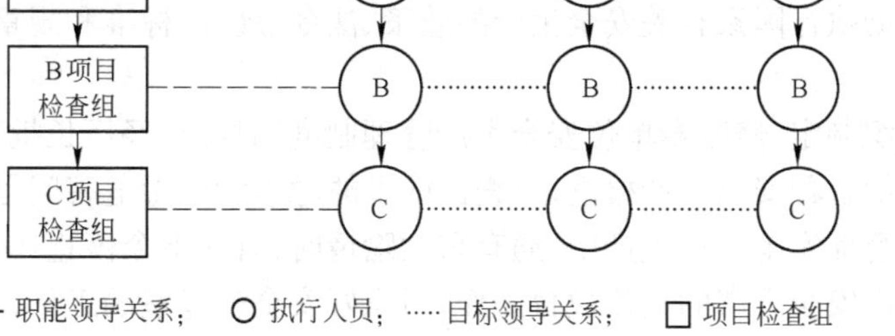

— 职能领导关系；　○ 执行人员；　····· 目标领导关系；　□ 项目检查组

图2－4　矩阵结构管理方式

(5) 多维结构。多维结构就是在一个企业的组织机构中包括三个方面的管理机构,使企业安全管理取得更好的协调,更易发挥效率。这种结构主要包括三个组成部分:

(1) 按专业划分的安全管理机构,是安全工作的核心。

(2) 按职能划分的安全专业参谋机构,是专业技术中心。

(3) 按区域划分的安全管理机构,是安全管理的区域中心。

多维结构如图 2-5 所示。多维结构使条条与块块相结合,重大问题以专业安全管理机构为主,由参谋机构和区域管理机构参与,组成常设委员会或临时工作机构予以处理。

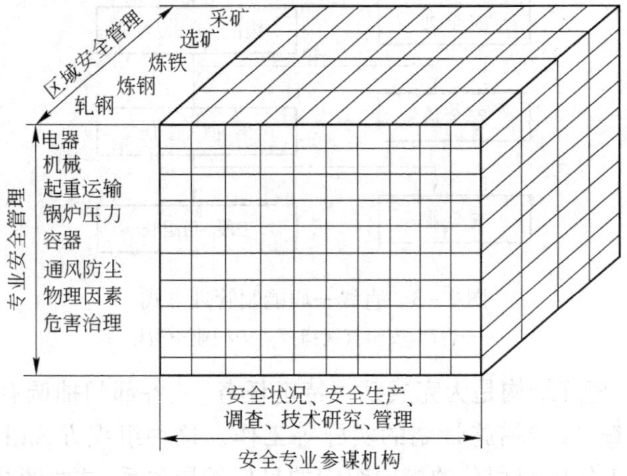

图 2-5 多维结构示意图

这种结构的优点:可以互通情况,沟通意见,共同决策,同时总厂或总公司,可以直接通过三个系统了解情况,实行统一指挥和决策。缺点是遇到问题需要三个系统协商,争议较多,影响效率。

从以上多种组织管理方式看,没有一种十全十美的形式。因此,必须从企业实际情况出发,建立合理的组织管理方式,并努力克服管理方式的缺点。

三、安全管理组织机构的职责

1. 安全处(科)的任务与职责

(1) 安全技术处(科)由厂长直接领导,并在生产副厂长的具体领导下开展工作,是厂长、生产副厂长在安全工作中的助手,负责督促、检查、汇总情况,并做好协调工作,对职责范围内因工作失误而导致的伤亡事故负责。

(2) 认真贯彻执行国家有关安全生产的政策、法令、规程、标准和规章制度,并经常检查贯彻执行情况。

(3) 负责组织制定、修改本单位安全生产管理制度和规定,经厂长批准后发布执行。

(4) 负责组织各种安全生产检查,对查出的事故隐患和尘毒危害问题,有权下达行政指令,限期整改,并督促实施。在生产中,遇有重大险情时,有权下令停止作业,并立即上报。

(5) 负责组织安全生产的宣传教育工作,组织好安全教育室的工作,充分发挥电化教育的作用,协同有关部门做好新工人和特种作业人员的安全技术教育。

(6) 组织推广目标管理、安全系统工程、标准化作业等现代安全管理方法和先进的职业安全、卫生技术和设施，不断改善劳动条件，预测、预防事故的发生。

(7) 参加各种生产会议，提出职业安全、卫生方面的建议与要求。

(8) 参加新建、改建、扩建以及大、中、小修工程的初步设计和方案的审查和竣工验收。

(9) 负责编制并组织中长期安全生产规划、年度安全技术措施计划及年、季、月职业安全、卫生工作计划的实施。

(10) 负责职业卫生工作规程管理，组织对尘、毒、高温、噪声及其他物理性危害作业岗位的检测。组织研究并督促检查防尘、防毒、防物理性危害技术措施的实施。

(11) 负责锅炉、压力容器的安全监督、监测工作。

(12) 参加重伤、死亡事故的现场勘察、调查、分析与处理。

(13) 负责伤亡事故统计、分析、报告和建立伤亡事故数据库的工作。

(14) 督促检查承包、联营、技术协作项目中的安全工作。

(15) 督促检查个体防护用品的质量和发放使用情况。

2. 车间专(教)职安全员的职责

(1) 在车间主任领导下，协助贯彻执行有关安全生产的规章制度，并接受上级安全部门的业务指导。

(2) 负责组织对新职工(含实习、代培、调转、参观人员等)和复工人员进入车间的安全教育和考试，定期对职工进行安全生产宣传教育，做好每年的普测、考核、登记和上报工作。

(3) 协助领导开展定期的职业安全、卫生自查和专业检查，对查出的问题进行登记、上报，并督促按期解决。

(4) 负责组织车间内的安全例会、安全日活动，开展安全竞赛及总结先进经验等。

(5) 协助领导修订车间安全管理细则、岗位操作细则、安全确认制和制定临时性危险作业的安全措施等。

(6) 经常检查职工对安全生产规章制度的执行情况，制止违章作业和违章指挥，对于危及工人生命的重大隐患，有权停止生产，并立即报告领导。

(7) 参加伤亡事故的调查、分析、处理，提出防范措施。负责伤亡事故和违规、违制的统计上报。

(8) 根据上级规定，督促检查个体防护用品、保健食品、清凉饮料的正确使用。

第三节　安全生产法规

法规是国家制定的各种法律、法令、条例、规则、章程等法律文件的总称。安全生产法规是法律规范中的一个组成部分。它是为保障职工安全与健康、维护企业的正常生产秩序，促进经济建设顺利发展所制定的一系列规程、标准、条令等法律文件。

安全生产法规具有法律的一般属性，同时又具有其自身的特点。所谓一般属性是指安全生产法规同其他法律规范一样，都是调整人们行为规范的准则，其目的都是维护与社会经济制度、政治制度相适应的社会关系和社会秩序，体现统治阶级和执政党的政策等。安全生产法规视自身特点是调整生产建设过程中人与人之间、人与自然之间的关系，通过法律形式把这些关系具体化、条文化。使人们的行为按某一规范知道应该去做什么，不能做什么，怎样做，以适应生产建设过程中客观事物的发展要求，提高人的行为的可靠性，消除或减少人为失误引起的事故。

有了安全生产法规，就可以使安全工作有法可依，有章可循，有制度可遵守。违反这些法规的企业或个人，都要受到国家法律制裁或处分。这样，就可以使安全工作做到法制化、制度化、规范化，从而有效地保证企业安全生产。因此，认真贯彻执行安全生产法规，对于加强企业有计划、有步骤、有秩序地进行安全生产、保护职工安全与健康、促进生产发展都具有十分重要的意义。

一、安全生产立法的必要性

1. 安全生产立法

(1) 安全生产。安全生产是指通过协调人—机—环境三者之间的关系，使社会生产活动中危及劳动者生命安全和身体健康的各种事故风险和伤害因素，始终处于有效的控制状态。安全生产工作，则是为了实现安全生产，由政府相关部门中介服务机构组织进行系列的系统性管理活动。这种管理活动由源头管理、过程控制、应急救援和事故调查处理四个部分构成。安全生产工作的主要内容包括生产经营单位自身的安全防范，政府及其有关部门实施市场准入(行政许可)、监督监察、应急救援和事故调查处理，社会中介组织和其他组织的安全服务、科研教育和宣传培训等。从事安全生产工作的社会主体包括企业责任主体、中介服务主体和政府监管主体。

(2) 安全生产立法。立法有两层含义，广义的立法泛指国家立法机关或其授权的其他机关按照立法程序制定、修改或者废除法律的活动。狭义的立法专指国家制定的现行法律、法规、法令、规章等规范性文件，与"法规"同义。如经济立法特指国家制定的有关经济管理方面的法规。

安全生产法亦有两层含义，一是泛指国家立法机关和行政机关依照法定职权和法定程序制定、修订有关安全生产方面的法律、法规、规章的活动。二是专指国家制定的现行有效的安全生产法律、行政法规、地方性法规和部门规章、地方政府规章等安全生产规范性文件。安全生产立法在实践中通常特指后者。

2. 加强安全生产立法的必要性

生产过程中的事故，不仅造成人员伤亡和财产损失，而且影响经济发展和社会稳定。导致我国安全管理水平较低的原因是多方面、深层次的，安全生产法规不健全是其主要原因之一，突出表现在：

(1) 安全生产法律意识淡薄。在经济快速发展过程中，安全不再是局部的、个别的问题，而是社会经济发展和文明程度的重要标志。能否保证生产经营活动的安全，是关系到人民群众生命和财产安全的基本权益，关系到经济快速发展和社会稳定的问题。从总体上看，公民在生产经营活动过程中的自我保护和安全生产的意识比较淡薄，一些生产经营单位特别是非国有企业负责人依法安全生产经营的意识也很淡薄，这些单位的负责人或者不懂法律，或者明知故犯，没有依法为从业人员提供必要的安全生产条件和劳动安全保障，使从业人员在十分恶劣或危险的条件下作业，以至发生事故，造成大量人员伤亡。许多地方领导人和私营企业老板只要经济效益，片面地追求利润最大化，忽视甚至放弃安全生产，他们没有意识到这是一种严重侵犯人权的违法行为，没有意识到它所产生的法律后果。安全生产还没有成为所有地方政府和生产经营单位的自觉行动，没有从安全生产是法定的义务和责任的高度引起足够的认识和重视。

（2）安全生产出现了新情况、新问题，有待依法规范。随着市场经济体制的建立，大量非国有生产经营单位的比重增加。在我国社会生产力总体水平比较低下的条件下，这些非国有生产经营单位存在着安全生产条件差、安全技术装备陈旧落后、安全投入少、企业负责人和从业人员安全素质低、安全管理混乱、不安全因素和事故隐患多的严重问题。而国家现行的有关安全生产的法律、法规基本是针对国有大型生产经营单位制定的，对大量非国有生产经营的安全生产几乎没有明确的、可操作的法律规范，这必然造成法律调整的“空白”和监督管理的“缺位”，以致非国有生产经营单位事故多发、死伤惨重。因此，必须适应安全生产的新形势，制定规范生产经营单位尤其是非国有生产经营单位安全生产的法律。

（3）综合性的安全生产立法滞后。虽然国家制定了几十部安全生产方面的单行法律、行政法规，但是这些现行立法的制定年代多数是在计划经济体制及其向社会主义市场经济体制转轨时期出台的，已经不能完全适应安全生产工作的需要。在《安全生产法》出台之前，国家关于安全生产的基本方针、基本制度没有依法确立，涉及国家安全生产监管体制、各级政府和有关部门的监督管理职责、生产经营单位的安全保障、生产经营单位负责人的安全职责、从业人员的安全生产权利义务、事故应急救援和调查处理、安全生产违法行为的法律责任等重大问题，缺乏基本的法律规范。

（4）政府机构改革和职能转变后，没有依法确立综合监管与专项监管相结合的安全生产监管体制，尚未建立健全依法监管的长效机制。为适应社会主义市场经济体制关于实行政企分开的要求，自1998年以来，国家先后撤销了原有的十几个工业主管部门，同时也保留了铁道、交通、民航、建筑等有关主管部门。政府部门已经不直接管理或者基本不直接管理企业的生产经营活动。与此同时，我国安全生产监管体制已经改革，建立了由安全生产综合监管部门与其他有关部门相结合的、综合监督管理与专项监督管理相结合的安全生产监督管理体制。安全生产的监督管理工作主要是运用法律手段，辅以必要的经济手段和行政手段，加大依法监管力度，查处安全生产违法行为。因此必须通过制定综合性的安全生产法规，将各级人民政府和各有关部门的安全生产职权、职责和监督管理措施法制化、制度化。但由于相关立法滞后，有的地方人民政府没有建立健全安全生产综合监督管理机构；已经设立的地方，又存在着综合监管部门与专项监管部门的法定职责和相互关系不明确的问题，在工作中产生了职责交叉、相互扯皮的矛盾，影响了安全生产监督管理工作的整体性、协调性，出现了安全生产监督管理工作的脱节和漏洞。

（5）缺乏强有力的安全生产执法手段。现行有关安全生产的法律、行政法规对安全生产违法行为及其法律责任的规定不够完整，有的对安全生产违法行为界定不清楚或者不准确，有的只有要求没有责任，有的虽有罚则但力度不够。对近年来突出的安全生产违反行为特别是非国有企业的安全生产违法行为，没有设定明确的法律责任。由于没有综合性的《安全生产法》，各级安全生产综合监管部门的法律地位、主要职责和执法手段无法可依，难以依法履行职责和实施行政执法。

目前我国正处于一个新的历史发展时期。在新形势下安全生产工作面临许多新情况、新问题、新特点，对安全生产监督管理工作也提出了新要求。加强安全生产法制建设，充分运用以法律手段加强监督管理，是从根本上改变我国安全生产状况的主要措施之一。这是贯彻依法治国基本方略的客观要求，也是建设社会主义法治国家的必然选择。加强安全生产法治建设的首要问题是有法可依，因此必须健全监管系列法规。

二、安全生产立法的重要意义

以《中华人民共和国安全生产法》的颁布实施为标志，我国安全生产立法进入了全面发展的新阶段。尤其是《安全生产法》的出台及贯彻实施，对全面加强我国安全生产法制建设，激发全社会对公民生命权的珍视和保护，提高全民族的安全法律意识，规范生产经营单位的安全生产，强化安全生产监督管理，遏制重大、特大事故，促进经济发展和保持社会稳定等方面都具有重大的现实意义，也必将产生深远的历史意义。

1. 有利于全面加强我国安全生产法律法规体系建设

《中华人民共和国安全生产法》是我国第一部全面规范安全生产的专门法律，是我国安全生产法律体系的基本法律，是各类生产经营单位及其从业人员实现安全生产所必须遵守的行为准则，是各级人民政府及其有关部门进行监督管理和行政执法的法律依据，是制裁各种安全生产违法犯罪行为的有力武器。《安全生产法》的出台，结束了我国没有基本安全生产法律的历史。《安全生产法》确立的基本法律制度，不仅对有关安全生产的单行法律、行政法规普遍适用，同时也对其做出了重要的、必要的补充完善，从而形成了母法与子法、普通法与特别法、专门法与相关法有机结合的中国安全生产法律的法规体系的框架，为安全生产法律建设奠定了法律基础。

2. 有利于保障人民群众生命和财产安全

重视和保护人的生命权，是制定《安全生产法》的根本出发点和落脚点。各种不安全因素和事故，是威胁从业人员和公众生命的大敌。人的因素第一。人既是各类安全生产经营活动的主体，又是安全生产事故的受害者和责任者。只有充分重视和发挥人在生产经营活动中的主观能动性，最大限度地提高从业人员的安全素质，才能把不安全因素和事故隐患降到最低限度，预防和减少人身伤亡。这是社会进步与法制进步的客观要求。《安全生产法》体现了以人为本的理念，在赋予各种法律主体必要权利的同时设定其应尽的义务。这就要求各级政府特别是各类生产经营单位的领导人和负责人，必须以对人民群众高度负责的态度，重视人的价值，关注安全，关爱生命。要通过法律的贯彻实施，把生产安全事故和人身伤亡降到最低限度。

3. 有利于依法规范生产经营单位的安全生产工作

针对近年来发生的重大、特大事故，法律把生产经营单位的安全生产列为重中之重，对其生产经营所必须具备的安全生产条件、主要负责人的安全生产职责、特种作业人员的资质、安全投入、安全建设工程和安全设施、安全管理机构和管理人员配置、生产经营现场的安全管理、从业人员的自身保障等安全生产保障措施和安全生产违法行为应负的法律责任等作出了严格、明确的规定。这对促进生产经营单位尤其是非国有生产经营单位提高人员安全素质、建立健全安全生产责任制、严格规章制度、改善安全技术装备、加强现场管理、消除事故隐患和减少事故、提高企业管理水平，都有重要意义。

4. 有利于各级人民政府加强对安全生产工作的领导

各级人民政府及其领导担负着发展经济、保一方平安的繁重任务和义不容辞的政治责任。《中华人民共和国安全生产法》明确规定各级人民政府应当加强对安全生产工作的领导，支持、督促各有关部门依法履行安全生产监督管理职责，应当采取多种形式，加强对安全生产法律、法规和安全生产知识的宣传，提高职工群众的安全生产意识；要求县级以上地方各级人民政府对安全生产监督管理中存在的重大问题应当及时予以协调、解决。这就依法确定了各级人民政府在安全生产工作中的地位、任务和责任。只要各级人民政府特别是地方人民政府真正把安全生产当作重要工作来抓，处理好安全生产与稳定发展的关系，加强领导，采取有力措施，就能够遏制重大、特大事故，确保社会稳定，促进地方经济发展。

5. 有利于安全生产监管部门和有关部门依法行政，加强监督管理

各级安全生产监督管理部门和有关部门是具体实施安全生产监督管理工作的职能部门。为了理顺关系，明确职责，《中华人民共和国安全生产法》规定各级安全生产监督管理部门依照本法对安全生产工作实施综合监督管理，其他有关部门依照本法和其他有关法律、行政法规规定的职责范围，对有关的安全生产工作实施监督。这就依法界定了综合监督管理和专项监督管理的关系，有利于综合监管部门与专项监管部门依法各司其职，相互协同，齐抓共管，做好安全生产监督管理工作。为了发挥城镇基层社区组织舆论对安全生产工作的监督，协助政府和安全生产监管部门查处安全违法行为，《安全生产法》专门规定了居民委员会、村民委员会和新闻媒体对安全生产进行监督的权利义务，从而把各级人民政府及其安全生产监管部门的监督范围扩大到全社会，延伸到城镇街道和农村，形成全社会共同参与监督安全生产工作的格局。

6. 有利于提高从业人员的安全素质

通过大量的事故分析来看，从业人员安全素质的高低，直接关系到能否实现安全生产。安全生产，既是从业人员神圣的权利又是义不容辞的义务。针对大批从业人员安全素质偏低的问题，《安全生产法》在赋予从业人员安全生产权利的同时，还明确规定了他们必须履行的遵章守规，服从管理，提高安全技能，即时发现、处理和报告事故隐患和不安全因素等法定义务及其法律责任。只有从业人员切实履行这些法定义务，逐步提高自身的安全素质，提高安全生产技能，才能及时有效地避免和消除大量的事故隐患，就能取得安全生产的主动权。

7. 有利于增强全体公民的安全法律意识

关注安全，人人有责。实现安全生产，必须通过宣传教育、培训、监管和执法等活动，增强全体公民的安全法律意识。《安全生产法》赋予公民在安全生产方面有参与权、知情权、避险权、检控权、求偿权和诉讼权，其目的不仅在于维护他们的合法权益，还在于促使他们在各项生产经营活动中重视安全、保证安全、自觉遵守安全生产法律、法规，养成自我保护、关心他人和保障安全的意识，协助政府有关部门查堵不安全漏洞。同安全生产违法行为作斗争，使关心、支持、参与安全生产工作成为每个公民的自觉行动。

8. 有利于制裁各种安全违法行为

对安全生产违法行为打击不利，是导致安全生产事故多发的原因之一。法律的基本功能是对违反法律规范的违法行为实施制裁，保证社会的正常秩序。《安全生产法》针对近年来主要的安全生产违法行为，设定了严厉的法律责任，其范围之广、力度之大是空前的。各级安全生产监督管理部门要坚持有法必依、违法必究、执法必严的法制原则，秉公执法，严惩那些安全生产违法犯罪分子，形成一个强大的法制氛围，促进安全生产。

第四节 安全生产法律体系

一、安全生产法律体系的概念和特征

1. 安全生产法律体系的概念

安全生产法律体系,是指我国全部现行的、不同的安全生产法律规范形成的有机联系的统一整体。

2. 安全生产法律体系的特征

具有中国特色的安全生产法律体系正在构建之中,这个体系有三个特点:

(1) 法律规范的调整对象和阶级意志具有统一性。加强安全生产监督管理,保障人民生命财产安全,预防和减少安全生产事故,促进经济发展,是党和国家各级人民政府的根本宗旨。国家所有的安全生产立法,体现了最广大的人民群众的最根本利益。安全生产法律规范是为巩固社会主义经济基础和上层建筑服务的,它是国家意志的反映,是由人民民主专政的政权性质所决定的。生产经营活动中所发生的各种社会关系,需要通过一系列法律法规加以调整。不论安全生产法律规范有何种内容和形式,它们所调整的安全生产领域的社会关系,都要统一服从和服务于社会主义的生产关系,紧密围绕着基本人权保护而进行。

(2) 法律规范的内容和形式具有多样性。安全生产贯穿于生产经营活动的各个行业、领域,各种社会关系非常复杂。这就需要针对不同生产经营单位的不同特点,针对各种突出的安全生产问题,制定各种内容不同,形式多样的安全生产法律规范,调整各级人民政府、各类生产经营单位、公民之间在安全生产领域中产生的社会关系。这个特点就决定了安全生产立法的内容和形式是多样的,它们所反映和解决的问题又是不同的。

(3) 法律法规的相互关系具有系统性。安全生产法律体系是由母系统与若干个子系统共同组成的。从具体法律规范上看,它是单个的;从法律体系上看,各个法律规范又是母系统不可分割的组成部分。安全生产法律规范的层级、内容和形式虽然有所不同,但是它们之间存在着相互依存、相互联系、相互衔接、相互协调的辩证统一关系。

二、安全生产法律体系的基本框架

安全生产法律体系究竟如何构建,这个体系中包括哪些安全生产立法,尚在研究和探索之中。我们可以从上位法与下位法、普通法与特殊法和综合法与单行法等三个方面来认识和构建我国安全生产法律体系的基本框架。

从法的不同层级上,可以分为上位法与下位法。法的层级不同,其法律地位和效力也不同。上位法是指法律地位、法律效力高于其他相关法的立法。下位法相对于上位法而言,是指法律地位、法律效力低于相关上位法的立法。不同的安全生产立法对同一类或者同一个安全生产行为做出不同的法律规定,以上位法的规定为准,适用上位法的规定。上位法没有规定的,可以适用下位法。下位法的数量一般多于上位法。

(1) 法律。法律是安全生产法律体系中的上位法,居于整个体系的最高层级,其法律地位和效力高于行政法规、地方性法规、部门规章、地方政府规章等下位法。国家现行的有关安全生产的专门法律有,《安全生产法》、《消防法》、《道路交通安全法》、《海上交通安全法》、《矿山安全法》、《职业病防治法》；与安全生产相关的法律主要有《劳动法》、《工会法》、《矿产资源法》、《铁路法》、《公路法》、《民用航空法》、《港口法》、《建筑法》、《煤炭法》、《电力法》等。

（2）法规。安全生产法规分为行政法规和地方性法规。

1）行政法规。安全生产行政法规的法律地位和法律效力低于有关安全生产的法律，高于地方性安全生产法规和地方政府安全生产规章等下位法。

2）地方性法规。地方性安全生产法规的法律地位和法律效力低于有关安全生产的法律、法规，高于地方政府安全生产规章。经济特区安全生产法规和民族自治地方安全生产法规的法律地位和法律效力与地方性安全生产法规相同。

（3）规章。安全生产行政规章分为部门规章和地方政府规章。

1）部门规章。国务院有关部门依照安全生产法律、行政法规的授权制定发布的安全生产规章的法律地位和法律效力低于法律、行政法规，高于地方政府安全生产规章。

2）地方政府规章。地方政府安全生产规章是最低层级的安全生产立法，其法律地位和法律效力低于其他上位法，不得与上位法相抵触。

（4）法定安全生产标准。我国没有技术法规的正式用语且未将其纳入法律体系的范畴，但是国家制定的许多安全生产立法却将安全生产标准作为生产经营单位必须执行的技术规范而载入法律，安全生产标准法制化是我国安全生产立法的重要趋势。安全生产标准一旦成为法律规定必须执行的技术规范，它就具有法律上的地位和效力。执行安全生产标准是生产经营单位的法定义务，违反法定安全生产标准的要求，同样要承担法律责任。因此，将法定安全生产标准纳入安全生产法律体系范畴来认识，有助于构建完善的安全生产法律体系。法定安全生产标准分为国家标准和行业标准，两者对生产经营单位的安全生产具有同样的约束力。法定安全生产标准主要是指强制性安全生产标准。

1）国家标准。安全生产国家标准是指国家标准化行政主管部门依照《标准化法》制定的在全国范围内适用的安全生产技术规范。

2）行业标准。安全生产行业标准是指国务院有关部门和直属机构依照《标准化法》制定的在安全生产领域内适用的安全生产技术规范。行业安全生产标准对同一安全生产事项的技术要求，可以高于国家安全生产标准，但不得与其相抵触。

普通法和特殊法。从同一层级的法的效力上，可以分为普通法和特殊法。我国的安全生产立法是多年来针对不同的安全生产问题而制定的，相关法律规范对一些安全生产问题的规定有所差别。有的侧重解决一般的安全生产问题，有的侧重或者专门解决某一领域的特殊的安全生产问题。因此，在安全生产法律体系同一层级安全生产立法中，安全生产法律规范有普通法和特殊法之分，两者相辅相成、缺一不可。这两类法律规范的调整对象和适用范围各有侧重。普通法是适用于安全生产领域中普遍存在的基本问题、共性问题的法律规范，它们不解决某一领域存在的特殊性、专业性的法律问题。特殊法是适用于某些安全生产领域独立存在的特殊性、专业性问题的法律规范，它们往往比普通法更专业、更具体、更有可操作性。如《安全生产法》是安全生产领域的普通法，它所确定的安全生产基本方针原则和基本法律制度普遍适用于生产经营活动的各个领域。但对于消防安全和道路交通安全、铁路交通安全、水上交通安全和民用航空安全领域存在的特殊问题，其他有关专门法律另有规定的，则应适用《消防法》、《道路交通安全法》等特殊法。据此，在同一层级的安全生产立法对同一类问题的法律适用上,应当适用特殊法优于普通法的原则。

综合性法和单行法。从法的内容上,可以分为综合性法和单行法。安全生产问题错综复杂,相关法律规范的内容也十分丰富。从安全生产立法所确定的适用范围和具体法律规范来看,可以将我国安全生产立法分为综合性法和单行法。综合性法不受法律规范层级的限制,而是将各个层级的综合性法律规范作为整体来看待,适用于安全生产的主要领域或者某一领域的主要方面。单行法的内容只涉及某一领域或者某一方面的安全生产问题。

在一定条件下,综合性法与单行法的区别是相对的、可分的。《安全生产法》就属于安全生产领域的综合性法律,其内容涵盖了安全生产领域的主要方面和基本问题。与其相对,《矿山安全法》就是单独适用于矿山开采安全生产的单行法律。但就矿山开采安全生产的整体而言,《矿山安全生产法》又是综合性法,各个矿种开采安全生产的立法则是矿山安全立法的单行法。如《煤炭法》既是煤炭工业的综合性法,又是安全生产和矿山安全的单行法。再如《煤矿安全监察条例》既是煤矿安全监察的综合性法,又是《安全生产法》和《矿山安全法》的单行法和配套法。

三、安全生产法在安全生产法律体系中的地位

九届全国人大常委会第二十八次会议于2002年6月29日审议通过并于2002年11月1日施行的《中华人民共和国安全生产法》(以下简称《安全生产法》)。它的颁布实施,是我国安全生产法制建设的重要里程碑。

《安全生产法》以加强安全生产监督管理,防止和减少事故,保障人民群众生命和财产安全,促进经济发展为宗旨,以规范生产经营单位的安全生产为重点,以确认从业人员安全生产基本权利和义务为基础,以强化安全生产监督执法为手段,立足于事故预防,确立了安全生产的七项基本法律制度,明确了安全生产法律责任。《安全生产法》是我国第一部安全生产基本法律,是各类生产经营单位及其从业人员实现安全生产所必须遵循的行为准则,是各级人民政府和各有关部门进行监督管理和行政执法的法律依据,是制裁各种安全生产违法犯罪行为的法律武器。全面地、准确地和深刻地认识《安全生产法》的法律性质及其法律地位,非常重要。要科学地对《安全生产法》进行定性和定位,必须从全方位、多角度去把握。

1.《安全生产法》的立法背景

法律是上层建筑的重要组成部分。社会主义的经济基础决定了社会主义法律的本质。《安全生产法》的制定,是由我国现阶段的生产力发展水平决定的。社会主义经济的发展和技术的进步很快,但近年来,安全生产状况很不稳定,重大、特大事故连续发生。为了加强安全生产监督管理,遏制事故,减少人民生命安全和财产损失,保证社会主义现代化建设的顺利进行,坚持"安全第一"的方针,我国先后采取了安全生产专项整治特别是加强法制等一系列重大举措,为实现安全生产的稳定好转奠定了外部条件,在依法治国、建设社会主义法治国家的基本方略前提下,安全生产法制建设被提到前所未有的重要位置上,安全生产法制建设的进程不断加快。《安全生产法》正是在这种背景下制定的。

2.《安全生产法》的调整对象

从《安全生产法》的调整对象看,它是一部调整安全生产方面社会关系的专门法律。法律的调整对象是指法律所调整的社会关系,经法律调整后所产生的权利和义务关系就是法

律关系。安全生产法律关系是指各行各业的公民、法人、和社会组织之间，在从事生产经营和监督管理的活动中所发生的安全生产权利和义务关系。安全生产法律关系错综复杂，其中基本的社会关系有以下5种：

（1）各级人民政府及其安全生产综合监督管理部门、有关安全生产专项监督管理部门及其安全生产检查监督人员，在履行法定职权时与生产经营单位、有关社会组织和从业人员之间所发生的监督管理关系。这是一种自上而下的基于国家行政管理活动所发生的纵向的行政管理关系。《安全生产法》第四章专门对此做出了规定。

（2）各级安全生产监督管理部门与其他有关部门之间的综合监督管理与专项监督管理的协调、指导和监督关系。这是各级人民政府所属的平行的有关安全生产监督管理部门之间，依照法定职权和本级人民政府的授权，在安全生产监督管理工作中各司其职，相互配合时所发生的横向的协同关系。综合监督管理部门主要负责拟定综合性安全生产法律、法规、规章、政策和规划，协调解决重大安全生产问题，调查处理重大、特大安全生产事故，查处安全生产违法行为，指导、监督有关部门的专项安全生产监督管理工作。

（3）生产经营单位内部管理者和从业人员的安全生产管理关系。作为一个生产经营单位，它依法进行安全生产，必然要建立内部安全生产管理体系。生产经营单位的主要负责人、分管负责人、安全管理机构负责人、内设机构负责人和作业单位负责人与从业人员之间，存在大量的安全管理关系。这种微观管理关系也是《安全生产法》的调整对象。

（4）生产经营单位之间及其与社会组织、公民之间的安全生产权利义务关系。生产经营活动的对象是为社会公众服务的，生产经营单位的生产经营活动是否安全，事关相关单位和从业人员以及不特定的公民的人身安全和财产安全。譬如，工厂、商厦、饭店、博物馆等生产经营单位，承包、租赁场所的安全条件是否符合法律规定，直接涉及从业人员、居民、顾客和观众的人身安全，《安全生产法》对此进行必要的调整。规范生产经营单位的行为，明确各自的权利义务，有利于建立正常、可靠的安全生产秩序，为社会创造一个安定、祥和的环境。

（5）涉外安全生产管理关系。目前我国的中外合资、中外合作和外商独资等“三资”企业数量很多，遍及许多行业。随着我国加入WTO，对“三资”企业的安全管理日益与国际接轨，“三资”企业也必须严格依照我国法律进行生产经营活动，保障安全生产。因此《安全生产法》同样适用于“三资”企业。

3.《安全生产法》的基本原则

学习实施《安全生产法》，应当掌握贯穿于全部立法过程和法律条文的指导思想和思路，这就是《安全生产法》的五项基本原则。只有这样，才能透彻了解立法的背景和指导思想，把法律条文的内涵融会贯通，学以致用。多年来，究竟按照什么思路去体现党和国家关于安全生产工作的大政方针，按照什么思路去构建法律的基本制度，这是立法过程中争论较多也急需确定的重大原则问题。

（1）人身安全第一的原则

以人为本是科学发展观的核心，“国家尊重和保障人权”已经载入我国宪法。我们社会主义国家的本质是人民当家做主，人民的利益高于一切。我们的每一项工作，都是为人民服务。而作为人民群众的主要组成部分的大批从业人员，他们从事着各种生产经营活动，往往面临着各种危险因素、事故隐患的威胁。一旦发生事故，从业人员的生命和健康将受到直接的损害。近几年来。全国每年因事故死亡的从业人员多达十多万人,严重损害了人民群众的生命安全,带来了大量的社会问题,随着社会经济的发展和民主法制的进步,人的社会地位尤其是人的生命权必然受到前所未有的重视和保障。安全生产最根本最重要的就是保障从业人员的人身安全,保障他们的生命权不受侵犯。按照这个原则,《安全生产法》第一条就将保障人民群众生命财产安全作为立法宗旨,并且在第三章专门对从业人员在生产经营活动中的人身安全方面所享有的权利做出了明确规定。针对一些私营业主草菅人命的问题,法律第一次赋予从业人员依法享有工伤社会保险和获得民事赔偿的权利,充分体现了国家对尊重和保护从业人员生命和财产权利的高度重视。《安全生产法》的许多条文都是围绕着从业人员的人身安全规定的,要求生产经营单位必须围绕着保障从业人员的人身安全这个核心抓好安全管理工作。

(2) 预防为主的原则。"安全第一,预防为主"是党和国家的一贯方针。但是目前各级政府和负有安全生产监管职责的部门牵扯精力最多、工作量最大的往往是对生产安全事故的调查处理。如果从安全管理和监督的过程来说,可以分为事前、事中和事后的管理和监督。

事前管理是指生产经营单位的安全管理工作必须重点抓好生产经营单位申办、筹办和建设过程中的安全条件论证、安全设施、"三同时"等工作,在正式投入生产经营之前就符合法定条件或者要求,把可能发生的事故隐患消灭在建设阶段。事中管理是指在生产经营全过程中的安全管理,其环节最多、过程最长,需要每时每处都保证安全,因此生产经营单位必须建章立制,加强管理,保障安全。事后管理是指发生事故后的抢救和善后处理工作。《安全生产法》对此做出了具体的规定。为了检查督促生产经营单位的安全预防工作,法律同时要求政府及其负有安全生产监管职责的部门把监督工作的重点前移,放在事前监管和事中监管上,重在预防性、主动性的监督。为此,法律明确规定负有安全生产监管职责的部门要对生产经营单位的安全生产条件,安全设施的设计、验收和使用,生产经营单位主要负责人和特种作业人员的资格,安全机构及其人员,安全培训,安全规章制度,特种设备,重大危险源监控,危险物品和危险作业,作业现场安全管理等加强监管,由被动监管转向主动预防,将事故隐患消除在萌芽状态,防止和减少重大、特大事故的发生。

(3) 权责一致的原则。当前重大事故不断发生的一个重要原因,是一些拥有安全事项行政审批许可及安全监管权利的有关部门及其工作人员只要权利,不要责任,出了事故,推卸责任。这种有权无责,权责分离现象的蔓延,必然导致某些政府部门及其工作人员玩忽职守,徇私枉法,对该审批的安全事项不依法审批,不该审批的安全事项违法批准,应当监督管理的不负责任,其结果是一旦出了事故,负责行政审批、发证和监督管理的部门和人员想方设法置身法外,不承担任何责任。要从根本上解决这个问题,必须依照权责一致的原则依法建立权责追究制度,明确和加重地方各级人民政府的安全生产责任,使其在拥有职权的同时承担相应的职责,权利越大,责任越重,为了加强安全生产的监督管理,《安全生产法》强化了各级人民政府和负有安全生产监管职责的部门的负责人和工作人员的相关职权和手段,同时也对其应负的法律责任及约束监督机制做了明确规定。

(4) 社会监督、综合治理的原则。安全生产涉及各个方面和千家万户,仅靠负责安全生产监督管理职责的部门是难以实现的,还必须调动社会的力量进行监督,并发挥各有关部门的职能作用,齐抓共管,综合治理。要依靠群众、企业职工、工会等社会组织、新闻舆论的大力协助和监督，实行群防群治。要提高全社会的安全意识，才能形成全社会关注安全、关爱生命的社会氛围和机制。《安全生产法》主要是通过建立社区基层组织和公民对安全生产的举报制度和加强舆论监督来强化社会监督的力度，将安全生产的视角和触角延伸到社会的各个领域、各个方面和各个地方，以协助政府和部门加强监管。各级安全生产监督管理部门在依法履行职责的同时，还应当在政府的统一领导下，依靠公安、监察、交通、工商、建筑、质检等有关部门的力量，加强沟通，密切配合。只有加强社会监督，实现综合治理，才能从根本上扭转安全意识薄弱、安全隐患多、事故多发的状况，把事故降下来，实现安全生产的稳定好转。

（5）依法从重处罚的原则。安全生产形势严峻、重大责任事故时有发生的另一个原因，是现行相关立法的处罚力度过轻，不足以震慑和惩治各种安全生产和造成重大事故的违法犯罪分子。随着社会主义市场经济的发展，非公有制经济成分必将逐渐增加。据统计，全国各类生产安全事故的60%～80%发生在非公有制生产经营单位。一些私营生产经营单位的老板，只求效益，不顾安全，出了事故便逃之夭夭，把大量的遗留问题推给政府和社会。过去的安全生产立法主要是针对国有企业制定的，对非公有制的安全生产缺乏明确的、严格的法律规范，对违法者存在着法律责任的缺失和处罚偏轻的问题。这也是少数私营业主敢于以身试法的原因之一。对违法者的仁慈，就是对人民的犯罪。所以，对那些严重违反安全生产法律、法规的违法者，必须追究其法律责任，依法从重处罚。《安全生产法》设定了安全生产违法应当承担的行政责任和刑事责任，设定了11种行政处罚，有11条规定构成犯罪的要依法追究其刑事责任，还破例地设定了民事责任，其法律责任形式之全、处罚种类之多、刑罚之重都是前所未有的。这充分反映了国家对严重的安全生产违法者和造成重大、特大事故的责任者依法课以重罚的指导思想。

第五节　安全生产责任制

安全生产责任制度是指对企业的各级领导、职能部门和个人在生产过程应负的安全生产责任的规定，它是企业管理的重要制度之一。

一、各级行政领导的安全生产职责

1. 厂长、主管生产副厂长、总工程师职责

（1）负责贯彻执行国家有关安全生产方面的方针、政策、法规、法令和技术标准，对本企业的安全生产负总的责任。

（2）同时计划、布置、检查、总结、评比生产和安全工作。

（3）领导编制安全技术措施计划，不断改善劳动条件，并组织贯彻实施。

（4）组织制定和贯彻本企业的安全技术操作规程和安全生产制度。

（5）组织定期的或专业的安全生产检查，研究解决存在的隐患。

（6）主持领导本单位安全生产委员会和安全职能机构，并积极开展工作。

（7）按国家规定审定本单位安全工作机构和安全干部的编制。

（8）按权限主持伤亡事故的调查、分析与处理，审定安全生产的表扬、奖励与处分。

2. 车间主任（或相当于车间主任）技术负责人的职责

（1）对所领导车间的安全生产负全面责任。

（2）贯彻执行安全生产规章制度和本企业的有关决定，开展安全活动，进行安全生产检查和评比。

（3）针对车间生产情况提出相应的安全防范措施，对检查和发现的隐患和尘毒危害，及时安排力量解决；对本车间不能解决的要及时上报，安排解决。

（4）经常对职工进行安全思想教育，严格贯彻三级安全教育制，注意职工的思想动态，提高安全意识，制止违章作业。

（5）定期对职工进行安全考核，不合格者不准上岗独立工作，特种作业人员要持有操作证，方可单独作业。

（6）按时编制年度安全技术措施计划，并负责组织实施。

（7）组织制订和执行施工安全技术措施方案、与生产同步进行的检修工程的安全措施及进行生产试验的临时安全措施，并亲临现场指挥，保证安全生产。

（8）发生事故时，要组织紧急抢救，保护现场，立即上报并查明原因，采取防范措施，避免事故扩大和重复发生。对险肇事故要查明原因，接受教训，采取措施，对安全生产有贡献者和事故责任者提出奖励和处分意见。

（9）严格执行个体防护用品和保健津贴的发放标准。

（10）按规定配备专（兼）职安全员。安全员要保持相对稳定。

3. 工段长、班（组）长的职责

（1）对本工段、班（组）工人在生产建设中的安全健康负责。

（2）认真执行安全生产政策、法令及本单位有关指示，严格执行各项安全规章制度和交接班制度。

（3）经常教育和检查工人遵守安全操作制度，正确使用机器设备、工具、原材料、安全设施、个体防护用品等，并注意它们是否处于良好状态。

（4）经常检查并使工作地点保持文明生产。保持成品、半成品、材料及废物的合理放置。

（5）组织安全日活动、事故须知活动，开好班前班后会。

（6）有权拒绝上级违章指挥，遇有事故险情时，有权立即指挥工作人员撤离现场。

（7）发生伤亡事故要积极抢救伤员，保护现场，立即报告，并如实提供事故发生的情况。

二、职能部门的安全生产职责

企业单位中的生产、技术、设计、供销、运输、财务等各有关专职机构，都应该在各自业务范围内，对实现安全生产的要求负责。

1. 办公室职责

在调研中，应把安全生产列为经常性的主要课题之一，定期总结交流安全工作经验；起草有关文件、领导讲话稿时，应将安全生产工作作为一项重要内容；督促协调各部门认真贯彻执行安全生产方针、政策、法令及有关规章制度。

2. 计划处（科）职责

编制年度生产经营计划时，要列入安全生产的指标和措施。公布各项生产经营指标的同时,公布安全生产指标及措施落实情况;分配年度更新改造资金时,必须按国家规定的比例,安排安全技术措施计划;新建、改建、扩建计划中,应有职业安全、卫生内容。计划下达前应征求安全技术处(科)的意见;组织审查技术改造工程初步设计时,应通知安全技术处(科)参加,并签署审查意见;凡新产品、新项目等投产前,不符合职业安全、卫生要求的不得下达计划和安排生产。

3. 总调度室(生产处)的职责

(1) 坚持“管生产必须管安全”的原则,严格执行安全生产的“五同时”。

(2) 在指挥生产的过程中,生产与安全发生矛盾时,生产要服从安全,发现危及人身安全的重大隐患或紧急情况时,应立即下达停产处理的指令,不得违章指挥作业。

(3) 及时掌握本单位安全生产动态,并通知有关部门。发生重伤以上事故时,下令保护好现场;立即报告上级有关部门;并同时派员赶赴现场参与抢救、调查、处理。待现场勘察处理完毕,经上级有关部门同意后,在保证安全的前提下,方可组织恢复生产。

(4) 调度会应首先汇报生产、施工的安全情况,协调解决基层单位和部门在安全生产方面出现的问题。

(5) 在安排生产、施工程序时,必须考虑安全生产的需要。对因生产指挥不当造成的伤亡事故,负指挥失误的责任。

4. 机动处(科)的职责

(1) 对因设备长期失修、设备缺陷、备品备件不合格或因防护装置不全造成的设备事故和伤亡事故负责。

(2) 定期组织对各种机械设备、电气设备、车辆和工业建筑物的安全检查。对不符合安全技术规程、标准的,要组织解决。对暂时解决不了的,必须立即采取可靠的防范措施,并限期解决。

(3) 各种机电设备、锅炉、压力容器的引进设计、制造、安装、修理、改造和竣工验收等,要严格执行国家和上级部门发布的有关条例、规则和标准。

(4) 新设备和自制或自行改造的设备,要有完备的安全保护设施和监测仪器,使用前要制定技术操作规程,并分送有关部门。

(5) 组织大、中、小检修要签订安全协议,落实安全措施,并严格按有关安全技术操作规程进行,不准冒险作业。

(6) 在进行有关电、汽、气等危险作业时,应事先会合安全技术处(科)组织制定安全措施,并监督实施。

5. 教育培训处(科)的职责

(1) 对职工未进行安全技术培训就上岗操作而造成的伤亡事故负责。

(2) 制定教育培训计划时,应有职业安全、卫生教育培训计划,并负责解决教育经费。

(3) 按照职业安全、卫生应知应会内容和继续工程再教育的要求,组织各级领导及职工的岗位培训。

(4) 协助有关部门做好新工人入厂后的三级安全教育。

(5) 对实习、代培人员等,须通知安全技术部门进行安全教育后,才能将其分配到车间工作。

6. 卫生、职防部门的职责

(1) 发生伤亡事故后要全力组织抢救,因抢救不及时或因采取措施不当,误诊、误治造成伤势加重,甚至致死的,医疗卫生部门负有责任。

(2) 负责职业病和职业中毒的防治与管理工作,定期组织有关工种职工进行体检。

(3) 根据有害物质的测定数据,对各单位申请的保健食品和清凉饮料提出审批意见。

(4) 负责组织厂、车间的事故抢救网,配备专用医疗抢救车,设立生产车间红十字卫生箱和配备兼职卫生员,在职工中普及职业病危害和伤害抢救知识。

(5) 对工伤、职业病人员的劳动能力和健康状况提出鉴定意见。

三、职工安全通则

职工安全通则如下:

(1) 自觉遵守安全生产规章制度,不违章作业,并随时制止他人违章作业。

(2) 不断提高安全意识,丰富安全生产知识,增加自我防范能力。

(3) 积极参加各种安全生产活动。

(4) 爱护和正确使用机器设备、工具及个体防护用品。

(5) 主动提出改进安全生产工作的意见。

第六节 工伤保险

一、工伤保险的概念及实施原则

1. 社会保障、社会保险与工伤保险

社会保障,是国家为处于生活困境的社会成员提供生活保障的一种制度。指当社会成员陷于生活贫困或劳动者因年老、患病、工伤、生育等原因永久地或暂时地、完全地或部分地丧失劳动能力,或者因失业而丧失工作机会、丧失收入来源时,由国家和社会对其提供经济上的援助或补偿。它是由政府负责,通过国家立法形式,集众多的经济力量,配合政府的财力,共同补偿少数人因遭受意外事件所导致的收入中断或减少,属于国家收入再分配的一种分配关系。经过几十年来的发展,社会保障已成为各国政府社会经济政策中不可缺少的一个组成部分。我国也早在建国之初,就建立和实行了社会保障制度,主要包括对职工的社会保险、对公民的社会救济和社会福利、对军人及其家属的社会优抚以及住房制度等内容。

社会保险是指国家通过立法手段,设立保险基金,当社会成员中的劳动者因年老、患病、工伤、失业、生育及死亡等原因,暂时或永久失去来源的时候,由社会给予一定的物质帮助和经济补偿的一种社会保障制度。它是社会保障体系中最重要、最基本的保障形式,是社会保障体系的核心。

我国的社会保险制度始建于20世纪50年代,起始的标志是1951年2月26日政务院公布、1953年1月2日政务院修正的《中华人民共和国劳动保险条例》,其保险制度概括为三个方面。

第一个方面是面向国家机关职工,国有企事业单位职工的社会保险,其具体内容都是通过法规和规章制度规定的,大致分为三类:(1)职工病老伤残和死亡时可获得社会保障待遇,计有退休金、公费医疗、伤残保险、因工负伤假期工资、生育补助金、产期待遇、供养直系亲属的抚恤金、死亡抚恤金、死亡丧葬费等;(2)生活补助费;(3)为职工兴建的集体福利设施。

第二个方面是对城乡集体所有制单位人员的合作性质的社会保险。

第三个方面是由保险公司办理的各类企业的养老金保险和医疗保险。

1994年1月25日原劳动部在印发的《社会保障法(草案)》中进一步明确了我国社会保险的"五大保险"和"三大津贴",即养老保险、失业保险、工伤保险、医疗保险、生育保险和疾病、伤残、遗属津贴的制度体系。

2003年4月16日国务院公布,2004年1月1日起施行的《工伤保险条例》(国务院令第375号),明确了工伤保险范围、工伤保险基金的构成、缴费原则、工伤的认定与工伤保险待遇、工伤保险的监督管理与法律责任。

综上所述,社会保障体系的核心是社会保险,而工伤保险是社会保险制度的一个组成部分。

2. 工伤保险的概念

工伤保险又称为职业伤害保险,是国家通过立法手段保证实施的,对在工作过程中遭受人身伤害(包括事故伤残和职业病,以及因这两种情况造成死亡)的职工或遗属提供补偿的一种社会福利制度。其补偿内容包括对伤残职工的医疗救治、经济补偿、职业康复训练和对工伤死亡者遗属的经济补偿等。作为社会保险制度体系的一个重要组成部分,它对于分散事故风险,保障因工伤事故或职业病而伤、残、亡的职工及其供养直系亲属的基本生活,促进企业安全生产和维护社会安定都发挥着极为重要的作用。

3. 工伤保险的基本原则

(1) 强制实施的原则。强制性原则是国家通过立法手段强制工伤保险制度的实行,对于不按法律规定参加工伤保险的用人单位,对于不按法定的项目、标准和方式支付待遇,不按法定的标准和时间缴纳保险费的行为,要依法追究法律责任。

(2) 无责任赔偿原则。无责任赔偿原则又称无过失补偿原则,无论工伤事故责任是否在于劳动者一方,只要不是受害者本人故意行为所致,就应该按照规定标准对其进行伤害补偿。

(3) 劳动者个人不缴费原则。劳动者个人不缴费原则是指无论是直接支付保险待遇或者缴费投保,全部费用由用人单位负担,劳动者个人不缴费。

(4) 损失补偿与事故预防及职业康复相结合的原则。现代工伤保险已不仅仅限于只对工伤职工给予经济补偿,而是把工伤经济补偿、工伤事故预防与职业康复训练紧密地联系起来,更好地发挥其在维护社会安定、保护和促进生产力发展方面的积极作用。

二、享受工伤保险待遇的资格条件和待遇给付

1. 工伤认定

《工伤保险条例》对工伤认定范围做了如下规定:

(1) 职工有下列情形之一的,应当认定为工伤。

1) 在工作时间和工作场所内,因工作原因受到事故伤害的;

2) 工作时间前后在工作场所内,从事与工作有关的预备性或收尾性工作受到事故伤

害的；

3）在工作时间和工作场所内，因履行工作职责受到暴力等意外伤害的；

4）患职业病的；

5）因工外出期间，由于工作原因受到伤害或者发生事故下落不明的；

6）在上下班途中，受到机动车事故伤害的；

7）法律、行政法规规定应当认定为工伤的其他情形。

（2）职工有下列情形之一的，视同工伤：

1）在工作时间和工作岗位，突发疾病死亡或者在48小时之内经抢救无效死亡的；

2）在抢险救灾等维护国家利益、公共利益活动中受到伤害的；

3）职工原在军队服役，因战、因公负伤致残，以取得革命伤残军人证，到用人单位后旧伤复发的。

职工有上款第1)项、第2)项情形的，按照本条例的有关规定享受工伤保险待遇；职工有上款第3)项情形的，按照本条例的有关规定享受除一次性伤残补助金以外的工伤保险待遇。

（3）不得认定为工伤或者视同工伤：

1）因犯罪或者违反治安管理伤亡的；

2）醉酒导致伤亡的；

3）自残或者自杀的。

2. 工伤待遇项目和基本标准

（1）工伤医疗待遇。包括挂号费和就医路费在内的有关费用全额报销；住院治疗期间发给住院伙食补助费，为因公出差伙食补助标准的70%。此项待遇可进入统筹。

（2）工伤津贴待遇。在工伤医疗期内发给相当于本人受伤前月工资收入，医疗期满后或评残后停发，改为伤残待遇或上班时领取工资。医疗期根据伤病情况定为1～12个月。此项待遇暂不统筹，由企业支付。

（3）工伤护理费。评残时确认符合护理条件的，定为全部、大部分和部分护理三级，一级每月发给当地上年度职工月平均工资的50%，二级为40%，三级为30%。此项待遇可进入统筹。

（4）残疾辅助器具费。因工残疾职工为辅助日常生活或生产劳动需要经批准配置辅助器具的，按国家规定的标准报销。此项待遇可进入统筹。

（5）因工伤残抚恤金。对被评定为1～4级伤残的办理工伤退休，按月发给伤残抚恤金，一级为本人工资的90%，二级为85%，三级为80%，四级为75%。此项待遇可进入统筹。评为五级的目前难以安排工作时也按月发给70%，评为六级的，为本人工资的60%。

（6）一次性伤残补助金。对评上伤残等级的按伤残程度的标准一次性支付，一级发给本人工资24个月，二级22个月，以后各级级差2个月工资，至十级为6个月。此项待遇可进入统筹。

（7）丧葬补助金。按当地职工平均工资6个月的标准一次发给。此项待遇可进入统筹。

（8）供养亲属抚恤金。按月发给工亡者生前符合供养条件的亲属，配偶为当地职工平均工资的40%，子女等其他供养亲属为30%，抚恤金总额不能超过死者生前本人工资。此项待遇可进入统筹。

(9) 一次性工亡补助金。一次性发给死者生前亲属,标准为当地职工平均工资 48～60 个月的幅度,具体执行标准由各省确定。此项待遇可进入统筹。

三、工伤保险实施范围

《工伤保险条例》规定:“中华人民共和国境内的各类企业、有雇工的个体工商户(用人单位)应当按条例参加工伤保险,为本单位全部职工或者雇工(职工)缴纳工伤保险费。中华人民共和国境内的各类企业的职工个体工商户的雇工,均有依照本条例的规定享受工伤保险待遇的权利。”

境内企业包括各种所有制类型企业;职工是指与企业形成劳动关系的劳动者,包括形成了事实劳动关系的,即劳动者事实上已成为企业的成员,并为其提供有偿劳动。

机关、事业和社会团体的工作人员因工作遭受事故伤害或者患职业病的,由所在单位支付费用。具体办法由国务院劳动保障行政部门会同国务院人事行政部门、财政部门规定。

四、工伤保险与工伤事故预防的关系

工伤保险与工伤事故预防的关系:

(1) “促进工伤预防和职业康复”。“促进工伤预防和职业康复”,是改革我国工伤保险制度所遵循的指导思想或原则。确立这个原则首先是配合实施《劳动法》的需要,《劳动法》加大了保护劳动者各项权益的力度,面对着我国各类事故和职业病严峻的形势,我们必须运用被外国证明行之有效的工伤保险机制遏制事故和职业病;其次是为了建立与完善社会保障体系,因为,工伤保险与事故预防、职业康复相结合的制度是适应市场经济体制需要的社会保障制度的组成部分;最后是适应对外开放的需要,我国工伤保险制度与国际公约接轨并借鉴外国成功经验,不仅有利于开展国际交流与合作,而且有利于提高和发展我国社会保险事业。

(2) 工伤保险基金的组成和征收办法有利于工伤预防。《工伤保险条例》规定了工伤保险基金组成和征收办法。工伤保险费由用人单位缴纳;基金按以支定收、收支基本平衡的原则统一筹集、统一调剂;基金要专款专用,留有一定的风险储备金。这样规定有利于运用社会保险基金强制征收机制和统一调剂机制,保证工伤预防费用的到位。

(3) 征收工伤保险费实行差别费率和浮动费率是事故预防的主要机制。《工伤保险条例》规定了差别费率和浮动费率征收办法。

差别费率反映行业风险等级差别,根据工伤人数和保险费支出情况确定,数据相同或相近的归为一个种类。行业差别费率定期调整,以反映企业劳动条件和安全卫生状况的变化。浮动费率是在行业差别费率的基础上对企业年度费率的调整。工伤保险费征收办法,一方面发挥了社会保险互助互济、共担风险的作用,因为在确定行业差别费率时已经体现了“大数法原则”;另一方面,建立了高风险多收费、低风险少收费的安全功过奖惩机制。

(4) 实行安全生产奖励机制。

(5) 赋予工伤保险经办机构从事事故预防的职责。工伤保险经办机构除了做好基金收缴、管理、支付和工伤保险统计外,还要开展工伤保险和工伤预防的宣传、教育和咨询。这就是说,工伤预防要有良好的机制,还要有组织保证来落实。

第三章　事故与职业病管理

事故管理是指对事故的处理与预防的一系列管理活动。它包括对事故的报告、调查、分析、统计、处理和预防等工作内容。2007 年 6 月 1 日起实行的国务院 493 号令《生产安全事故报告和调查处理条例》,对事故的等级划分、报告程序、调查方法、事故处理的责任分析和处理等都作了具体规定,这使企业事故管理工作更加规范化、制度化和法制化。

搞好事故管理工作,对企业安全生产状况做出客观、准确的评价。实现安全生产目标管理,对企业职工进行实际、生动的安全教育,以及有效地开展事故预测、控制和预防工作都具有十分重要的意义。

事故管理的目的是在调查分析的基础上,掌握事故的发生过程、原因及规律,寻求有效的预防措施。这一目的也体现了"预防为主"的方针和思想。在这一章里我们对事故的基本概念、事故调查、事故统计分析、职业病管理、事故模式及事故预防分别予以阐述。

第一节　事故的概念

事故可以定义为个人或集体在为实现某一意图或目的而采取行动的时间过程中,突然发生了与人的意志相反的情况,迫使人们的行动暂时或永久地停止的事件。从这一定义可以看出,事故表现出三个特点:(1)事故发生在人们行动的时间过程中;(2)事故是一种不以人们意志为转移的随机事件;(3)事故的后果是影响人们的行动,使人们的行动暂时或永久中止。

以人和物来考察事故现象时,其结果有以下 4 种情况:

(1) 人受到伤害,物也遭到损失;

(2) 人受到伤害,而物没有损失;

(3) 人没有伤害,物遭到损失;

(4) 人没有伤害,物没有损失,只有时间和间接的经济损失。

以上四种情况中前两种情况的事故常称为伤亡事故,后两种情况称为一般事故,或称为无伤害事故。例如锅炉发生爆炸,使在场或附近的人受伤,这就是人受到伤害、物也遭到损失的伤亡事故;高空坠落而致使坠落者受伤害,这就是人受伤害,而物没有损失的伤亡事故;电气火灾,引起厂房、设备等受损,而人员安全撤离,这就是人没有受到伤害,物遭到损失的无伤害事故;在生产作业中,突然停电而使生产作业暂时停止,这就是人和物都没有伤害和损失(指直接损失)的一般事故。但无论是伤亡事故还是一般事故,总是有损失存在的。事故发生总是影响人们行为的继续,这就从时间上给人们造成了损失,从而致使间接的经济损失发生。另外,从事故对人体危害的结果来看,虽然有时是未遂伤亡,但到底会不会受到伤害,是一个难于预测的问题。所以,必须将这种无伤害的一般事故,也作为发生事故的一部分加以收集、研究,以便掌握事故发生的倾向及其概率,并采取相应的措施,这在安全管理上是极为重要的。

统计结果表明,在事故中无伤害的一般事故占 90% 以上,它比伤亡事故的概率大十到几十倍。1973 年,美国安全工程师海因里希(H. W. Heinrich)统计分析了 55 万件事故,发现每 330 件事故中有 300 件为无伤害事故,29 件为轻伤或微伤事故,1 件为重伤或死亡事故。这就是著名的 1:29:300“海因里希事故法则”。这一法则可用图 3－1 表示。

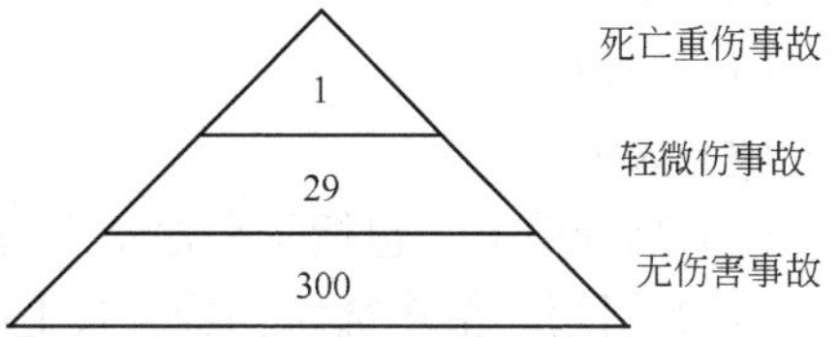

图 3－1　海因里希事故法则

1972 年日本青岛贤司调查表明,伤亡事故与无伤害事故的比例为:

重型机械和材料工业　1:8

轻工业　1:32

从这里我们可以看出,伤亡事故是指一次事故中,人受到伤害的事故;无伤害的一般事故是指一次事故中,人没有受到伤害的事故。伤亡事故和无伤害事故是有一定的比例关系和规律的。为了消除伤亡事故,必须首先消除无伤害事故。无伤害事故不存在,则伤亡事故也就杜绝了,这是我们要予以充分认识的问题。

一、事故分类

按事故的属性,可以把事故分为两大类,一类为生产事故;一类为非生产事故。如图 3－2 所示。

非生产事故是人们在非生产活动的时间过程中发生的事故,例如人们在旅行、狩猎、家庭等非职业活动中发生的事故。本书中所讨论的“事故”,除特别说明外,通常指生产事故。

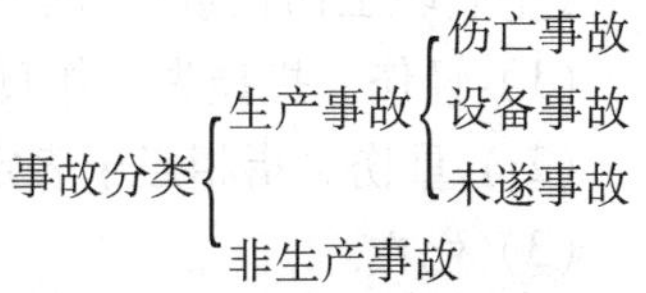

图 3－2　事故分类

生产事故是指人们在生产活动的时间过程中,突然发生的伤害人体、损坏财物、影响生产正常进行的意外事件。生产事故按人和物的伤害与损失情况可分为以下三种。

(1) 伤亡事故。伤亡事故是指人们在生产活动中,接触了与周围条件有关的外来能量,致使人体机能部分或全部丧失的不幸事件。

(2) 设备事故。设备事故指人们在生产活动中,物质、财产受到破坏、遭到损失的事故。如建筑物倒塌、机器设备损坏、原材料、产品、燃料、能源的损失等。

(3) 未遂事故。这类事故发生后,人和物都没有受到伤害和直接损失,但影响生产正常进行,未遂事故也称为险肇事故,这种事故往往容易被人们忽视。

1. 按事故类别划分

事故类别系指伤害的原因类型,《企业职工伤亡事故分类标准》GB6441—1986 中将事故类别划分为 20 类。

(1) 物体打击。指落下物、飞来物、滚石、锤击、砸伤、崩块引起的伤害。但不包括爆破引起的物体打击。

(2) 车辆伤害。包括车辆挤、压、撞及倾覆造成的伤害。

(3) 机械伤害。指被机械绞、碾、碰、压、割、戳、挤等引起的伤害。

(4) 起重伤害。其重作业过程中引起的伤害。

(5) 触电。包括雷击。

(6) 淹溺。

(7) 灼烫。

(8) 火灾。

(9) 高处坠落。包括从平地坠入地坑等。

(10) 坍塌。指建筑物、堆置物、土石方倒坍引起的事故。

(11) 冒顶片帮。

(12) 透水。

(13) 放炮。

(14) 火药爆炸。指火药生产、运输、储存中发生的爆炸。

(15) 瓦斯爆炸。包括煤粉爆炸。

(16) 锅炉爆炸。

(17) 容器爆炸。

(18) 其他爆炸。指化学爆炸、炉膛、钢水爆炸及其他爆炸物爆炸等。

(19) 中毒和窒息。包括一氧化碳、煤气、沥青、油气、化学中毒等。

(20) 其他伤害。指上述 19 项之外的伤害,包括扭伤、刺割、冻伤、跌伤、野兽咬伤等。

2. 按伤害程度分类

《企业职工伤亡事故分类标准》GB6441—1986 将伤亡事故按伤害程度分类为:

(1) 轻伤。指损失工作日低于 105 日的失能伤害。

(2) 重伤。指相当于表定损失工作日等于和超过 105 日的失能伤害。

(3) 死亡。

损失工作日按《企业职工伤亡事故分类标准》GB6441—1986 附录 B"损失工作日计算表"计算。见表 3-1 ~ 表 3-3。

表 3-1　截肢或完全失去机能部位损失工作日换算

手					
	拇指	食指	中指	无名指	小指
远端指骨	300	100	75	60	50
中间指骨	—	200	150	120	105
近端趾骨	600	400	300	240	200
掌骨	900	600	500	450	400
腕部截肢	1300				
脚					
	拇趾	二趾	中趾	无名趾	小趾
远端趾骨	150	35	35	35	35
中间趾骨	—	75	75	75	75
近端趾骨	300	150	150	150	150
骨(包括舟骨、距骨)	600	350	350	350	350
踝部	2400				

续表 3-1

上肢	
肘部以上任一部位(包括肩关节)	4500
腕以上任一部位,且在肘关节或低于肘关节	3600
下肢	
膝关节以上任一部位(包括髋关节)	4500
踝部以上,且在膝关节或低于膝关节	3000

表 3-2　骨折损失工作换算

骨 折 部 位	损失工作日
掌、指骨	60
桡骨下端	80
尺、桡骨干	90
肱骨髁上	60
肱骨干	80
肱骨外科颈	70
锁骨	70
胸骨	105
跖、趾	70
胫、腓	90
股骨干	105
股粗隆间	100
股骨颈	160

表 3-3　功能损伤损失工作日换算

功能损害部位	损失工作日
(1) 包被重要器官的单纯性骨损伤(头颅骨、胸骨、脊椎骨)	105
(2) 包被重要器官的复杂性骨损伤,内部器官轻度受损,骨损伤治愈后,不遗功能障碍者	500
(3) 包被重要器官的复杂性骨损伤,伴有内部器官损伤,骨损伤治愈后,遗有轻度功能障碍者	900
(4) 接触有害气体或毒物,急性中毒症状消失后,不遗有临床症状及后遗症者	200
(5) 重度失血,经抢救后,未遗有造血功能障碍者	200
(6) 包被重要器官的复杂性骨折包被器官受损,骨损伤治愈后,伴有严重的功能障碍者	
1) 脑神经损伤导致癫痫者	3000
2) 脑神经损伤导致痴呆者	5000
3) 脑挫裂伤,颅内严重血肿,脑干损伤造成无法医治的低能	5000
4) 脑外伤致使运动系统严重障碍或失语,且不易恢复者	4000
5) 脊柱骨损伤,脊髓离断形成截瘫者	6000
6) 脊柱骨损伤,脊髓半离断,影响饮食起居者	6000

续表 3-3

功能损害部位	损失工作日
7）脊柱骨损伤合并脊髓伤，有功能障碍不影响饮食起居者	4000
8）单纯脊柱骨损伤，包括残留慢性腰背痛者	1000
9）脊柱损伤，遗有脊髓压迫症双下肢功能障碍，二便失禁者	4000
10）脊柱韧带损伤，局部血行障碍影响脊柱活动者	1500
11）胸部骨损伤，伤及心脏，引起明显的节律不正者	4000
12）胸部骨损伤，伤及心脏，遗有代谢功能失调者	4000
13）胸部骨损伤，胸廓成形术后，明显影响一侧呼吸功能者	2000
14）一侧肺功能丧失者	4000
15）一侧肺并有另侧一个肺叶术后伤残者	5000
16）骨盆骨损伤累及神经，导致下肢运动障碍者	4000
17）骨盆不稳定骨折，并遗留有尿道狭窄和尿路感染	3000
（7）腰、背部软组织严重损伤；脊柱活动明显受限者	2000
（8）四肢软组织损伤治愈后，遗有周围神经损伤，感觉运动机能障碍，影响工作及生活者	1500
（9）四肢软组织损伤治愈后，遗有周围神经损伤，运动机能障碍，但生活能自理者	2000
（10）四肢软组织损伤，治愈后由于疤颜瘢弯缩，严重影响运动功能，但生活能自理者	2000
（11）手肌腱受损，伸屈功能严重影响障碍，影响工作、生活者	1400
（12）脚肌腱受损，引起机能障碍，不能自由行走者	1400
（13）眼睑断裂导致眼闭合不全	200
（14）眼睑损伤导致泪小管、泪腺损伤，导致泪溢，影响工作	200
（15）双目失明	6000
（16）一目失明，但另一目视力正常	800
（17）两目视力均有障碍，不易恢复者	800
（18）一目失明，另一目视物不清，或双目视物不清者（仅能见前 2 m 以内的物体，且短期内，不易恢复者）	3000
（19）两眼角膜受损，并有眼底出血或溷浊，视力高度障碍者（仅能见 1 m 之物体）且根本不能恢复者	4000
（20）眼球突出不能复位，引起视障碍者	700
（21）眼肌麻痹，造成斜视、复视者	600
（22）一耳丧失听力，另一耳听觉正常者	600
（23）听力有重大障碍者	300
（24）两耳听力丧失	3000
（25）鼻损伤，嗅觉功能严重丧失	1000
（26）鼻脱落者	1300
（27）口腔受损，致使牙齿脱落，不能安装假牙，致使咀嚼发生困难者	1800
（28）口腔严重受损，咀嚼机能全废	3000
（29）喉损伤，引起喉狭窄，影响发音及呼吸者	1000
（30）语言障碍，说话不清	300

续表 3-3

功能损害部位	损失工作日
(31) 语言全废	3000
(32) 伤及腹膜，并有单独性的腹腔出血及腹膜炎症者	1000
(33) 由于损伤进行胃次全切除，或肠管切除三分之一以上者	3000
(34) 由于损伤进行胃全切，或食道全切，腔肠代替食道，或肠管切除三分之一以上者	6000
(35) 一叶肝脏切除者	3000
(36) 一侧肾脏切除者	3000
(37) 生殖器官损伤，失去生殖机能者	1800
(38) 伤及神经、膀胱及直肠，遗有大便、小便失禁，漏尿、漏屎等	2000
(39) 关节结构损伤，关节活动受限，影响运动功能者	1400
(40) 伤筋伤骨，动作受限，其功能损伤严重于表 3-2 者	2000
(41) 接触高浓度有害气体，急性中毒症状消失后，遗有脑实质病变临床症状者	4000
(42) 各种急性中毒严重损伤呼吸道、食道黏膜，遗有功能障碍者	2000
(43) 国家规定的工业毒物轻度中毒患者	150
(44) 国家规定的工业毒物中度中毒患者	700
(45) 国家规定的工业毒物重度中毒患者	2000

《企业职工伤亡事故分类标准》GB6441—1986 附录 B 损失工作日计算表(补充件)

(1) 死亡或永久性全失能伤害定 6000 日。

(2) 永久性部分失能伤害按表 3-1 ~ 表 3-3 计算。

(3) 表中未规定数值的暂时失能伤害按歇工天数计算。

(4) 对于永久性失能伤害不管其歇工天数多少，损失工作日均按表定数值计算。

(5) 各伤害部位累计数值超过 6000 日者，仍按 6000 日计算。

3. 按事故等级分类

《生产安全事故报告和调查处理条例》国务院令第 493 号规定：根据事故造成的人员伤亡或者直接经济损失将事故划分为四个等级：

(1) 特别重大事故，是指造成 30 人以上死亡，或者 100 人以上重伤(包括急性工业中毒，下同)，或者 1 亿元以上直接经济损失的事故；

(2) 重大事故，是指造成 10 人以上 30 人以下死亡，或者 50 人以上 100 人以下重伤，或者 5000 万元以上 1 亿元以下直接经济损失的事故；

(3) 较大事故，是指造成 3 人以上 10 人以下死亡，或者 10 人以上 50 人以下重伤，或者 1000 万元以上 5000 万元以下直接经济损失的事故；

(4) 一般事故，是指造成 3 人以下死亡，或者 10 人以下重伤，或者 1000 万元以下直接经济损失的事故。

注："以上"包括本数，"以下"不包括本数。

二、事故原因分析

在生产实际中，事故发生的原因是多方面的，但归纳起来有两大类，四个方面的原因。

- 事故发生的原因
  - 直接原因
    - 人的不安全行为 Man
    - 物的不安全状态
      - 机器不安全状态 Machinery
      - 环境不安全条件 Medium
  - 间接原因:管理缺陷 Management

以上四个方面的原因通常称作“4M”问题或“4M”因素。

1. 人的不安全行为

由于人的行为具有多变、灵活、机动的特性,人的不安全行为的表现也是多种多样的。根据对各类生产操作活动的分析,人的不安全行为表现形式大致分为以下几个方面:

(1) 操作错误、忽视安全、忽视警告;

(2) 造成安全装置失效;

(3) 使用不安全设备;

(4) 手代替工具操作;

(5) 物体指成品、半成品、材料、工具、切屑和生产用品等存放不当;

(6) 冒险进入危险场所;

(7) 攀坐不安全位置等(如平台护栏、汽车挡板、吊车吊钩等);

(8) 在起吊物下作业;

(9) 机器运输时加油、修理、检查、调整、焊接、清扫等;

(10) 有分散注意力的行为;

(11) 在必须使用个人防护用品用具的作业或场合中,忽视其使用;

(12) 不安全装束;

(13) 对易燃易爆危险品处理错误。

2. 物的不安全状态

(1) 防护、保险、信号等装置缺乏或有缺陷;

(2) 设备、设施、工具、附件有缺陷;

(3) 个人防护用品、用具缺少或有缺陷。个人防护用具包括防护服、手套、护目镜及面罩、呼吸器官护具、听力护具、安全带、安全帽、安全鞋等。

3. 环境的不安全条件

(1) 照明光线不良;

(2) 通风不良;

(3) 作业场所狭窄;

(4) 作业场地杂乱;

(5) 交通线路配置不安全;

(6) 操作工序设计或配置不安全;

(7) 地面滑;

(8) 贮存方法不安全;

(9) 环境温度、湿度不当。

4. 管理缺陷

(1) 劳动组织不合理,如作业人数不足或过多,工种搭配不当,连续作业时间过长,作业点布置不合理等;

（2）规章制度不健全，实施不力；

（3）对岗位职工的安全教育与技术训练不够；

（4）缺乏现场作业指导与检查；

（5）隐患整改不及时，事故防范措施不落实；

（6）技术和设计上有缺陷，如工业构件、建筑物、机械设备、仪器仪表、工艺过程、操作方法、维修检验等设计、施工和材料使用上有问题等；

（7）其他。

三、事故的特性

从以上分析可以看出事故有其因果性、潜伏性和偶然性等特性。

（1）因果性是指事故发生都有其影响因素，这些因素相互作用，在一定条件下促使事故发生。

（2）潜伏性是指事故发生前一般都没有明显的表征，而是处于孕育和潜伏阶段。

（3）偶然性是指事故是随机事件，它是生产过程中的危险因素在某种机遇条件下发生的事件。

有了对事故的认识，掌握了事故的规律，这为进一步了解事故发生机理奠定了基础。

第二节 伤亡事故调查处理

做好伤亡事故的调查、统计、分析工作，有利于掌握事故情况，查明事故原因，分清事故的责任，拟定改进措施，防止重复事故发生。

一、事故报告

1. 报告时间与程序

《生产安全事故报告和调查处理条例》国务院令第 493 号规定：事故发生后，事故现场有关人员应当立即向本单位负责人报告；单位负责人接到报告后，应当于 1 小时内向事故发生地县级以上人民政府安全生产监督管理部门和负有安全生产监督管理职责的有关部门报告。

情况紧急时，事故现场有关人员可以直接向事故发生地县级以上人民政府安全生产监督管理部门和负有安全生产监督管理职责的有关部门报告。

安全生产监督管理部门和负有安全生产监督管理职责的有关部门接到事故报告后，应当依照下列规定上报事故情况，并通知公安机关、劳动保障行政部门、工会和人民检察院：

（1）特别重大事故、重大事故逐级上报至国务院安全生产监督管理部门和负有安全生产监督管理职责的有关部门；

（2）较大事故逐级上报至省、自治区、直辖市人民政府安全生产监督管理部门和负有安全生产监督管理职责的有关部门；

（3）一般事故上报至设区的市级人民政府安全生产监督管理部门和负有安全生产监督管理职责的有关部门。

安全生产监督管理部门和负有安全生产监督管理职责的有关部门依照前款规定上报事故情况，应当同时报告本级人民政府。国务院安全生产监督管理部门和负有安全生产监督管理职责的有关部门以及省级人民政府接到发生特别重大事故、重大事故的报告后，应当立即报告国务院。

必要时，安全生产监督管理部门和负有安全生产监督管理职责的有关部门可以越级上报事故情况。

安全生产监督管理部门和负有安全生产监督管理职责的有关部门逐级上报事故情况，每级上报的时间不得超过 2 小时。

2. 事故报告内容

（1）事故发生单位概况；

（2）事故发生的时间、地点以及事故现场情况；

（3）事故的简要经过；

（4）事故已经造成或者可能造成的伤亡人数（包括下落不明的人数）和初步估计的直接经济损失；

（5）已经采取的措施；

（6）其他应当报告的情况。

3. 其他规定

（1）自事故发生之日起 30 日内，事故造成的伤亡人数发生变化的，应当及时补报。道路交通事故、火灾事故自发生之日起 7 日内，事故造成的伤亡人数发生变化的，应当及时补报。

（2）事故发生单位负责人接到事故报告后，应当立即启动事故相应应急预案，或者采取有效措施，组织抢救，防止事故扩大，减少人员伤亡和财产损失。

（3）事故发生地有关地方人民政府、安全生产监督管理部门和负有安全生产监督管理职责的有关部门接到事故报告后，其负责人应当立即赶赴事故现场，组织事故救援。

（4）事故发生后，有关单位和人员应当妥善保护事故现场以及相关证据，任何单位和个人不得破坏事故现场、毁灭相关证据。

因抢救人员、防止事故扩大以及疏通交通等原因，需要移动事故现场物件的，应当做出标志，绘制现场简图并做出书面记录，妥善保存现场重要痕迹、物证。

（5）事故发生地公安机关根据事故的情况，对涉嫌犯罪的，应当依法立案侦查，采取强制措施和侦查措施。犯罪嫌疑人逃匿的，公安机关应当迅速追捕归案。

（6）安全生产监督管理部门和负有安全生产监督管理职责的有关部门应当建立值班制度，并向社会公布值班电话，受理事故报告和举报。

二、事故调查

1. 事故调查组织及基本原则

事故调查组织是指按事故严重程度等级，组成相应的调查组，对事故进行调查和分析。

（1）特别重大事故由国务院或者国务院授权有关部门组织事故调查组进行调查。

（2）重大事故、较大事故、一般事故分别由事故发生地省级人民政府、设区的市级人民政府、县级人民政府负责调查。省级人民政府、设区的市级人民政府、县级人民政府可以直接组织事故调查组进行调查，也可以授权或者委托有关部门组织事故调查组进行调查。

未造成人员伤亡的一般事故，县级人民政府也可以委托事故发生单位组织事故调查组进行调查。

(3) 上级人民政府认为必要时，可以调查由下级人民政府负责调查的事故。自事故发生之日起30日内(道路交通事故、火灾事故自发生之日起7日内)，因事故伤亡人数变化导致事故等级发生变化，依照本条例规定应当由上级人民政府负责调查的，上级人民政府可以另行组织事故调查组进行调查。

(4) 特别重大事故以下等级事故，事故发生地与事故发生单位不在同一个县级以上行政区域的，由事故发生地人民政府负责调查，事故发生单位所在地人民政府应当派人参加。

事故调查组的组成应当遵循精简、效能的原则。根据事故的具体情况，事故调查组由有关人民政府、安全生产监督管理部门、负有安全生产监督管理职责的有关部门、监察机关、公安机关以及工会派人组成，并应当邀请人民检察院派人参加。事故调查组可以聘请有关专家参与调查。

(1) 事故调查组成员应当具有事故调查所需要的知识和专长，并与所调查的事故没有直接利害关系。

(2) 事故调查组组长由负责事故调查的人民政府指定。事故调查组组长主持事故调查组的工作。

(3) 事故调查组履行下列职责：

1) 查明事故发生的经过、原因、人员伤亡情况及直接经济损失；

2) 认定事故的性质和事故责任；

3) 提出对事故责任者的处理建议；

4) 总结事故教训，提出防范和整改措施；

5) 提交事故调查报告。

(4) 事故调查组有权向有关单位和个人了解与事故有关的情况，并要求其提供相关文件、资料，有关单位和个人不得拒绝。

事故发生单位的负责人和有关人员在事故调查期间不得擅离职守，并应当随时接受事故调查组的询问，如实提供有关情况。

事故调查中发现涉嫌犯罪的，事故调查组应当及时将有关材料或者其复印件移交司法机关处理。

(5) 事故调查中需要进行技术鉴定的，事故调查组应当委托具有国家规定资质的单位进行技术鉴定。必要时，事故调查组可以直接组织专家进行技术鉴定。技术鉴定所需时间不计入事故调查期限。

(6) 事故调查组成员在事故调查工作中应当诚信公正、恪尽职守，遵守事故调查组的纪律，保守事故调查的秘密。

未经事故调查组组长允许，事故调查组成员不得擅自发布有关事故的信息。

(7) 事故调查组应当自事故发生之日起60日内提交事故调查报告；特殊情况下，经负责事故调查的人民政府批准，提交事故调查报告的期限可以适当延长，但延长的期限最长不超过60日。

（8）事故调查报告应当包括下列内容：

1）事故发生单位概况；

2）事故发生经过和事故救援情况；

3）事故造成的人员伤亡和直接经济损失；

4）事故发生的原因和事故性质；

5）事故责任的认定以及对事故责任者的处理建议；

6）事故防范和整改措施；

7）事故调查报告应当附具有关证据材料。

（9）事故调查组成员应当在事故调查报告上签名。

（10）事故调查报告报送负责事故调查的人民政府后，事故调查工作即告结束。事故调查的有关资料应当归档保存。

2. 事故调查的程序及项目

（1）现场处理。事故发生后，应首先救护受害者，采取措施制止事故蔓延、扩大；凡与事故有关的物体、痕迹、状态不得破坏，保护好事故现场；为抢救受害者，需移动现场某些物体时，必须做好标志。

（2）物证收集。物证是指破坏部件、碎片、残留物、致害物及其位置等；在现场收集到的所有物体均应贴上标签，注明地点、时间、管理者；所有物体应保持原样，不准冲洗擦拭；对健康有害的物品应采取不损坏原始证据的安全防护措施。

（3）事故事实材料搜集。与事故有关的事实材料的收集，主要从以下几方面考虑：

1）与事故鉴别、记录有关的材料，包括事故发生的单位、地点、时间、受害人和肇事者的姓名、性别、年龄、文化程度、职业、技术等级、工龄、本工种工龄、支付工资形式；受害者和肇事者的技术情况、接受安全教育情况；出事当天，受害者和肇事者什么时间开始工作、工作内容、工作量、作业程序、操作时的动作或位置，受害者和肇事者过去的事故记录。

2）事故发生的有关事实材料，包括事故发生前设备、设施等的性能和质量状况；对使用的材料、必要时进行物理性能或化学性能实验分析；有关设计和工艺方面的技术文件、工作指令和规章制度方面的资料及执行情况，关于环境方面的情况，如照明、温度、湿度、通风、声响、色彩、道路、工作面情况以及工作环境中的有毒有害物质取样分析记录；个人防护措施状况，即个人防护用品的有效性、质量、使用范围；事前受害者和肇事者的健康与精神状况；其他有可能与事故有关的细节或因素。

（4）证人材料的收集，要尽快找被调查者搜集材料。对证人的口述材料，应认真考证其真实程度。

（5）现场摄影，包括显示残骸和受害者原始存息地的所有照片；可能被清除或被践踏的痕迹。如刹车痕迹，地面和建筑物痕迹，火灾引起损害的照片，下落物的空间等；事故现场全貌；利用摄影、录像，以提供较完善的信息内容。

（6）事故图。报告中的事故图，包括了解事故情况所必需的信息，如事故现场示意图、流程图、受害者位置图等。

3. 事故调查的内容与方法

事故调查的内容应包括与事故有关的人，与事故有关的物，以及管理状况与事故经过。其具体内容如图 3－3 所示。

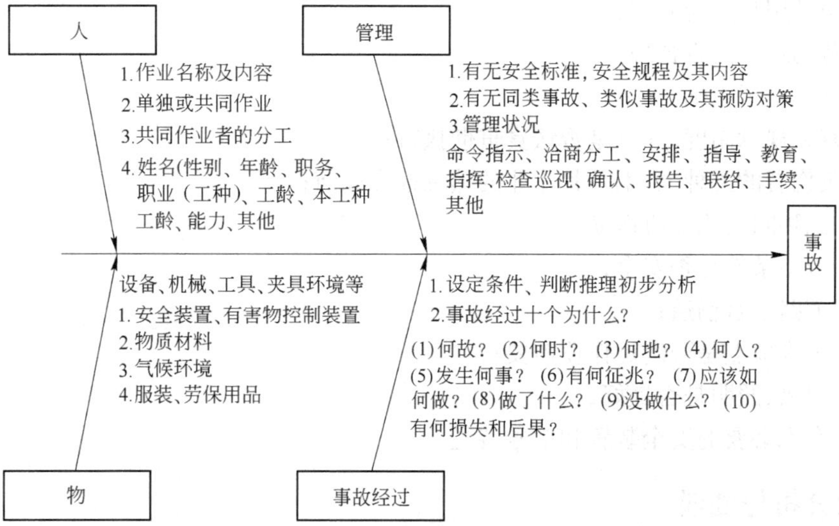

图 3－3　事故调查内容

事故调查方法应从现场勘察、调查询问入手,收集人证、物证材料,进行必要的技术鉴定和模拟试验,寻求事故原因及责任者,并提出防范措施。事故调查方法如图 3－4 所示。

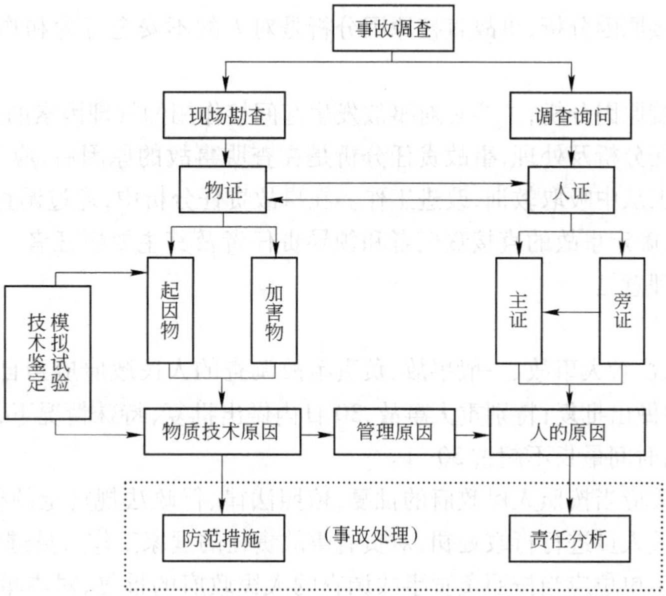

图 3－4　事故调查方法

4. 事故调查中应弄清的几个问题

(1) 在什么情况下,为什么发生事故;

(2) 在操作什么机器或进行什么作业时发生事故;

(3) 事故的性质和原因是什么;

(4) 机器设备工具是否合乎安全要求;

（5）防护用具是否完好；

（6）劳动组织是否合理；

（7）操作是否正确、正常；

（8）有无规章制度，并且是否认真贯彻执行；

（9）负伤者的工种、职别及其作业的熟练程度如何；

（10）工种间的相互协作如何；

（11）劳动条件是否安全；

（12）道路是否畅通；

（13）工作地点是否满足作业需要；

（14）通风、照明是否良好；

（15）有无必要的安全装置和信号装置。

三、事故分析与处理

1. 事故分析

（1）整理和阅读调查材料。

（2）材料分析，是对受害者的受伤部位、受伤性质、起因物、致害物、伤害方式、不安全状态、不安全行为等进行分析、讨论和确认。

（3）事故直接原因分析，事故直接原因分析是对人的不安全行为和物的不安全状态的分析。

（4）事故间接原因分析，主要是对事故发生起间接作用的管理因素的分析。

（5）事故责任分析及处理，事故责任分析是在查明事故的原因后，应分清事故的责任，使企业领导和职工从中吸取教训，改进工作。在事故责任分析中，通过调查事故的直接原因和间接原因分析，确定事故的直接责任者和领导责任者及其主要责任者。并根据事故后果和责任者提出处理意见。

2. 事故处理

（1）重大事故、较大事故、一般事故，负责事故调查的人民政府应当自收到事故调查报告之日起 15 日内做出批复；特别重大事故，30 日内做出批复，特殊情况下，批复时间可以适当延长，但延长的时间最长不超过 30 日。

（2）有关机关应当按照人民政府的批复，依照法律、行政法规规定的权限和程序，对事故发生单位和有关人员进行行政处罚，对负有事故责任的国家工作人员进行处分。

（3）事故发生单位应当按照负责事故调查的人民政府的批复，对本单位负有事故责任的人员进行处理。负有事故责任的人员涉嫌犯罪的，依法追究刑事责任。

（4）事故发生单位应当认真吸取事故教训，落实防范和整改措施，防止事故再次发生。防范和整改措施的落实情况应当接受工会和职工的监督。

（5）安全生产监督管理部门和负有安全生产监督管理职责的有关部门应当对事故发生单位落实防范和整改措施的情况进行监督检查。

（6）事故处理的情况由负责事故调查的人民政府或者其授权的有关部门、机构向社会公布，依法应当保密的除外。

四、伤亡事故结案归档

伤亡事故结案归档是处理事故的最后一个环节。对事故调查分析的结果进行归纳整理、建档,有利于指导安全教育、事故预防等工作,对制定安全生产法规、制度以及隐患整改提供了重要依据。

事故处理结案后,应归档的事故资料应有下列内容:

(1) 职工伤亡事故登记表;

(2) 职工死亡、重伤事故调查报告书及批复;

(3) 现场调查记录、图纸、照片等;

(4) 技术鉴定和试验报告;

(5) 物证和人证材料;

(6) 直接经济损失和间接经济损失材料;

(7) 事故责任者的自述材料;

(8) 医疗部门对伤亡人员的诊断书;

(9) 发生事故时的工艺条件、操作情况和设计资料;

(10) 处分决定和受处分人员的检查材料;

(11) 有关事故的通报、简报及文件;

(12) 注明参加调查组的人员名单、职务及单位。

第三节　伤亡事故的统计分析

伤亡事故的统计分析是指运用一定的统计分析方法,对某地区、某行业或某部门的某时期内的职工伤亡事故资料进行统计和综合分析,从而发现事故发生规律的过程。

伤亡事故统计分析是在伤亡事故调查分析基础上进行的。因而建立事故管理台账,做好原始记录,对发生的每起事故进行登记并以此作为企业按时填报伤亡事故统计月(年)表的依据,是企业做好统计分析工作的关键。

一、伤亡事故统计分析的作用

伤亡事故统计分析的作用表现在以下几个方面:

(1) 能够提供某个时期内伤亡事故的全部情况,包括事故的发生次数、类别、严重程度、受害者基本情况、事故所涉及的机器及工具设备、与事故有关的行为类型、事故最常发生的时间地点等。

(2) 通过对企业历年伤亡事故资料的统计分析,可以了解企业安全生产管理工作的发展趋势和特点,可以发现事故的发生规律,可以找出安全生产管理工作的薄弱环节及其存在的问题,为研究制定安全工作计划、进行安全检查和安全决策提供一定的依据。

(3) 伤亡事故统计分析是实行工伤保险浮动费率制和差别费率制的基本条件。

(4) 伤亡事故统计分析是开展安全性评价工作的重要前提条件之一。特别是能为各级领导部门掌握全局性的安全生产状况,制定安全目标值提供重要依据。

因而,企业必须十分重视对伤亡事故的统计分析工作,要安全规定及时上报统计分析结果,切实保证统计数据的全面性和正确性。

二、伤亡事故统计的主要指标和计算方法

国家标准 GB6441—86《企业职工伤亡事故分类》规定了六种伤亡事故统计指标及其计算方法。

1. 千人死亡率

千人死亡率表示某时期内,被统计单位平均每千名职工中,因工伤事故造成死亡的人数。其计算公式为:

$$\text{千人死亡率} = \frac{\text{死亡人数}}{\text{平均职工人数}} \times 10^3 \tag{3-1}$$

2. 千人重伤率

千人重伤率表示某时期内,被统计单位平均每千名职工中,因工伤事故导致重伤的人数。其计算公式为:

$$\text{千人重伤率} = \frac{\text{重伤人数}}{\text{平均职工人数}} \times 10^3 \tag{3-2}$$

3. 伤害频率

伤害频率表示被统计单位在某时期内,每百万工时因事故造成伤害的人数。伤害人数指轻伤、重伤和死亡人数之和。其计算公式为:

$$\text{百万工时伤害率}(\mathrm{A}) = \frac{\text{伤害人数}}{\text{实际总工时数}} \times 10^6 \tag{3-3}$$

4. 伤害严重率

伤害严重率表示被统计单位在某时期内,平均每百万工时因事故造成损失工作日数。其计算公式为:

$$\text{伤害严重率}(B) = \frac{\text{总损失工作日数}}{\text{实际总工时数}} \times 10^6 \tag{3-4}$$

5. 伤害平均严重率

伤害平均严重率表示每一受害人次的平均损失工作日。其计算公式为:

$$\text{伤害平均严重率}(N) = \frac{B}{A} = \frac{\text{总损失工作日数}}{\text{伤害人数}} \tag{3-5}$$

上述的千人死亡率和千人重伤率是为完成“事故月报表”而制定的。它们适用于企业以及省、市、县级安全生产监督管理部门和有关部门上报伤亡事故时使用,其特点是易于统计、行文方便,但不利于作综合分析。

百万吨死亡率和万立方米木材死亡率,是按产品产量计算的平均死亡率。它们考虑了冶金、矿山、林场等部门或行业的特点,且利于与国际同行业相比较;既可用于综合分析,又可用于安全要求上报事故。

伤害频率、伤害严重率和平均伤害严重率,是用于评价安全管理工作成效的常用的计算指标,其计算方法是国际上所通用的。

列入“十一五”规划和统计公报、反映安全生产状况的 4 项指标:

(1) 年亿元 GDP 事故死亡率;

（2）工矿商贸10万就业人员事故死亡率；
（3）道路交通万车死亡率；
（4）煤矿百万吨死亡率。

三、常用的伤亡事故分析图

1. 主次图

主次图又称排列图，是柱状图或称直方图与折线图的结合。柱状图用来表示研究对象（可依据事故统计资料，分别绘制以事故类别、事故肇事者年龄、事故致因、事故伤害程度等为对象）的绝对数。折线图则表示研究对象的累计百分比。通过主次图，人们能直观地从图中标示的数值确定与事故有关的各种因素的影响程度的大小，从而确定预防事故的主攻方向。

例如，某行业在"十五"期间共发生各类伤亡事故78起，见表3－4，现以事故类别主次图为例，对该分析方法进行说明。

表3－4　某行业事故统计

项　目	物体打击	灼烫	机械伤害	高空坠落	车辆伤害	坍塌	触电	爆炸	合计
伤亡事故人次	12	3	15	6	23	6	10	3	78

把上表中的伤亡事故人次从大到小重新进行排列（把伤亡事故"其他"放在最后）并加上一列"累积比率"，即将这一行前的所有频率加到这一行的比率上。整理好见表3－5。

表3－5　某行业事故数据及比率

项　目	伤亡事故人次	比率/％	累计比率/％
车辆伤害	23	29	29
机械伤害	15	19	48
物体打击	12	15	63
触　电	10	13	76
高空坠落	6	8	84
坍　塌	6	8	92
灼　烫	3	4	96
爆　炸	3	4	100
合　计	78	100	

首先，从某行业在"十五"期间的事故统计资料中取出与事故类别分析相关的数据。然后，用横坐标表示事故类别的项目，并且按各类别出现事故人次数的多少自左向右顺序排列；用左侧纵坐标表示伤亡事故人次数，并根据其对应关系做出与事故类别项目相等的矩形，用矩形的不同高度示意不同的事故频数；用右侧的纵坐标表示累计百分（比）率，将各单项的比率自左到右依次累加，并用点标在各矩形右侧或中心线的延长线上，即可连成一条从左向右上升的折线，称为累计百分比曲线。至此，该行业这个时期内的事故类别主次图已告完成，如图3－5所示。

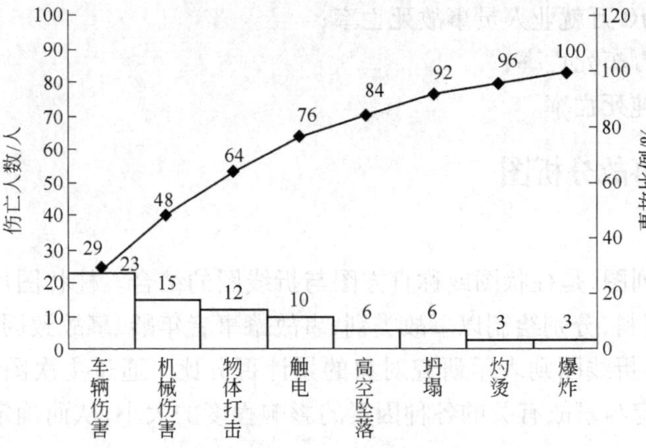

图 3-5　某行业事故类别主次图

在上述分析的基础上可以明确，事故预防的重点对象是那些累计比率在 70% ~80% 的项目。这样的项目数在总的项目数中占的比例相对比较小，但这恰恰体现着主次图分析法的一个特点，它有助于我们将极其重要的少数问题与无关紧要的多数问题区别开来，并重点对待。

2. 事故趋势图

事故趋势图又称事故动态图。其横坐标多由时间、年龄或工龄等构成，纵坐标则可根据分析者的需要选用不同的统计指标，如反映工伤事故规模的指标（事故次数、事故伤害总人数、事故损失工作日数、事故经济损失等）、反映工伤事故严重程度的指标（伤害严重率、伤害平均严重率、百万元产值事故经济损失值等）以及千人死亡率（重伤率）或百万吨死亡率等反映工伤事故相对程度的指标等。图 3-6 是某企业负伤频率与时间构成的事故趋势图。

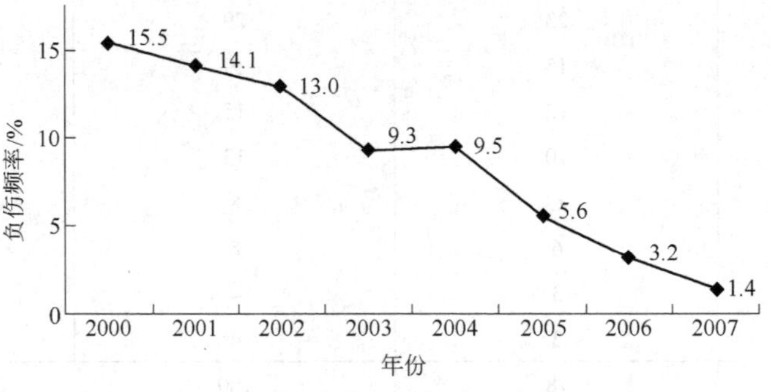

图 3-6　某企业事故趋势图

3. 事故控制图

事故控制图又称事故管理图。控制图是质量管理中用来控制次品数量和次品率的分析模型，被移植到伤亡事故管理中。其特点是可使人民明确伤亡事故管理目标，便于掌握事故发展趋势和对事故进行动态管理。

不难理解，“伤亡事故人次数”是一个随机变量，其概率分布大致符合“二项分布”规律。因此，其数学期望值可按以下方法求取。

设
$$\overline{K}=\frac{N}{M\times n} \tag{3-6}$$

式中 $\overline{K}$——每人每月发生伤亡事故的概率；

N——统计期内(一般以一年为一个统计期)伤亡人次数；

M——统计期内的时间分段(一般以月划分)；

n——统计期内的平均职工人数。由此可得统计期内对伤亡事故状况进行控制的期望值 $n\cdot\overline{K}$。由期望值可计算出控制图的中心线和上下控制界限的位置。

首先确定中心线 CL：

$$CL=n\cdot\overline{K}$$

然后按以下两式确定上下控制线位置。设上控制线为 UCL，则；

$$UCL=n\cdot\overline{K}+2\sqrt{n\cdot\overline{K}(1-\overline{K})} \tag{3-7}$$

下控制线 LCL 为：

$$LCL=n\cdot\overline{K}-2\sqrt{n\cdot\overline{K}(1-\overline{K})} \tag{3-8}$$

下一步是按照计算结果绘制伤亡事故控制图。具体做法是以横坐标表示时间(月份)，纵坐标表示伤亡人次数，中心线用实线表示，上下控制线用虚线表示。将每个时期(月)的伤亡情况点示在图中，最后把这些点连接成折线。

举例：假设某重型机械厂 2007 年在册职工人数为 3800 人，该年度按月统计的事故伤亡人次数见表 3-6。试绘制该年度的事故控制图。

表 3-6　某厂伤亡人次数

月　份	1	2	3	4	5	6	7	8	9	10	11	12	合　计
伤亡人次	6	4	3	4	3	5	10	5	4	3	4	6	57

第一步，计算控制图各数值：

$$\overline{K}=\frac{N}{M\cdot n}=\frac{57}{12\times 3800}=0.00125$$

$$CL=n\cdot\overline{K}=n\cdot\frac{N}{M\cdot n}=\frac{N}{M}=\frac{57}{12}=4.75$$

$$UCL=n\cdot\overline{K}+2\sqrt{n\cdot\overline{K}(1-\overline{K})}=4.75+2\sqrt{4.75(1-0.00125)}\approx 9.11$$

$$LCL=n\cdot\overline{K}-2\sqrt{n\cdot\overline{K}(1-\overline{K})}=4.75-2\sqrt{4.75(1-0.00125)}\approx 0.39$$

第二步，根据计算结果绘制控制事故控制图，如图 3-7 所示。

第三步，控制图的应用分析。事故次数控制图是衡量统计年份内，各个阶段相对年度水平管理程度的一种方法。如果各阶段(月份)的统计值均在中心线两侧和控制线之间无规则的跳动，则可认为各个阶段对事故的控制水平都保持在统计年度水平上，即保持在可允许的范围内。如果出现了下述两种情况，则表明相应阶段的事故控制水平发生了变化，应当分析引起变化的原因并采取必要的措施：一是统计值超出上控制线 UCL 时，说明有新的事故触发因素，必须予以警惕，分析原因，拟定控制措施。所以，UCL 又称上警戒线。二是统计值低于下控制线 LCL，即事故次数显著减少时，应当及时总结事故减少的经验，进一步推动安全工作。

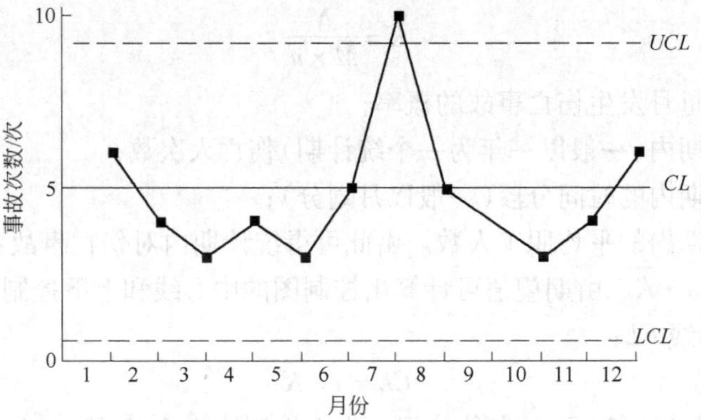

图 3－7　事故控制图

事故控制图在安全管理上具有较广泛的用途。它可以年复一年地连续使用，以便分析比较各年度安全管理水平的变化情况；也可以根据生产任务的阶段性，按需要的统计周期加以利用；还可以结合安全目标管理的实施，用来控制未来年度的工伤事故情况等。

4. 事故比例图

根据事故资料将其发生的单位、场所、时间、事故类别、伤害部位等用分布图上形象地表示出来，以便确定重点控制的对象和时间，为预防事故确定目标。

例如某部门 2001～2007 年共发生死亡事故 18 起，主要集中在触电、高处坠落、物体打击、机械伤害等几个类别上。表 3－7 为某部门 2001～2007 年死亡事故类别统计表，图 3－8 为 2001～2007 年该部门死亡事故类别比例图。

表 3－7　某部门 2001～2007 年死亡事故类别统计

事故类别	死亡人数/人	所占比例/%	名次
触电	5	27	1
高处坠落	4	22	2
物体打击	4	22	3
机械伤害	3	17	4
车辆伤害	1	6	5
坍塌	1	6	6
合计	18	100	

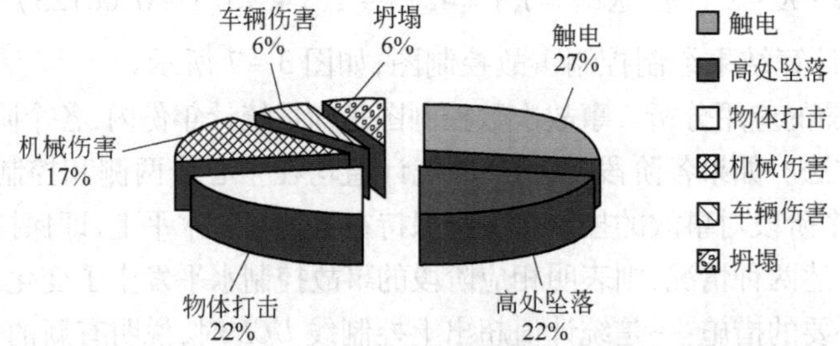

图 3－8　某部门 2001～2007 年伤亡事故类别比例图

从图3－8可以看出，触电、高处坠落、物体打击、机械伤害事故分别占整个统计事故的27%、22%、22%和17%，占整个统计事故的84%，因此，事故的控制重点在触电、高处坠落、物体打击、机械伤害。

四、伤亡事故经济损失的计算分析

1. 统计伤亡事故经济损失的目的

工伤事故的发生，不仅会造成人员的伤亡，还将带来物质财产的损失。伴随着对这两个方面损失的处理，会导致一定的甚至大量的资金投入，使企业的经济效益和国家的经济利益受到影响。如果在事故调查处理过程中只注意职工的伤亡情况，偏重于事故经过、原因分析、责任划分等环节，而不对事故导致的经济损失状况进行全面的、认真的统计分析，就不能全面、准确、直观地评价伤亡事故和反映事故对企业经营、对国家经济发展的不良影响。因此，应将经济损失列为必不可少的统计内容。

此外，对工伤事故的经济损失进行调查计算的意义，不仅在于能够了解事故的严重程度，更重要的是有助于人们从经济规律方面去认识工伤事故，去研究安全与经济效益相互促进、相互制约的关系。这必将促进各级领导和广大职工群众充分认识安全管理工作的经济价值，树立安全经济观念，正确把握安全工作与生产经营的辩证关系，更加自觉、有效地从事或推动安全生产工作。

为了适应我国经济体制改革的深入发展，适应事故统计工作科学化、标准化的要求，加强和完善伤亡事故的统计、调查和处理，客观地评价伤亡事故经济损失及其对生产效应的影响，国家早在1986年就颁布了《企业职工伤亡事故经济损失统计标准》GB6721—1986（以下简称《标准》），对伤亡事故经济损失的概念、统计范围、计算方法和评价指标都做出了明确的规定。

2. 伤亡事故经济损失的定义

《标准》对伤亡事故经济损失的定义如下："伤亡事故经济损失是指企业职工在劳动生产过程中发生伤亡事故所引起的一切经济损失"。由于伤亡事故经济损失内容繁多、涉及面广，为了便于统计和管理，通常将其划分为直接经济损失和间接经济损失。

直接经济损失是指因事故造成人身伤亡及善后处理支出的费用和毁坏财产的价值。

间接经济损失是指因事故导致产值减少、资源破坏和受事故影响而造成其他损失的价值。

3. 伤亡事故经济损失的统计范围

《标准》是依据事故损失与事故本身的关系来划分直接经济损失和间接经济损失的。这不仅有利于全面了解和分析事故的经济损失状况，也符合我国各部门、各企业处理伤亡事故的实际情况。该标准所规定的直接经济损失和间接经济损失的统计范围分别如图3－9和图3－10所示。

4. 伤亡事故经济损失方法

（1）计算公式：

$$E = E_d + E_i \tag{3-9}$$

式中　E——经济损失，万元；

E_d——直接经济损失，万元；

E_i——间接经济损失，万元。

- 直接经济损失
  - 人身伤亡后所支出的费用
    - 医疗费用（含护理费）
    - 丧葬及抚恤费用
    - 补助及救济费用
    - 歇工工资
  - 善后处理费用
    - 处理事故的事务性费用
    - 现场抢救费用
    - 清理现场费用
    - 事故罚款和赔偿费用
  - 财产损失价值
    - 固定资产损失价值
    - 流动资产损失价值

图 3－9　直接经济损失的统计范围

- 间接经济损失
  - 停产、减产损失价值
  - 工作损失价值
  - 资源损失价值
  - 处理环境污染的费用
  - 补充新职工的培训费用
  - 其他损失费用

图 3－10　间接经济损失的统计范围

（2）子项目及其计算方法。按图 3－9 和图 3－10 所示的统计范围，各项目的计算方法如下：

1）医疗费用。它是指用于治疗受伤害职工所开支的费用，如药费、治疗费、住院费等在卫生部门开支的费用，以及为照顾受伤职工请（派）专人护理所支出的费用。后者由事故发生单位支付，统计时，只需填入实际费用即可。对那些在事故处理结案后仍需治疗的被伤害职工的医疗费用，按《标准》附录中的计算公式予以统计，即：

$$M = M_b + \frac{M_b}{P} D_c \qquad (3-10)$$

式中 M——被伤害职工的医疗费，万元；

M_b——被伤害职工日前的医疗费，万元；

P——事故发生之日至结案日的天数，d；

D_c——延续医疗天数，由企业劳资、安全、工会等部门安全医生诊断意见确定，d。

上述公式只是测算一名被伤害职工的医疗费。一次事故中多名受伤害职工的医疗费用应累积计算。

2）歇工工资。它是指工伤职工在自事故之日起的实际歇工期内，企业支付其本人的工资总额。歇工工资无论是在工资基金中开支，还是在保险福利费中开支，都应作为经济损失如实统计上报。当歇工日超过事故结案日时，歇工工资按《标准》附录给出的下述公式进行统计：

$$L = L_q (D_a + D_k) \qquad (3-11)$$

式中 L——被伤害职工的歇工工资，元；

L_q——被伤害职工日工资，元；

D_a——至事故结案日期的歇工日，d；

D_k——延续歇工日，即事故结案后还需要继续歇工的时间，由企业劳资、安全、工会与有关部门酌情商定，d。

3）处理事故的事务性费用，其中包括交通费、差旅费、接待其亲属的费用以及事故调查处理工作中所需的聘请费、器材费以及尸体处理费用等。此项费用按实际支出如实统计。

4）现场抢救费，指事故发生时，外部人员为了控制和终止灾害，援救受灾人员脱离危险现场的费用,如火灾事故现场救火所需要的费用等。救护员的费用要列在医疗费中统计。

5）清理现场费用,指清理事故现场的尘毒污染以及为恢复生产而对事故现场进行整理和清除残留物所支出的费用,如修复管道线路等所需的费用。

6）事故罚款和赔偿费用。事故罚款是指上级单位依据有关法规对事故单位的罚款,不包括对事故责任者的罚款。赔偿费用是指企业因发生事故不能按期完成合同而引致的对外单位的经济赔偿以及因造成公共设施的损坏而发生的赔偿费用。不包括对个人的赔偿和因造成环境污染的赔偿。

7）固定资产损失价值,其中包括报废的固定资产损失价值和损坏(有待修复)的固定资产损失价值两个部分。前者用固定资产净值减去固定资产残值计算(按财务部门规定统计),后者按修复费用统计。

8）流动资产损失价值,流动资产是指在企业生产和流通领域中不断变换形态的物质,如原材料、燃料、辅助材料、在制品、半成品及成品等,原材料、辅助材料等流动资产的损失价值按账面减去残留值计算;成品、半成品、在制品等流动资产的损失价值,均以企业实际成本减去残值计算。

9）工作损失价值的计算,事故受害者的劳动能力部分或全部丧失而造成的损失称为工作损失,用损失工作日数来计算。其损失价值称为工作损失价值,以被伤害职工少为国家创造的价值来表示。之所以用损失工作日数来计算工作损失,是因为它由于事故而造成的劳资者劳动时间的减少与伤害的严重程度成正比。

被伤害职工因事故而造成的工作损失价值按式(3－12)计算:

$$V_w = D_1 \frac{M}{S \cdot D} \tag{3-12}$$

式中 V_w——工作损失价值,万元;

D_1——一起事故的总损失工作日数,d,死亡一名职工按6000个工作日计算,受伤职工视其伤害情况按表3－1确定损失工作日数;

M——企业上年税利(税金加利润),万元;

S——企业上年平均职工人数,人;

D——企业上年法定工作日数,d。

10）资源损失价值。这里主要指工伤事故造成的物质资源损失价值。由于物质损失情况比较复杂,可能会出现难以计算其损失价值的局面,因而常常采用商榷或估算的办法。一般情况下资源损失价值的计算,是先确定受损的项目,然后逐项计算或估算损失价值,最后将结果求和。

11）处理环境污染的费用。其中主要包括排污费、赔损费、保护费和治理费。

12）补充新职工的培训费用。技术工人的培训费用每人按2000元计算;技术人员的培训费用每人按10000元计算;其他人员的培训费用参照上述人员酌定。

5. 伤亡事故经济损失的评价标准和严重程度分级

伤亡事故经济损失的计算,是遵循我国现行的管理制度和财会制度,按事故经济损失的实际情况,分项统计、累计相加完成的,即如前所述。

由于不同的行业、不同的企业在规模、产值等方面存在着一定的甚至相当大的差异,因此,如果单纯采用绝对的经济损失值来评价和比较其安全管理工作,尚不够全面、客观和合理，还应当考虑采用相对的评价标准。《标准》中所规定的千人经济损失率和百万元产值经济损失率，就是从经济角度出发衡量企业安全生产状况，评价伤亡事故对企业经济效益影响的相对指标。

千人经济损失率 R_S，将事故经济损失与职工群众的切身利益相连接，表明了全体职工中平均每千人因事故遭受的经济损失程度。千人经济损失率 R_S 按式(3－13)计算：

$$R_S=\frac{E}{S}\times 10^3 \tag{3-13}$$

式中 R_S——千人经济损失率，万元/千人；

E——全年内经济损失，万元；

S——企业平均职工人数，人。

百万元产值经济损失率 R_V，则是通过企业平均每创造 100 万元产值中因事故而损失掉的多少，直接反映事故经济损失给企业的经济效益带来的影响。百万元产值经济损失率 R_V 按式(3－14)计算：

$$R_V=\frac{E}{V}\times 10^2 \tag{3-14}$$

式中 R_V——百万元产值经济损失率，万元/百万元；

E——全年经济损失，万元；

V——企业总产值，万元。

为了定性、定量衡量事故的经济损失，除了用经济损失、千人经济损失率和百万元产值损失率三个指标进行评价以外，还可以在评价事故严重程度的基础上，按经济损失严重程度对伤亡事故进行分级。即：

特别重大事故——直接经济损失 1 亿元以上；

重大事故——直接经济损失 5000 万元以上 1 亿元以下；

较大事故——直接经济损失 1000 万元以上 5000 万元以下；

一般事故——直接经济损失 1000 万元以下。

注："以上"包括本数，"以下"不包括本数。

综上所述，企业职工伤亡事故经济损失可归纳为用于伤亡者的费用、物资损失、生产成果的减少、因劳动时间的丧失而减少或引起劳动价值的损失以及因事故引起的其他损失这五个方面的内容。毫无疑问这些损失都会给职工的物质、精神生活，给企业的正常生产秩序和经营效益带来恶劣的影响。因此，从经济效益的角度出发明确安全管理的意义是非常必要的。

第四节 职业危害与职业病管理

一、职业病的概念与特点

1. 职业病

广义上的职业病泛指劳动者在生产劳动及其他职业活动中，由于职业性有害因素的影响而引起的疾病。本节论及的职业病是狭义的职业病，即法定职业病，它是指职工因受职业性有害因素的影响而引起的，由国家以法规形式规定并经国家指定的医疗机构确诊的疾病。

2002 年 4 月 20 日中华人民共和国卫生部、中华人民共和国劳动和社会保障部联合发布了《关于印发职业病目录的通知》卫法监发[2002]108 号。将职业病分为尘肺、职业性放射性疾病、职业中毒、物理因素所致职业病、生物因素所致职业病、职业性皮肤病、职业性眼病、职业性耳鼻喉口腔疾病、职业性肿瘤 、其他职业病 十大类共 115 种。

2. 职业病发生的条件

职业病的发生常与生产过程和作业环境有关，但除了环境危害因素对人的危害程度，还受个体的特性差异的影响。在同一职业危害的作业环境中，由于个体特征的差异，各人所受的影响可能有所不同。这些个体特征包括性别、年龄、健康状况和营养状况等。职业病是影响工人健康、威胁工人生命的主要危害。人体接触环境中直接或间接有害因素时，不一定都发生职业病。职业病的发病过程，还取决于下列三个主要条件：(1)有害因素的性质；(2)有害因素作用于人体的量和作用时间；(3)人体的健康状况。

3. 职业病有害因素

职业病有害因素又称生产性有害因素，是指能对职工的健康和工作能力产生有害作用并导致疾病产生的因素。2002 年 3 月 11 日，中华人民共和国卫生部发布了“职业病危害因素分类目录”(卫法监发[2002]63 号)，将职业病有害因素分为十大类：(1)粉尘类；(2)放射性物质类(电离辐射)；(3)化学物质类；(4)物理因素；(5)生物因素；(6)导致职业性皮肤病的危害因素；(7)导致职业性眼病的危害因素；(8)导致职业性耳鼻喉口腔疾病的危害因素；(9)职业性肿瘤的职业病危害因素；(10)其他职业病危害因素。“职业病危害因素分类目录”将十类职业病危害因素可能产生的职业病及其行业进行了详细归类。

4. 职业病的特点

与其他职业伤害相比，职业病有以下特点：

(1) 职业病的起因是由于劳动者在职业性活动过程中或长期受到来自化学的、物理的、生物的职业性危害因素的侵蚀，或长期受不良的作业方法、恶劣的作业条件的影响，这些因素及影响可能直接或间接地、个别地或共同地发生着。

(2) 职业病不同于突发的事故或疾病，其病症要经过一个较长的逐渐形成期或潜伏期后才能显现，属于缓发性伤残。

(3) 由于职业病多表现为体内生理器官或生理功能的损伤，因而是只见“疾病”，不见“外伤”。

(4) 职业病属于不可逆性损伤，很少有痊愈的可能。换言之，除了促使患者远离致病源自然痊愈之外没有更为积极的治疗方法，因而对职业病预防问题的研究尤为重要。可以通过作业者的注意、作业环境条件的改善和作业方法的改进等管理手段减少患病率。

(5) 病因有特异性，比如接触含有游离二氧化硅粉尘的作业工人容易患硅肺病，脱离接触可减轻或恢复；接触噪声早期可引起听力的下降，如连续不断接触可导致噪声性耳聋，及时脱离接触噪声环境则可以恢复。

(6) 病因大多可以检测，一般有接触反应(剂量—反应)关系，也就是接触的量与发生病变的严重程度相关。因此早期诊断、早期给予相应处理或治疗，对于预防职业病意义重大。

可见，职业病虽然被列入因工伤残的范围，但它同工伤伤残是有区别的。

二、职业病的认定

职业病认定是指在确认患者所得的疾患与生产劳动直接相关的前提下，从患者的病因、病种和职业接触史等多方面规定职业病的资格条件。

依据卫法监发[2002]108 号《职业病目录》，凡有下列病症之一者，应被认定为职业病患者。

1. 尘肺

硅肺；煤工尘肺；石墨尘肺；炭黑尘肺；石棉肺；滑石尘肺；水泥尘肺；云母尘肺；陶工尘肺；铝尘肺；电焊工尘肺；铸工尘肺；根据《尘肺病诊断标准》和《尘肺病理诊断标准》可以诊断的其他尘肺。

2. 职业性放射性疾病

外照射急性放射病；外照射亚急性放射病；外照射慢性放射病；内照射放射病；放射性皮肤疾病；放射性肿瘤；放射性骨损伤；放射性甲状腺疾病；放射性性腺疾病；放射复合伤；根据《职业性放射性疾病诊断标准（总则）》可以诊断的其他放射性损伤。

3. 职业中毒

铅及其化合物中毒（不包括四乙基铅）；汞及其化合物中毒；锰及其化合物中毒；镉及其化合物中毒；铍病；铊及其化合物中毒；钡及其化合物中毒；钒及其化合物中毒；磷及其化合物中毒；砷及其化合物中毒；铀中毒；砷化氢中毒；氯气中毒；二氧化硫中毒；光气中毒；氨中毒；偏二甲基肼中毒；氮氧化物中毒；一氧化碳中毒；二硫化碳中毒；硫化氢中毒；磷化氢、磷化锌、磷化铝中毒；工业性氟病；氰及腈类化合物中毒；四乙基铅中毒；有机锡中毒；羰基镍中毒；苯中毒；甲苯中毒；二甲苯中毒；正己烷中毒；汽油中毒；一甲胺中毒；有机氟聚合物单体及其热裂解物中毒；二氯乙烷中毒；四氯化碳中毒；氯乙烯中毒；三氯乙烯中毒；氯丙烯中毒；氯丁二烯中毒；苯的氨基及硝基化合物（不包括三硝基甲苯）中毒；三硝基甲苯中毒；甲醇中毒；酚中毒；五氯酚（钠）中毒；甲醛中毒；硫酸二甲酯中毒；丙烯酰胺中毒；二甲基甲酰胺中毒；有机磷农药中毒；氨基甲酸酯类农药中毒；杀虫脒中毒；溴甲烷中毒；拟除虫菊酯类农药中毒；根据《职业性中毒性肝病诊断标准》可以诊断的职业性中毒性肝病；根据《职业性急性化学物中毒诊断标准（总则）》可以诊断的其他职业性急性中毒。

4. 物理因素所致职业病

中暑；减压病；高原病；航空病；手臂振动病。

5. 生物因素所致职业病

炭疽；森林脑炎；布氏杆菌病。

6. 职业性皮肤病

接触性皮炎；光敏性皮炎；电光性皮炎；黑变病；痤疮；溃疡；化学性皮肤灼伤；根据《职业性皮肤病诊断标准（总则）》可以诊断的其他职业性皮肤病。

7. 职业性眼病

化学性眼部灼伤；电光性眼炎；职业性白内障（含放射性白内障、三硝基甲苯白内障）。

8. 职业性耳鼻喉口腔疾病

噪声聋；铬鼻病；牙酸蚀病。

9. 职业性肿瘤

石棉所致肺癌、间皮瘤；联苯胺所致膀胱癌；苯所致白血病；氯甲醚所致肺癌；砷所致肺癌、皮肤癌；氯乙烯所致肝血管肉瘤；焦炉工人肺癌；铬酸盐制造业工人肺癌。

10. 其他职业病

金属烟热；职业性哮喘；职业性变态反应性肺泡炎；棉尘病；煤矿井下工人滑囊炎。

三、职业病的预防和管理

职业病预防和管理工作包括作业环境管理、作业管理和健康管理3个方面的内容。

1. 作业环境管理

作业环境即生产环境，是指在生产劳动过程中由人为环境与自然环境因素组合而成的小环境。它受自然环境的影响，劳动者对其适应能力的大小除了与自身条件有关外，主要受作业性质、作业方式和相应的技术组织措施影响。作业环境不仅会影响工作效率。更会直接影响到职工的安全与健康。

在掌握了不同的作业及作业环境中使用的物质、机器可能给人体健康带来何种危害的知识的基础上，必须考虑有效的作业环境对策。包括：(1)换气设备：设置换气、排气设备，并进行经常的保养、检查或改进。此外，设置必要的排除物收集、集尘装置。(2)环境测定：从最重要的环境因素开始，对作业的特性以及有害物质的发生源、发生量随时间、空间改变而变化的情况进行测定。对那些看似不重要的环境因素也不能轻视。(3)采用封闭系统，探讨自动化或代替物的使用。(4)建立休息室、配置卫生设施等。

2. 作业管理

作业管理是指在给定的作业环境范围内，为使作业最安全、最舒适、最高效地进行而采取的保证措施。包括：(1)坚持不懈地进行卫生教育，特别是以使作业者对与之相关的作业对象的充分认识为目的的卫生教育尤为重要。(2)标准化的严格遵守及协调性的作业是安全、高效地从事作业的重要保障。因此必须对机械的配置、清洁、整顿，有害物的标识及处理方法，作业程序、作业姿势，应当使用的器具等内容进行管理和监督。(3)责任者的选任及其职责权限的明确。(4)个人防护用品、用具的选用和保养管理。

3. 健康管理

健康管理是指对职工的健康状况进行定期检查并依据检查结果对其进行适当处置的过程，它是以对职工健康进行早期发现为主要目的的。健康管理主要包括：

(1) 建立健康检查制度。可分两种情况进行。

1) 对新入厂人员(包括因调动工作新上岗的人员)进行从事岗位工作前的健康检查，根据检查结果，对其从事该岗位工作的适宜性与否做出结论。

2) 对从事有害工种作业的职工，其所在单位要定期组织健康检查，并建立健康档案。由于按规定接受职业性健康检查所占用的生产、工作时间应按正常出勤处理。

(2) 健康检查的事后处理。根据健康检查的结果既能观察职工群体健康指标的变化，又可以对职工个体的健康状况逐一进行评价并对其进行适当的健康指导和治疗。健康检查的事后处理应从医疗和工作安排两个方面同时展开，如观察、治疗、调动、进行工作限定等等。当职工被确认患有职业病后，其所在单位应根据职业病诊断机构的意见，安排其治疗和疗养。对在治疗和疗养后确认不宜继续从事原有害工种作业的职工，应在确认之日起的两个月内将其调离原工作岗位，另行安排工作。

四、职业病的统计分析

1. 有关概念

（1）职业病例数。在进行职业病规模统计时，一般都使用病例作为统计单位。所谓病例，是指一个人的每次或每种患病，即一个人每患一次或一种职业病时就是一个病例，一个病人可能因同时患两种以上职业病而作为两个以上的病例出现。

（2）发生职业病例数。指一定时期内新发生的职业病的总病例数，它是反映该时期新发生的职业病规模的指标。

（3）患有职业病例数。指一定时点上或一定时期内职业病的总病例数，即不仅包括新发生的病例，还包括已有的旧病例。它反映了该时期职工患有职业病的总规模。

2. 常用的职业病统计分析指标

（1）职业病受检率。职业病受检率是指在职业病普查时实际受检人数占应受检人数的比例。作为职业病统计的一个重要指标，受检率直接关系着职业病例数，即职业病患者规模的可信程度。其计算公式为：

$$\text{职业病受检率}=\frac{\text{实际受检人数}}{\text{应受检人数}}\times 100\% \tag{3-15}$$

（2）某种职业病的发病率。它表示在每百名（或千名）从事某种作业的职工中新发现的某种职业病例数的指标，即：

$$\text{某种职业病发病率}=\frac{\text{某时期内发现某种职业病新病例数}}{\text{某时期内某种作业职工数（百人或千人）}} \tag{3-16}$$

（3）某种职业病患病率。它是指每百名（或千名）职工中患有某种职业病的总病例数，该项计算应在受检率达到90%以上的基础上进行，否则就不足以保证统计的可靠性。其计算公式为：

$$\text{某种职业病患病率}=\frac{\text{某时期内发现的某种职业病新、旧病例总数}}{\text{某时期内某种作业职工数（百人或千人）}} \tag{3-17}$$

（4）某种职业病受检人患病率。它是指在一次检查中，受检人中被确认患某种职业病的人数占此次检查的受检人总数的比率。它反映了某一时点上从事某种作业的职工患有某种职业病的程度。其计算公式为：

$$\text{某种职业病受检人患病率}=\frac{\text{受检人数中患某种职业病人数}}{\text{受检人数（百人或千人）}} \tag{3-18}$$

需要注意的是对"一次检查中"的理解。有时，因某种职业病普查涉及的范围广、受检人数多、检查条件的限制等客观原因，有可能使对所有受检者的检查在数天、数周甚至数月内才能完成。此时，虽然各部分受检者未在同一时点接受检查，但仍应作为"一次检查中"的结果予以记录或统计，它与时点患病率具有相同的意义。

（5）某种职业病平均发病工龄。发病工龄是指职工开始从事某种作业起到被确诊为职业病患病时的工龄。某种职业病平均发病工龄则是某种职业病的患者发生该病时的工龄的平均水平，按下式计算：

$$\text{某种职业病平均发病工龄}=\frac{\text{某种职业病患者到确诊时的工龄总和}}{\text{某种职业病例数}} \tag{3-19}$$

(6) 某种职业病死亡率。它是指某一时期内,每百名某种职业病患者中,因该种职业病而死亡的人数。它反映了各种职业病对职工生命安全的危害程度,即对劳动力的损害程度。其计算公式为:

$$\text{某种职业病死亡率}=\frac{\text{某种职业病死亡人数}}{\text{同种职业病患者人数(百人)}} \qquad (3-20)$$

五、职业健康监护

职业健康监护对从业人员来说是一项预防性措施,是法律赋予从业人员的权利,是用人单位必须对从业人员承担的义务。其主要内容包括:职业卫生教育与培训;职业健康检查;建立职业健康监护档案;从业人员健康监护信息管理。

1. 职业卫生教育与培训

用人单位应对从业人员上岗前、在岗期间进行定期职业安全卫生知识培训,使他们了解并遵守职业病防治法律、法规、规章和操作规程,正确地使用、维护防护设施、个人防护用品,了解从业人员依法享有的职业卫生权利。

2. 职业健康检查

健康检查包括上岗前的健康检查,接触危害因素从业人员的定期健康检查,离岗时健康检查。用人单位发生分合、解散、破产时,亦应对接触职业危害因素的工人进行健康检查。

检查项目及周期应按所接触的职业危害因素类别、国家规定的《职业健康检查项目及周期》进行。检查中,发现有职业禁忌者,不得从事所禁忌的作业或调离所禁忌的作业,对需要复查和医学观察者,应按要求进行复查和医学观察。发现疑似职业病人应按规定报告,并安排进行职业病诊断或医学观察。用人单位应及时将健康检查结果如实告知。

3. 职业健康监护档案

用人单位应建立职业健康监护档案,每人一份。内容包括:

(1) 从业人员职业史、既往史和职业病危害因素接触史;

(2) 作业场所职业病危害因素检测结果;

(3) 职业健康检查及处理情况;

(4) 职业病诊疗等有关健康资料。

用人单位应妥善保存职业健康监护档案,从业人员有权查阅、复印本人的职业健康档案,离开用人单位时有权索取本人健康监护档案复印件。

4. 职业健康监护信息管理

健全的职业健康监护信息管理制度,有利于早期发现医学禁忌症、疑似职业病病人,对保护从业人员的健康有重要意义。

六、职业病危害申报内容与程序

《职业病防治法》中对职业病危害申报与职业病报告均作出规定,并于 2002 年 3 月以卫生部令的形式,相应的发布了配套规章《职业病危害项目申报管理办法》。

《职业病防治法》第十四条要求"在卫生行政部门中建立职业病危害项目的申报制度。用人单位设有依法公布的职业病目录所列职业病的危害项目,应当及时、如实向卫生行政部门申报,接受督察……"第六十四条规定了相应的法律责任:"未按照规定及时、如实向卫生行政部门申报产生职业病危害的项目的，由卫生行政部门责令期限改正，给予警告，可以并处2万元以上5万元以下的罚款。"

《职业病危害项目申报管理办法》规定了职业病危害项目申报的具体办法。

1. 职业病危害项目申报要求

存在或者产生职业病危害项目的用人单位，依据相关法规申报职业病危害项目。其中，职业病危害项目是指存在或者产生职业病危害因素的项目，职业病危害因素按照卫生部发布的《职业病危害因素目录分类》确定。

《职业病危害项目申报管理办法》规定：用人单位的新建、改建、扩建、技术改造、技术引进项目，应当在竣工验收之日起30日内申报职业病危害项目；用人单位申报后，因采用的技术、工艺、材料等变革导致所申报的职业病危害因素及其相关内容发生改变的，应当在变更后30日内向原申报机关申报变更内容；用人单位终止生产经营时，应当向原申报机关办理申报注销手续。

2. 职业病危害项目申报内容

（1）用人单位的基本情况；

（2）工作场所职业病危害因素种类、浓度或强度；

（3）产生职业病危害因素的生产技术、工艺和材料；

（4）职业病危害防护设施，应急救援设施。

3. 职业病危害项目申报应提交的材料

《职业病危害项目申报表》及有关资料。《职业病危害项目申报表》由卫生行政部门统一制作，表内要求用人单位提供以下资料：

（1）基本情况表；

（2）职业病危害因素汇总表；

（3）主要产品的名称和产量；

（4）主要原、辅料及中间的名称和消耗量（产量）；

（5）生产工艺流程图；

（6）其他需提交的资料（可列出）；

（7）由法定资质职业卫生服务机构出具的职业病危害因素检测报告；

（8）存在毒物作用项目的提交职业中毒事故应急救援预案。

4. 职业病危害项目申报程序

（1）用人单位应当向所在地县级卫生行政部门申报职业病危害项目；

（2）卫生行政部门受理申报，并根据需要进行现场核实；

（3）卫生行政部门应当在收到申报材料后5个工作日之内，出具《职业病危害项目申报回执》。

5. 职业病危害项目申报受理

根据《关于印发各级安全生产监督管理总局内设机构主要职责处室设置和人员编制规定的通知》（安监总办字［2005］11号）和《关于职业卫生监督管理职责分工意见的通知》（卫监督发［2005］31号），职业病危害项目申报由国家安全生产监督管理总局负责。

七、职业病报告

《职业病防治法》中对职业病报告职责及违法处罚作了规定，对职业危害事故报告、事故处理及法律责任均作了规定。卫生行政部门于 1989 年 1 月 1 日起执行《职业病报告办法》。在未颁布新的职业病报告办法之前,该办法仍然使用。

1.《职业病防治法》规定的职业病报告职责及法律责任

(1) 职业病报告的职责。《职业病防治法》第四十三条、第四十四条规定了职业病报告的职责:

1) 用人单位和医疗卫生机构发现职业病病人或者疑似职业病病人时,应当及时向所在地卫生行政部门报告。确诊为职业病的,用人单位还应当向所在的劳动保障行政部门报告。

2) 卫生行政部门和劳动保障行政部门接到报告后,应当依法做出处理。

3) 县级以上地方人民政府卫生行政部门负责本行政区域内的职业病统计报告的管理工作,并按照规定上报。

(2) 违法处罚。《职业病防治法》第六十七条、第七十五条规定了违反职业病报告规定的处罚:

1) 用人单位和医疗机构未按照规定报告职业病、疑似职业病的,由卫生行政部门责令限期改正,给予警告,可以并处 1 万元以下的罚款;弄虚作假的,并处 2 万元以上 5 万元以下的罚款;对直接负责的主管人员和其他直接责任人员,可以依法给予降级或者撤职的处分。

2) 卫生行政部门不按照规定报告职业病和职业病危害事故的,由上一级卫生行政部门责令改正,通报批评,给予警告;虚报、瞒报的,对单位负责人、直接负责的主管人员和其他直接责任人员依法给予降级、撤职或者开除的行政处分。

2. 职业病报告

《职业病报告办法》中规定的职业病报告办法、程序与实现归纳如下:

(1) 职业病报告实现以地方为主逐级上报的办法,不论是隶属国务院各部门还是地方的企、事业单位发生的职业病,一律由所在地区的卫生监督机构统一汇总上报。

(2) 中国预防医学科学院劳动卫生与职业病研究所负责全国职业病统计、分析报告工作。

(3) 地方各级卫生行政部门应制定相应的劳动卫生职业病防治院(所)或卫生防疫机构(以下简称卫生监督机构)负责职业病报告工作,被指定的单位应设专职或兼职人员负责具体工作。

(4) 急性职业病由最初接诊的人和医疗卫生机构在 24 小时之内向患者单位所在地的卫生监督机构发出《职业病报告卡》。

(5) 尘肺病患者死亡后,由死者所在单位填写《尘肺病报告卡》,在 15 日内报所在地的卫生监督机构。

(6) 凡有尘、毒危害的企事业单位,必须在年底以前向所在地的卫生监督机构报告当年度生产环境有害物质浓度测定和个人健康体检情况。

(7) 省、自治区、直辖市卫生监督机构应于每季度后的 20 日内,将本地区上季度的《职业病季报表》报中国预防医学科学院劳动卫生与职业病研究所;次年 2 月底前,将本地区上一年度的《尘肺病年报表》、《生产环境有害物质浓度测定年报表》和《有害作业工人健康检查年报表》报该所。上述报表应同时抄报省、自治区、直辖市卫生、劳动厅(局)和总工会。

(8) 中国预防医学科学院劳动卫生与职业病研究所应于每年 3 月底和每季度后 30 日内分别将本办法中规定的年报和季报汇总分析,上报卫生部。

3. 职业病报告内容

（1）应报告的职业病。《职业病报告办法》中所指的职业病系国家现行职业病范围内所列病种。根据卫法监发[2002]108号公布的法定职业病目录，属于报告范围内的职业病统计共十大类115种。

（2）职业病报告内容。根据引发职业病的有害物质类别不同，分别编制了《尘肺病报告卡》、《农药中毒报告卡》和《职业病报告卡》，按规定上报。

1）尘肺病报告卡。适用于我国境内一切有尘粉作业的用人单位，在统计年度内有首次被诊断为尘肺病的劳动者，或尘肺晋期、调出（入）本省的尘肺病患者和尘肺死亡者均应填卡报告。在岗的非编制职工患有尘肺病时也应填报。报告卡内容包括：用人单位的信息、尘肺病患者的基本信息、开始接尘日期、实际接尘工龄、尘肺病种类、胸片编号、诊断结论、曝光类别、死亡信息、诊断单位、报告单位、报告人及报告日期等。

2）农药中毒报告卡。适用于在农林业等生产活动中使用农药或生活中误用各类农药而发生中毒者。因农业生产而发生中毒者归入职业病报告卡，不统计在此报告卡内。报告卡内容包括：用人单位的信息、农药单位的信息、农药中毒患者的基本信息、中毒农药名称、中毒农药类别、中毒类型、诊断日期、死亡日期、诊断单位、报告单位、报告人及报告日期等。

3）职业病报告卡。适用于我国境内一切有职业危害作用的用人单位，除尘肺病、农林业生产活动中使用农药或生活中误用各类农药而发生中毒以外的一切职业病的报告。本报告卡适用于新病例和死亡病例的报告。报告卡内容包括：用人单位的信息、职业病患者的基本信息、专业工龄、职业病种类、具体病名、中毒事故编码、同时中毒人数、发生日期、诊断日期、死亡日期、诊断单位、报告单位、报告人数及报告日期等。

第五节　事故模式

所谓模式，是人们对某一事物、某一行为或某一过程所作的逻辑抽象。事故模式是对事故发生、发展过程及发生机理的概括和描述。只有对事故成因、经过和后果进行分析，查明引起事故的本质因素，才能对事故采取有效地防范措施。

安全工作者在实际工作中，对事故发生规律进行了多方面的探索、研究，建立了许多描述事故机理的理论，下面对几种有影响的事故模式予以阐述。

一、多米诺骨牌理论（Domino Sequence Theory）

该理论系指一种可防止的伤亡事故的发生，系一连串事件按一定顺序发生的结果。海因里希（H. W. Heinrich）1936年创立了这种理论，并在《工业事故预防》一书中阐述了伤亡事故发生是按照下列五因素顺序进行的：M——社会环境和管理因素的影响；P——按人的意志进行的动作，指人为过失（一般指决策和管理人员的失误和过失）；H——潜在危险，不安全行为和不安全状态引起的危险；D——意外事故，指不包括人身伤亡事故在内的一般事故；A——人体受到伤害，即伤亡事故。将M、P、H、D、A看成竖立的骨牌。当外界因素作用于人本身时，使M发生，M导致P发生，P导致H发生，H导致D发生，D导致A发生。这五个要素连锁反应，就构成了伤亡事故A，如图3-11a、b所示。

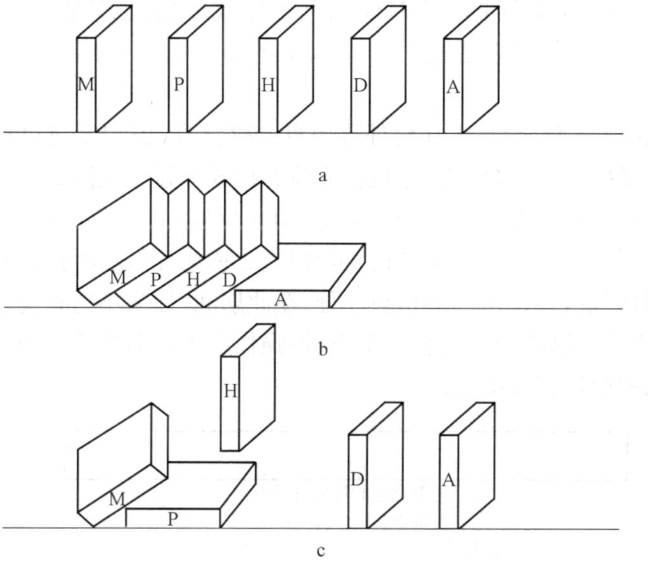

图 3 - 11 多米诺骨牌理论模式

伤害之所以发生,是由于前面因素的作用。在意外事故及伤害发生之前,不安全行为和不安全状态引起的危险 H 是防止事故的着眼点。若消除 H,使系列中断,则伤害和意外事故就不会发生,如图 3 - 11c 所示。此时 P(H) = 0,则 P(D) = P(A) = 0,即意外事故与伤害的概率为 0,则可避免事故发生。安全工作的中心内容是防止人的不安全行为,消除机械或物质的危害,控制由社会因素和管理因素对人的行为的影响,即消除 M、P、H,就可控制意外事故与伤亡事故的发生。

这种模式强烈地表现出伤害总是事故的结果,事故(意外事故)总是一种不安全行为或一种机械危害的结果,不安全行为和机械危害又是人失误的结果等等。这些绝对的说法,对于事故致因的全面理解,显然过于简单化。

伤害事故五因素的多米诺骨牌模式的主要用途是,在事故调查过程中,有助于查明因果关系,预防伤亡事故,给安全管理、事故预防指明工作方向。

二、人为失误论(Human Error Theory)

事故发生与人的不安全行为密切相关,人为失误是事故的主要致因。这一模式突出人的因素,它包括下列几种学说与观点。

(1) 人的事故倾向及屡次失误论。有一部分事故是由于作业者多次作业差错或失误造成的。当人们在第一次作业失误后,往往会因心理因素和生理因素引起多次失误而造成事故发生,如第一次失误引起锅炉缺水,此时锅炉工去关煤气阀时而拧错阀门关掉安全阀,又去加凉水引起锅炉爆炸。根据这一理论,为防止事故,必须对人的失误进行分析,加强安全教育与技术培训,防止操作过程中操作人员连锁失误造成事故。

(2) 不安全行为论。大多数事故都是由于人的不安全行为造成的。因此,降低事故率应从控制人的不安全行为着手。

(3) 生物节律影响论。当人的体力、情绪、智力节律处于临界期(即由高潮期转向低潮期，或由低潮期转向高潮期的转换时期），其工作效率低，也最容易出差错，事故往往就发生在临界期。这一理论可以通过对作业人员的节律测算，合理安排人员作业，避免事故发生。

（4）决策失误论（S-O-R）。人在对外界信息的感觉、认识和反应过程中，若不能避免危险，则将产生危害或损坏，它包括两组问题：危险的构成和显现危险的紧急时期；每组包含三类心理 – 生理成分，即对事件的感觉（S）、认识（O）、反应（R）。如图 3 – 12 所示，包含有 S-O-R 的第一组侧重危险的构成，以及与此危险相关的感觉、认识和行为的反应。第二组为显现危险时期，也同样包括 S-O-R 三个相同成分，在此期间，如果不能避免危险，则产生伤害或损坏。应用这种模式可以指导安全教育工作，加强作业人员对危险的辨识，和避免危险的反应能力的培训，以减少伤害和损失。

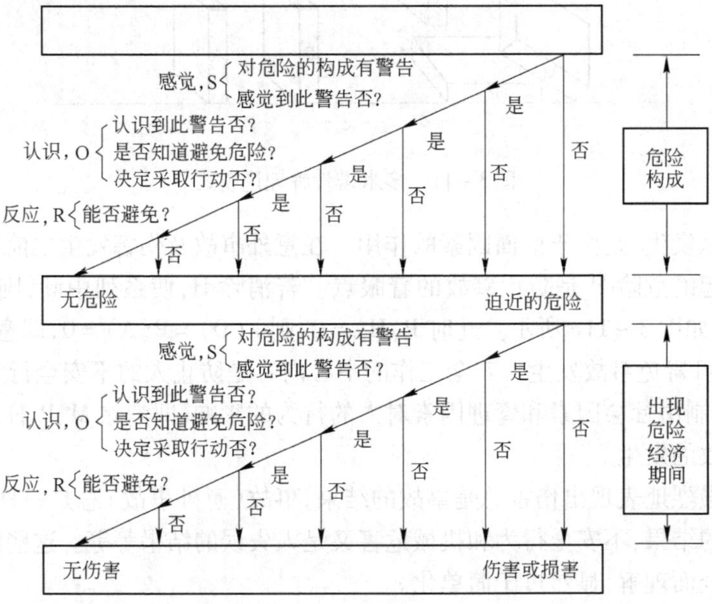

图 3 – 12　决策失误模型

（5）人机失谐论。人和机器构成一个复杂的系统，若机器处于非正常状态运行时，人控制失误，则发生事故；人在操作时若看错信号，判断失误或违反操作顺序，就会导致事故发生，即事故是由于人与机器、工具之间不协调造成的。这种模式可用图 3 – 13 事故树表示。运用此理论，我们可以从协调人机配合关系着手，预防事故发生。

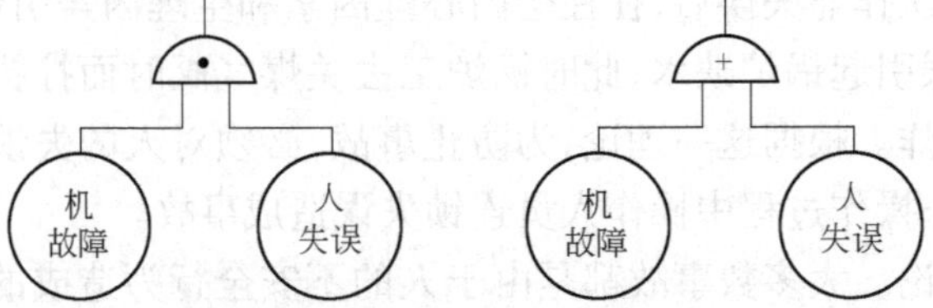

图 3 – 13　人机配合失误故障树

(6) 生活负荷值理论。给作业人员加以不同一般的负荷时，作业质量会下降，发生事故的可能性会增加。作业人员负荷因素见表 3-8。

表 3-8　作业人员负荷因素

序　号	影 响 因 素	负　荷
1	作 业 性 质	A、体力消耗 B、智力消耗
2	环 境 影 响	A、光线 B、噪声 C、空气质量
3	内 在 因 素	A、疲劳状况 B、情绪波动
4	现　状	A、目标不明 B、危险

若采取措施减轻表内各作业负荷，则可提高作业质量，减少事故发生。

(7) 人为失误论。人的失误是构成所有类型伤害的基础。人的失误包括工人操作失误、管理监督失误、计划设计失误、领导决策失误等。这里的失误定义为，错误地或不适当地响应一个刺激。如工人操作期间，各种刺激不断地出现，若工人的响应正确或恰当，事故就不会发生。如果没有危险，则不会发生伴随着伤害出现的事故，反之，若出现了人为失误的事件，就有发生事故的可能。图 3-14 所示为人为失误论模式。

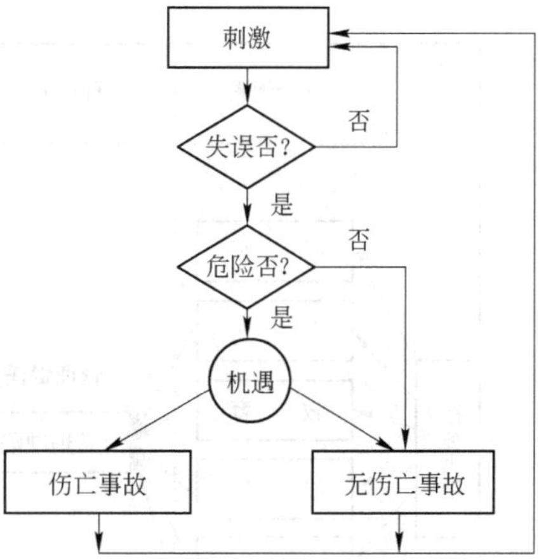

图 3-14　人为失误模式

人的失误突出了以人的不安全行为来描述事故现象。但事故的发生往往不只是人的因素来决定的，事故往往是由人、物、环境、管理等诸因素相互作用的结果。可见，过分强调人的因素，是不符合系统安全原则的，对事故描述有一定的片面与局限性。

三、能量逸散失控理论(Lose Control of Energy)

这种理论指出，任何造成伤害或损失的事故都是由能量传递过程中，由于诸多因素影响而发生能量失控而引起的。人在生产活动中，是通过人体本身的作业活动，以能量传递与转换来完成的；机器设备等在生产过程中，也是通过能量传递、转换和做功来达到其作业目的的。当人的行为处于非正常状态时，人体作业活动的能量转换失去控制，人体就会与具有能量的设备发生接触或碰撞，以致遭到打击而被伤害；当机器、设备非正常运行时，会使其能量传递产生能量逸散，这种能量逸散失去一定的控制时，就会释放出非正常能量传递，致使设备遭破坏和人身伤害。

高空作业时，人体具有一定的势能与动能，若此时人的行为处于非正常状态(重心离开脚手架、无安全护栏、安全带又不起作用等)就会产生坠落，由动能与势能转换为机械能与坠落点物体相撞而产生人身伤害事故。锅炉在运行时逸散(排出)的蒸汽，若控制不当，则会伤害人体，损坏财物。因此，事故是由能量失控所致是有一定道理的。

运用这种模式，在安全管理和事故预防中，应以防止人和物的能量逸散失控为核心。控制不安全行为引起的人操作活动中的能量失控，即控制人的不安全行为，实行标准化作业等。控制机器设备的能量传递与转换失控，要改进机器装置的性能，对能量逸散的原因加以分析，采取控制措施，避免其转换为伤害或损失。控制能量逸散失控所造成的事故，不仅要考虑对能量本身性质，用安全能源替代危险性较高的能源，用无毒或低毒代替有毒或高毒物质，而且在实际中往往需要对造成能量逸散的隐患进行整改，以控制由能量逸散所造成的事故。

生产过程中处处都有能量存在，怎样正确运用能量失控原理来分析和控制事故，要根据具体情况和研究对象，对各种可转化为事故的能量进行识别、分析、评价和控制。

四、综合论(synthesis theory)

这一理论认为，事故发生是由社会因素、管理因素和生产中的危险因素被偶然事件触发所造成的，其模式图如图 3－15 所示。

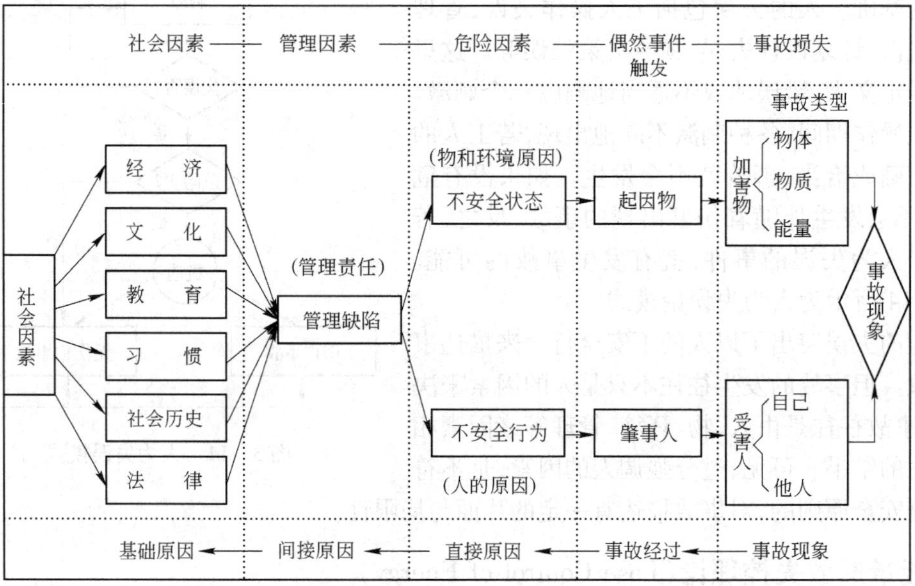

图 3－15　综合论事故模式图

事故的直接原因是指人的不安全行为、物的不安全状态和环境的不安全条件，这些人、物、环境因素构成了生产中的危险因素(事故隐患)。间接原因是指管理缺陷，即管理失误和管理责任。基础原因包括经济、文化、学校教育、民族习惯、社会历史和法律等因素。偶然事件触发是指由于起因物和肇事人的作用，而造成一定类型的事故和伤害的过程。

事故的发生过程是由社会因素引起管理因素的产生，管理因素引起危险因素的产生，通过偶然事件(起因物和肇事人)触发而发生事故与伤害。故此理论也有人称为多重事件会合论。

调查事故则是通过事故的现象，查询事故经过，进而依次了解其直接原因、间接原因和基础原因。

综合论事故模式考虑了各种事故现象和因素，因而能比较准确地、全面地描述事故的成因过程，有利于事故的分析、预防和处理。

第六节　事故预防

根据事故模式我们知道，事故是引起事故的原因及其原因之间相互作用的结果。只有当排除阻碍生产的不安全因素，根除事故的基本原因事件，才能防止事故发生。因此，事故预防就是根据事故模式理论，分析事故的致因及相互关系，采取有效的防范措施，消除事故致因因素，从而避免事故发生。

事故预防包括两个方面：第一，对重复性事故的预防，即对已发生事故的分析，寻求事故发生的原因及其相互关系，提出防范类似事故重复发生的措施，避免此类事故再次发生；第二，对预计可能出现事故的预防，此类事故预防主要是对可能将要发生的事故进行预测，即要查出由哪些危险因素组合，并对可能导致什么类型事故进行研究，模拟事故发生过程，提出消除危险因素的办法，避免事故发生。

无论什么类型的事故，都有其原因，只要我们能消除这些原因，就可控制事故，实现防止事故发生的目的。从事故发生机理还可以看出，事故是其原因之间相互作用的结果，因此，我们还可以从协调事故原因之间的关系入手，采取措施，减少事故。

一、事故预防原则

根据以上分析，我们在预防事故发生的过程中，应遵循下列原则：

（1）事故是可以预防的，除自然灾害造成的事故，我们无法采取主动的防止措施，以及某些事故原因在技术上尚未有有效控制措施外，其余事故都可以通过消除原因，控制事故发生、但无论什么事故，都可以寻找出避免或减少损失的办法。例如，地震灾害的预防，可以通过对地震活动规律进行分析，预测地震可能出现的时间、地点，采取疏散、撤离、转移等手段，减少其损失。因此，我们通过分析事故发生的原因和过程，研究防止事故发生的理论及对策，是可以防止事故发生，减少损失的。

（2）防患于未然。预防事故的积极有效的办法是防患于未然，即采用“事先型”解决问题的方法，将事故隐患、不安全因素消除在潜伏、孕育阶段，这是我们防止事故的根本出发点。

（3）根除事故原因。引起事故的原因是多方面的，而原因之间又有其因果关系，那么什么是事故的最根本原因呢？事故预防就是要从事故的直接原因着手，分析引起事故的最本质的原因，只有消除这些最根本的原因，才能消除事故的所有原因，才能根除事故。

（4）全面治理。消除事故隐患，根除事故的最基本原因，应遵循全面治理的原则。即在安全技术、安全教育、安全管理等方面，对物的不安全状态（包括环境的不安全条件）、人的不安全行为、管理的不安全因素进行治理和消除，从而达到对事故原因的多方位控制的目的。技术（Engineering）、教育（Education）、管理（Enforcement）称为事故预防的“三 E”对策，它是企业预防事故的三大支柱。只有全面发挥三大支柱的作用，实行全过程的控制措施，对事故隐患与事故苗头进行全面治理，才能有效地实现预防事故的目的。

二、事故预防原理

根据对事故的原因分析和事故模式理论，在生产过程中，由于管理不善而引起人的不安全行为、物的不安全状态和条件，将导致事故隐患出现，或因为设计、制造、施工不当引起的不安全状态和条件，以及由于作业者自身因素而引起的行为失控也将成为事故隐患，事故隐患对危险源的触发作用而导致事故发生。预防事故的基本原理应是对管理因素进行控制，避免由管理不善而引起的事故隐患的出现；针对已存在的或潜在的不安全状态和条件，以及不安全行为应采用安全技术措施管理和法制教育管理，以控制事故隐患；对已形成的事故隐患应采取有效的措施予以治理，以消除隐患，防止事故发生。事故预防原理如图 3－16 所示。

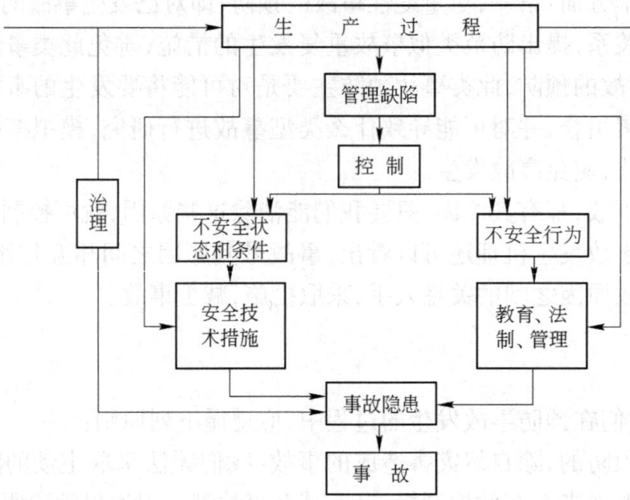

图 3－16 事故预防原理

事故预防原理也体现了全面治理的“三 E”对策。并且突出了管理措施。为杜绝事故发生不仅要消除其直接原因，而且更重要控制间接原因——管理缺陷。这也体现了“根除事故的原因”的原则；在生产过程中对管理因素的控制，对人、物、环境因素的治理与整改，也反映了防患于未然的原则；同时，根据事故的原因，寻求出控制与防止事故发生的途径也是“事故是可以预防的原则”的充分体现。

第四章 安全检查

安全检查是企业安全生产的一项基本制度，是安全管理的重要内容之一。通过安全检查，可以了解企业安全状况，发现不安全因素，获取安全信息，消除事故隐患，交流经验，推动安全工作，促进安全生产。

新中国成立以来，安全检查在企业安全生产中已经形成制度，并不断得到发展。国务院有关部门组织的全国性的安全生产大检查，取得了好的效果，对安全工作起到了强有力的推动作用，受到广大职工群众的欢迎。各地区、各部门、各企业每年都安排安全生产检查工作，对宣传贯彻安全生产方针和安全生产法规，提高各级领导和群众对安全生产的思想认识；发现和解决不安全、不卫生的问题，防止工伤事故和职业病的发生；了解企业安全生产情况，总结经验，吸取教训，提高企业安全工作水平都具有十分重要的意义。

第一节 安全检查内容和方式

一、安全检查的内容

一般来说，安全检查从以下几个方面的内容着手，即查思想、查制度、查纪律、查领导、查隐患、查整改。

（1）查思想，即查各级领导、群众对安全生产的认识是否正确，安全责任心是否很强，有无忽视安全的思想和行为。总之，查思想就是查企业全体职工的安全意识和安全生产素质。

（2）查制度，安全生产制度是全体职员的行动准则和规范，查制度就是检查企业安全生产规章制度是否健全，安在生产活动中是否得到了贯彻执行，有无违章作业和违章指挥现象。安全生产规章制度包括以下几个方面：

1）安全组织和机构的设置与安全人员的配备。

2）安全生产责任制。

3）安全奖惩制度。

4）安全检查与隐患整改制度。

5）安全教育制度。

6）安全技术措施计划的实施与管理制度。

7）事故调查处理及统计报告制度及事故应急处理制度。

8）尘毒作业、职业病、职业禁忌症、特种作业管理制度。

9）保健、防护用品的发放管理制度。

10）各工种安全技术操作规程及职工安全守则。

（3）查纪律，即查劳动纪律的执行情况，查安全生产责任制的落实情况。

（4）查领导，即检查企业安全生产管理情况。检查企业各级领导是否把安全工作摆在重要议事日程；是否树立了“安全第一、预防为主”的思想；是否坚持了“管生产必须管安全”的原则；在工作中是否执行了“五同时”和“三同时”的原则；安全机构是否健全，安全员安全管理是否发挥作用。事实证明:只要各级领导重视安全,参与安全管理,安全生产就会取得好的效果。

(5) 查隐患,即深入生产现场,检查企业的设备、设施、安全卫生措施、生产环境条件,以及人的不安全行为。例如,建筑物是否安全、安全通道是否畅通、危险物品的存放是否符合安全要求,各种机器设备的排列,零部件、原材料、燃料的存放是否合理;各种机电设备有无可靠的保险装置;各种气瓶、压力容器的报警及安全装置;防火设施与急救措施是否布置与执行。易燃易爆、腐蚀性物质、有毒有害气体、粉尘等是否妥善管理和有效控制;个人防护用品的配备和使用是否符合规定;生产作业场所的环境条件,如噪声、照明、色彩、辐射、温度、湿度、空气质量等是否符合安全卫生要求,作业人员的操作行为是否符合操作规程要求,有无习惯性违章作业现象,是否执行标准化作业,作业前是否开展危险预知活动等。特别是企业的要害部位,如锅炉房、变电所、油库、火药库以及各种剧毒、易燃、易爆等场所要严格检查。对随时有可能造成伤亡事故的重大隐患,检查人员有权下令停工,并同时报告有关领导,待隐患排除后,经检查人员签字确认方可复工。对违章作业行为,检查人员有权制止和处理。

(6) 查整改,对以上查出的不安全因素和事故隐患,即检查出来的问题,如思想认识、制度的健全与执行、劳动纪律、领导对安全的重视以及物的不安全因素和人的不安全行为等,提出具体整改要求,对企业安全生产起到监督检查作用。这也是安全检查的一项重要内容。

二、安全检查的方式

安全检查的方式一般按检查的目的、要求、阶段、对象不同,可以分为经常性检查、定期检查、专业检查和群众性安全检查四种。

1. 经常性检查

经常性安全检查是指安全技术人员和车间、班组干部职工对安全生产的日查、周查和月查。它是企业内部为保证安全而进行的最基本、最重要的安全管理手段。这种检查可以随时随地发现问题、及时进行整改;可以反映企业生产过程中安全状况的真实水平;检查面宽、安全信息反馈得多且快,经常性检查包括以下几种形式:

(1) 巡逻检查,主要指安全专业人员和管理人员对生产现场进行的巡视监督检查。

(2) 岗位检查,操作人员对操作岗位的作业环境、施工、生产条件、机器设备、安全防护设施及措施等进行检查确认。

(3) 相互检查,作业人员之间相互监督、对不安全行为、个人防护用品佩戴等的检查。

(4) 重点检查,企业安全部门应组织对企业内部的重点岗位、关键设备设施等要经常检查(日、周、月检查)。

2. 定期检查

定期检查是企业或主管部门组织的,按规定日程和规定的周期进行的全面安全检查。这种抽查可以增强企业各级领导的安全意识,贯彻安全生产方针,提高广大职工对安全生产的认识,交流安全管理的经验,推动企业的安全工作,促进安全生产。定期检查包括以下几个方面的检查方式:

(1) 安全生产大检查,由国家或当地劳动部门和产业主管部门联合组织的定期的普遍检查,称为安全生产大检查。

（2）行业检查，由企业主管部门组织的企业之间的相互检查，这种检查一般为每年检查一次。

（3）企业内定期检查，大型企业的厂、矿、公司每半年进行一次；二级厂、矿、公司每季度组织一次检查。可采用企业内部各单位相互检查的形式。

（4）季节性定期检查，如雨季进行防洪、防建筑物倒塌、防雷电检查；冬季进行防寒、防冻、防火、防滑等检查；夏季进行防暑降温、防灼烫等检查；台风季节进行防台风检查，节假日进行设备检修安全检查、防火防爆措施和治安保卫措施的检查。

3. 专业检查

专业检查是根据企业特点，组织有关专业技术人员和管理人员，有计划有重点的对某项专业范围的设备、操作、管理进行检查。专业检查可以了解某项专业方面设备的可靠性，安全装置的有效性，设备、设施的维护、保养状况以及专业管理、岗位人员的责任等情况，也可以了解该专业的规章制度执行情况等。如对消防设施、起重机械、电气设备、锅炉压力容器、炸药库、井下空气质量等的专项检查。专业检查一般采用专用仪器或其他手段进行。

4. 群众性安全检查

即发动职工群众普遍进行安全检查，并结合检查对职工进行安全意识、安全知识、安全技术教育。如对职工岗位安全操作规程的考核，职工对本岗位危险因素的认识与控制危险因素方法的检查，这种检查可采取个人检查，个人和个人之间、班组与班组之间相互检查等综合方式进行。

以上各种检查，都必须明确目的、要求和具体计划，都应做好详细的检查记录，检查的结果和存在的问题，按企业规定的职责范围分级落实整改措施，限期解决，并定期复查。对不能及时整改的隐患，要采取临时安全措施，提出整改方案，报请上级主管部门核准。不论哪种方式的检查，都应写出小结，提出分析、评价和处理意见。对安全生产情况好的单位，应提出奖励，对安全生产情况差的单位，应提出批评和建议，总结经验，吸取教训，达到检查的目的。

第二节　安全检查组织与实施

安全生产检查，必须坚持领导和群众相结合的原则，坚持检查与整改相结合的原则，坚持科学方法与实事求是相结合的原则。根据这些原则，安全检查的组织、准备、实施等方面应做好以下几项工作。

一、检查组织机构的建立

根据安全检查的规模、内容和要求，设立适应检查需要的组织机构，这是关系到检查的开展和整改工作顺利进行的一个很重要的问题。

全国性的安全生产大检查，由全国安全生产委员会具体组织领导，下设若干个检查团（组），对各地区、各部门和企业进行检查。检查方式可以从下至上，也可以从上至下，可以重点抽查，也可以普遍检查。

地区或行业安全生产大检查，应在地区、行业或单位主管生产的负责人领导下，组织由劳动、卫生、工会和生产有关部门参加的临时检查领导机构，下设办公室，具体组织检查工作。或由地区、行业的安全生产委员会负责组织检查工作。例如安全月活动中的安全大检查,企业之间的互相检查,一般都是按地区或行业进行的。

企业内部的安全检查,由企业安全生产委员会组织领导,具体工作由安委会常设执行机构安全部门负责组织检查。

规模较小的,检查范围较窄的,比如一个车间的安全检查,可由车间主任负责组织车间安全员,分工会主席、专业技术人员进行检查或发动群众自行检查。

二、安全检查的准备

要使安全检查达到预期的效果,必须充分做好检查的准备工作。安全检查的准备工作包括思想上的准备和业务上的准备。

1. 思想准备

思想准备主要从以下三个方面着手:

(1) 对于参加检查工作的人员,要进行短期集训。一方面了解安全检查的目的、意义和要求,另一方面要提高他们对安全生产方针和安全生产法规、法令的认识,在检查中依靠群众、深入现场、实事求是,搞好安全检查。

(2) 对受检的各个部门、企业和单位的各级领导要组织学习中央和国务院有关安全生产的指示和文件。联系实际、总结过去安全检查的经验,提高各级领导干部安全生产的思想认识,为搞好安全检查打下思想基础。

(3) 对广大职工群众做好宣传和发动工作,提高群众安全生产检查的自觉性,造成一个群众性的查隐患,查整改的活动,使不安全问题得到充分暴露、充分解决。这样,安全检查才能落到实处,收到实效。

2. 业务准备

业务准备是指安全检查中的一些技术准备工作,主要有以下几个方面:

(1) 确定检查的目的、步骤和方法、并建立检查组织、抽调检查人员、检查组织的分工、负责检查的范围等。制定检查计划和提纲,安排检查日程。

(2) 讨论检查的内容,检查的重点。分析过去发生的各类事故资料,给检查人员准备一份过去事故的次数、部门、类型、伤害性质、伤害类别、伤害程度以及发生事故的主要原因和采取的措施等方面的资料,以提醒检查人员加强这方面的检查。

(3) 设计、印制检查表格,以便为逐项检查做好记录,避免遗漏检查项目与内容。

三、检查的执行

(1) 在检查的实施中,要紧紧围绕着安全生产检查的目的和要求进行。即紧扣"互相学习、交流经验,了解情况、发现问题、预防事故和职业病,促进安全生产"这一检查目的进行。对于安全检查的具体要求,则根据检查对象的具体情况而定。例如有的企业管理不善、安全规章制度执行不严、劳动纪律松懈、工伤事故多,则应着重解决领导和群众的安全意识问题,加强安全生产的组织管理。有的企业设备、设施、安全装置,作业环境条件等存在诸多不安全因素,则应着重解决技术措施方面的问题,或者开展这方面的专业检查。当然,这两方面的要求是互相联系、不可分割的。总之,安全检查要根据实事求是、从实际出发的原则,不能强求一律不分主次,要围绕目的和要求突出重点。

(2) 在检查的实施中,应把自查和互查结合起来。自查是指在一个地区、一个行业或一个企业单位内发动群众自行检查。互查是上一级领导机关组织地区之间、行业之间、企业之间或企业内部各单位之间开展的互相检查。自查是互查的基础,没有自查、互查就难以深入、广泛地进行,不能取得好的检查效果。事实证明,要使安全检查取得好的效果,必须把自查和互查两者结合起来,真正实行有组织、有领导的群众性安全生产检查。

(3) 在检查的实施中,应把检查和整改结合起来。检查只是一种手段,整改才是目的。对于检查出来的问题和事故隐患,应按危险程度、问题解决的难易程度进行分级管理和解决,尽可能本单位的问题和隐患在本单位内部解决。并将检查的问题与隐患的解决与处理实行“三定”即定措施、定整改完成时间、定负责人。在检查中还需注意发现和解决安全生产上一些薄弱环节和关键问题,查上一次检查中发现的问题与隐患的整改情况。这样,有利于企业重视整改工作,消除“老大难”问题。总之,在检查中,要重视整改工作,争取做到检查出来的问题和隐患条条有落实,件件有交代。

(4) 在检查实施中,应把总结推广经验和吸取教训结合起来。在检查中,既要总结和推广先进的安全生产经验,又要注意总结应吸取的教训。要把这些正反经验教训进一步总结提高,以便找出规律,采取措施,防止事故发生,促进安全生产。

(5) 在检查实施中,应采取灵活多样的检查方法。例如:深入现场实地检查,召开汇报会、座谈会、调查会、个别访问调查、查阅有关文件和资料等等,都是常用的有效方法,可以根据实际情况灵活应用。

四、检查总结

检查结束后,应将此次检查的组织、目的、范围、检查中好的经验、存在的主要问题,以及检查中发现的问题及整改情况、好的经验推广情况和整个检查范围内的安全生产情况、检查过程中值得注意的问题等写出书面材料,并同检查结果(表格内容或检查项目)向有关领导机关汇报后,存入安全检查档案。对安全生产抓得好,有一定的安全生产管理经验的单位要进行表彰、奖励,召开安全生产现场会。对安全管理混乱、隐患多、事故多的单位要提出批评意见和建议,也可召开现场会,以吸取教训。

第五章 安全教育与标准化作业

众所周知,管理不善和不安全行为是引起事故与损失的主要致因。美国 NASA 航空安全报告系统发表的 22226 份事故统计报告中,有 80% 以上的事故与人的差错有关。我国有关资料分析表明,以人的失误为主要致因的事故占事故总数的 70% ~80% 。根据人机工程学与行为科学原理可知,人的行为主要取决于人的认识、判断、反应(即 S-O-R)过程。安全教育与人的行为控制就是提高人们对安全的思想认识,培养其安全需要与行为动机,提高其安全管理与操作的判断、反应能力,达到消除人的失误或差错而引起的事故、实现安全生产的目的。

《中华人民共和国安全生产法》规定:生产经营单位的主要负责人和安全生产管理人员必须具备与本单位所从事的生产经营活动相应的安全生产知识和管理能力;危险物品的生产、经营、储存单位以及矿山、建筑施工单位的主要负责人和安全生产管理人员,应当由有关主管部门对其安全生产知识和管理能力考核合格后方可任职。考核不得收费;生产经营单位应当对从业人员进行安全生产教育和培训,保证从业人员具备必要的安全生产知识,熟悉有关的安全生产规章制度和安全操作规程,掌握本岗位的安全操作技能。未经安全生产教育和培训合格的从业人员,不得上岗作业;生产经营单位采用新工艺、新技术、新材料或者使用新设备,必须了解、掌握其安全技术特性,采取有效的安全防护措施,并对从业人员进行专门的安全生产教育和培训;生产经营单位的特种作业人员必须按照国家有关规定经专门的安全作业培训,取得特种作业操作资格证书,方可上岗作业。

《特种设备安全监察条例》第四十条 规定:特种设备使用单位应当对特种设备作业人员进行特种设备安全教育和培训,保证特种设备作业人员具备必要的特种设备安全作业知识;特种设备作业人员在作业中应当严格执行特种设备的操作规程和有关安全规章制度。

第一节 安全教育

安全教育是企业安全生产的基本制度之一,也是预防和防止事故的一项重要对策。安全教育是为增强企业各级领导与职工的安全意识与法制观念、提高职工安全知识和技术水平、减少人的失误、促进安全生产所采取的一切教育措施的总称。

一、安全教育的目的与意义

安全教育的目的是使各级领导、全体职工正确认识安全生产的重要性与必要性,懂得实现安全生产、文明生产的科学知识,提高他们的生产技术水平和管理水平,使他们能够自觉地执行安全生产方针和各项法令与规章制度,从而使其行为规范化、标准比,减少人为失误与差错。安全教育对于预防人为事故,加强安全管理,促进安全生产都具有十分重要的意义。

二、安全教育的内容

安全教育的内容包括安全思想教育、安全知识教育和安全技术教育。

1. 安全思想教育

安全思想教育主要是针对教育对象的具体情况,从思想认识、安全态度、法制观念等方面,提高其对安全生产方针政策的认识,正确处理安全与生产的关系,增强其法制观念和安全生产的自觉性,安全思想教育实质上是清除人们头脑中对安全生产的错误认识,而灌输其安全生产的新的正确的思想。只有正确的认识,才有正确的判断和正确的行为,安全生产才有保证。安全思想教育的对象包括企业各级领导、管理干部、工程技术人员、工人及全员的安全思想教育。只有全体职工从"要我安全"转变为"我要安全"的思想,安全生产的自觉性增强了,安全生产才能顺利进行。

安全思想教育包括以下几个方面的内容:

(1) 安全生产方针、政策教育;

(2) 劳动纪律、安全法规教育;

(3) 安全态度教育;

(4)典型事故案例剖析教育。

2. 安全知识教育

广大职工从思想上重视安全生产,就具备了掌握安全生产知识的前提,就必然产生对安全知识了解的需要和动机。和生产技术知识一样,安全知识是人们在与自然作斗争、在生产过程中积累起来的,它主要包括以下几个方面:

(1) 生产过程中的不安全因素、潜在的职业危害及其发展成为事故的规律;

(2) 企业内部特别危险的设备和区域及其安全防范措施;

(3) 安全防护的基础知识和尘毒防治的综合措施;

(4) 有关电气设备、机械设备、工具等基本安全知识;

(5) 厂内运输的有关安全知识;

(6) 消防知识及灭火设备的使用方法;

(7) 伤亡事故报告程序及发生事故时的紧急救护及自救措施等;

(8) 安全管理、安全技术、工业卫生规章制度等。

安全知识教育主要是提高人们的判断和反应能力,使他们在工作过程中明确哪些是危险因素,怎样消除;哪些不应该做,应该怎样做;哪些行为不正确。安全知识教育也是一种全员的安全教育。

3. 安全技术教育

有了正确的安全思想,具备了安全知识、就为正确的行为打下了良好的基础。在不同工作岗位上,有着不同的专业安全技术,因此,还必须进行岗位安全技术教育。安全技术教育是指对从事各种作业的工人进行的安全操作技术教育,其教育内容有以下几方面:

(1) 岗位操作规程;

(2) 专业工种劳动环境的改善、设备的安全、工艺操作的安全、个人防护用品的正确使用等;

(3) 对特殊工种人员,如电气、焊接、起重、锅炉、压力容器、车辆驾驶、爆破、瓦斯检验以及从事新技术的工人,要实行专门的安全教育和操作训练。

采用新的方法,添置新的技术设备,制造新产品或调换工人工作时,必须对工人进行新工作岗位和新操作方法的安全教育。

安全技术教育实质上就是对职工在作业活动过程中的一种行为规范化的教育。它是人们生产活动的具体指导。

从以上安全教育的内容可以看出,安全思想教育是提高人们思想认识、使人们思想上产生安全的需要与动机;安全知识教育是提高人们安全生产的判断能力,安全技术教育则是对人们安全行为规范的教育,所以,安全教育实际上是对人们的行为过程,即认识、判断、反应(S-O-R)的全过程教育。

三、安全教育的种类和方法

安全教育按其对象不同可以分为新进人员的三级安全教育。特种作业人员的安全教育;“四新”和变换工种人员的安全教育;复工安全教育;管理干部的安全教育;全员安全教育;安全专业技术人员的安全教育等。

1. 新从业人员安全教育

新进人员包括学徒工、临时工、合同工、代培实习生及新调进来的工人、干部等。对他们的安全教育一般采取厂级教育、车间教育和班组教育的三级教育形式,使新进人员从入厂之日起就逐步树立安全思想、遵守安全规章制度、熟悉安全生产知识、掌握安全操作技术,为安全生产打下良好的基础。

(1) 厂级教育。新进人员进入企业后的厂级安全教育由企业主管副厂长负责,安全部门会同有关部门组织实施,其教育内容为:

1) 劳动安全卫生法律、法规、安全技术、劳动卫生和安全文化的基本知识;

2) 企业生产性质、安全生产情况,安全生产的重要意义;

3) 企业内特别危险区域或设备以及安全防范的一般措施;

4) 有关电气、机械工具、厂内运输、起重设备的基本安全知识;

5) 消防常识及灭火设备的使用知识;

6) 工厂安全规章制度和劳动纪律教育;

7) 典型经验与事故案例教育。

(2) 车间级安全教育。车间级安全教育是新进人员分配到车间(科室)后进行的安全教育,车间级安全教育由车间负责人组织实施,其教育内容一般为:

1) 本单位生产工艺、机电设备的特点、危险区域及其标志和防范知识;

2) 本单位安全生产情况,典型经验和事故教训;

3) 本单位纪律、安全生产制度及应注意的事项;

4) 安全生产管理组织形式与负责人;

5) 主要危险因素及安全注意事项,预防事故和职业病的主要措施,事故应急处理措施。

(3) 班组级安全教育。班组级教育是新进人员到达工段、班组、开始上岗前的安全教育,一般由工段长或班组长负责组织实施,其内容为:

1) 将要从事的生产工作性质、岗位安全操作规程和职责;

2) 使用的机器设备、工具的性能、特点及安全装置、防护设施的性能、作用和维护方法;

3）保持工作地点整洁的重要性、必要性事项；

4）个人防护用品的正确使用和保管；

5）本班组和岗位的作业环境、危险区域、设备状况、消防设施等；

6）预防事故的措施及发生事故后应采取的紧急措施与报告制度及事故教训举例；

7）实际安全操作示范，以老带新，当面认师，分清师徒职责；

8）岗位间的工作衔接配合的安全卫生事项。

新从业人员安全教育内容要全面、要突出重点，讲授要深入浅出，采取讲授与看图片、参观、电视、展览室教育等相结合。每经过一级教育，均应进行考试，以便加深印象。新从业人员安全教育时间不得少于24学时，危险性较大的行业和岗位，新从业人员安全教育时间不得少于48学时。

2. 特种作业人员的安全教育

特种作业是指在劳动过程中容易发生伤亡事故，对操作者本人，尤其对他人和周围设施的安全有重大危害的作业，从事特种作业的人员称为特种作业人员。

特种作业的范围包括：电工作业，金属焊接、切割作业，起重机械（含电梯）作业，企业内机动车辆驾驶，登高架设作业，锅炉作业（含水质化验），压力容器作业，制冷作业，爆破作业，矿山通风作业，矿山排水作业，矿山安全检查作业，矿山提升运输作业，采掘（剥）作业，矿山救护作业，危险物品作业，经国家有关部门批准的其他的作业。

特种作业人员上岗作业前，必须进行专门的安全技术和操作技能的培训教育，增强其安全生产意识，并获得证书后方可上岗。特种作业人员的培训推行全国统一培训大纲、统一考核教材、统一证件的制度。2002年10月，原国家安全生产监督管理局颁布了《特种作业人员安全技术培训大纲及考核标准：通用部分》。该大纲与标准内容涉及《电工作业人员》、《金属焊接与切割作业人员》、《电梯驾驶员》、《企业内机动车辆驾驶人员》、《起重机司机》、《起重司索指挥作业人员》、《制冷与空调作业人员》、《登高架设作业人员》8个工种，作为特种作业人员安全技术培训、考核工作的指导性文件。

特种作业人员安全技术考核包括安全技术理论考试与实际操作技能考核两部分，以实际操作技能考核为主。《特种作业人员操作证》由国家统一印制，地、市级以上行政主管部门负责签发，全国通用。离开特种作业岗位达6个月以上的特种作业人员，应当重新进行实际操作考核，经确认合格后方可上岗作业。取得《特种作业人员操作证》者，每2年进行1次复审。连续从事本工种10年以上的，经用人单位进行知识更新教育后，每4年复审1次。复审的内容包括：健康检查、违章记录、安全新知识和事故案例教育、本工种安全知识考试。未按期复审或复审不合格者，其操作证自行失效。

特种作业人员必须接受与本工种相适应的、专门的安全技术培训，经安全技术理论考核和实际操作技能考核合格，取得特种作业操作证后，方可上岗作业；未经培训，或培训考核不合格者，不得上岗作业。

3. “四新”和变换工种的安全教育

“四新”和变换工种安全教育是指采用新工艺、新材料、新设备、制造新产品和调换工作时，进行新操作方法和新工作岗位的安全教育。其教育内容包括4个方面。

（1）介绍新工艺、新材料、新设备、新产品的特点及操作方法；

（2）“四新”投产过程中的危险因素及防护方法；

（3）新制定的安全操作规程；

（4）变换工种的安全教育，参照新从业人员安全教育内容。

4. 复工安全教育

复工安全教育是指职工因工负伤后，伤愈复工或职工经过各种假期后，在上岗前进行的安全思想教育。

（1）伤愈复工教育。针对工伤者的事故案例进行剖析、找出原因，总结经验教训，“吃一堑、长一智”。歇工3个月以上，由安全部门进行教育。歇工3个月以下，由车间安全员负责进行。

（2）休假复工教育。在节假日、婚丧、产假、病、事假后，职工上岗前的收心教育，以稳定职工情绪，保障职工生产过程中的安全。

5. 企业法定代表人和厂长、经理的安全教育

企业法定代表和厂长、经理必须经过安全教育后方能任职。其教育内容如下：

（1）有关劳动安全卫生的方针、政策、法规及有关规章制度；

（2）工伤保险法律、法规，安全生产管理职责，企业劳动安全卫生知识及安全文化，有关事故案例及事故应急处理措施等。

危险物品的生产、经营、贮存单位、矿山、建筑施工单位主要负责人安全资格培训时间不得少于48学时；每年再培训时间不得少于16学时。其他单位主要负责人安全生产管理培训时间不得少于24学时；每年再培训时间不得少于8学时。

6. 管理干部的安全教育

管理干部安全教育指对工段长以上的各级领导干部、各职能科室干部和工程技术人员的安全教育，其教育内容为：

（1）安全生产方针、政策、法律、法规及有关规章制度；

（2）本企业的规章制度和本部门、本岗位的安全卫生责任；

（3）安全技术、劳动卫生和安全文化的知识；

（4）“五同时”、“三同时”和“四新”安全技术教育；

（5）伤亡事故报告、处理，有关事故案例及事故发生后的应急措施等。

管理干部的安全教育时间不得少于24学时。

7. 安全管理和安全专业技术人员的安全教育

安全管理和安全专业技术人员的安全教育是对安全管理人员和专业技术人员的培训，其安全教育的目的是从提高他们的工作积极性入手，加强安全管理、安全技术知识、工业卫生知识和各类安全专业理论与实践知识的教育与培训。

安全管理人员与技术人员必须经过专门训练，才能上岗。如安全科、处长的岗位职务培训，安全管理人员的业务培训，安全专业技术人员的各类技术训练。

安全科、处长岗位培训内容：国家安全生产方针、政策、法规、标准、国内外安全动态与发展趋势、安全管理方法、安全技术与工业卫生技术、工伤保险法律、法规等。

安全管理人员培训内容为：如事故调查处理、安全检查、安全教育、事故统计、报告、计算机应用等。

安全技术人员培训内容为：起重、运输安全技术、锅炉压力容器安全技术、电气安全技术，防火防爆安全技术、噪声及振动控制安全技术、煤气安全技术、通风防尘技术等等。

危险物品的生产、经营、贮存单位、矿山、建筑施工单位安全生产管理人员安全资格培训时间不得少于48学时；每年再培训时间不得少于16学时。其他单位安全生产管理人员安全生产管理培训时间不得少于24学时，每年再培训时间不得少于8学时。

8. 全员安全教育

全员安全教育是对企业全体职工进行的安全思想、安全知识与安全操作技术的教育。企业应每年进行一次全员安全教育和考试，以提高全体职工的安全素质。

企业法定代表人和厂长、经理对本企业安全教育工作负责，安全卫生管理部门负责组织实施安全教育工作。安全教育应纳入本单位培训教育年度计划和中长期计划，所需人员、资金和物质应予优先考虑。

四、安全教育的形式

安全教育的形式多种多样，其主要方式有：

(1) 班前、班后会上交代安全注意事项，讲评安全生产情况；

(2) 开展安全日活动，进行安全教育、安全检查、安全装置的维护；

(3) 召开安全生产会议，专题计划、布置检查、总结、评比安全生产工作；

(4) 安全生产及事故现场会、总结推广经验，吸取事故教训、查明事故原因，确认事故责任者，制定防范重复事故发生的措施；

(5) 总结事故发生规律，有针对性地进行安全教育；

(6) 组织安全技术学习班、举办安全技术讲座；

(7) 举办安全管理与安全技术、工业卫生方面的展览，编印安全简报、刊物和书籍，放映安全知识方面的录像和电影；

(8) 举办安全知识竞赛，利用广告、标语黑板报宣传安全生产，表彰好人好事；

(9) 举办安全操作方法的示范训练和座谈会、报告会；

(10) 传达贯彻上级安全生产规章制度和指示，宣传贯彻本单位安全规程；

(11) 建立安全教育中心(室)和学校。

第二节 标准化作业

所谓标准化作业，就是在对作业系统调查分析的基础上，对作业过程中的每一操作程序和作业动作进行分解，以科学技术、规章制度和实践经验为依据，以安全、质量、效益为目标，对作业过程进行改善，从而形成一种安全顺利、准确无误、高效省力的优化作业方法。

一、标准化作业的内容与特点

1. 标准化作业的内容

标准化作业的范畴从广义上来讲，指工作标准化，凡企业内进行的一切活动均应实现标准化；从狭义来讲，指生产工人作业行为的标准化，包括检查维护、作业程序、操作动作、联络信号、安全意识等方面。后者是实现安全作业的基础，但安全作业又受系统生产管理活动的制约，若企业基础管理标准化搞不好，也不可能实现岗位工人作业标准化。因此，企业的一切标准化工作都是相互联系的，其内容如图5－1所示。

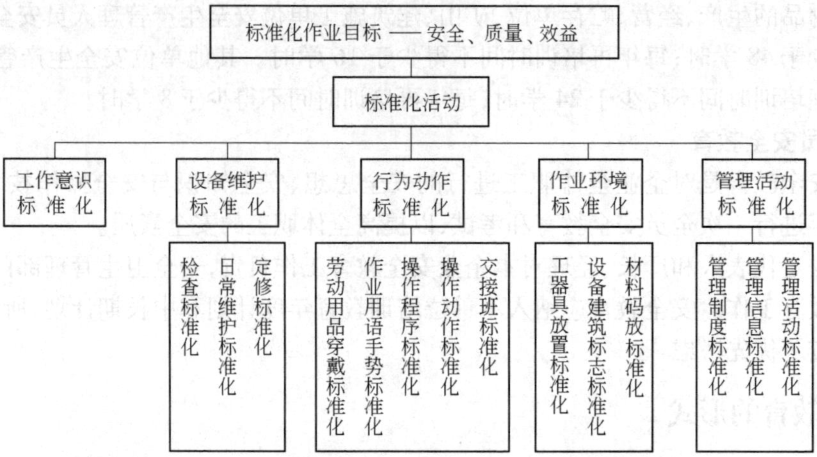

图5－1　标准化作业的内容

2. 标准化作业的作用

从系统安全管理而言,标准化作业是对系统规定的时间、空间状态的安全性、可靠性施以各种控制手段,使系统免于灾害,实现安全生产,其运行流程是:

人—安全管理—运用标准化作业—减少操作失误—人的安全行为—保证物的安全状态—创造安全(标准)环境,如图5－2所示。

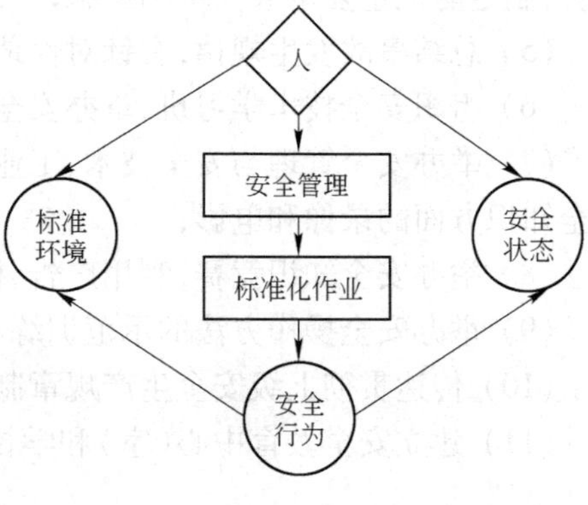

图5－2　标准化作业运行流程

从流程图中可以看出,生产活动过程中,人是首要因素,应用管理的作用,控制生产活动中人的自由度是安全工作的前提、基础和保证,而标准化作业是把复杂的管理和程序化的作业有机地融合在一起,管理有章法、工作有程序、动作有标准。

在生产活动中,由于人的操作失误而发生的事故比例很大,人的失误主要是由作业方法和作业习惯两类因素造成的,就作业方法而言,目前存在几个问题:其一,企业生产作业技术主要是通过师父带徒弟的方式传授的,因而工人之间水平不一,方法各异;其二,在实践中摸索出来的好经验,有些甚至是用鲜血换来的,但又未及时总结出来,致使作业方法长期得不到改进;其三,新工人进厂,教育训练未达标就仓促上岗,违章作业时有发生,因作业方法不当引起了很多事故。另一方面,由于职工文化素质普遍较低,长期以来形成了种种不良作业习惯,习惯性违章作业事故时有发生。如桥式起重机作业中的指挥信号,往往由于手势不标准(或不清),多人指挥,盲目起吊,致使上下配合不当而造成事故。据对某厂的统计,这类事故占行车事故的40.8%。因此,推广标准化作业,优化现行作业方法,改变不良作业习惯,使每一个工人都按照安全、省力、统一的作业方法工作。

安全技术操作规程解决了“干什么、不该干什么”的问题,但“怎么干、先干什么、正常情况下怎么做,特殊情况下怎么做”就必须通过具体作业程序来回答。例如在《桥式起重机安全技术操作规程和维护管理办法》中规定其作业“轻起、慢放、稳准”。在作业程序中则规定落放重荷时，“用下降6挡落至地面200～300 mm处，2～3挡点初落地”，这样，行车工就知道在具体的作业中应该怎样去做。由此可见，标准化作业是安全规章制度的具体化。

标准化作业所产生的效益不仅仅在安全方面。因为标准化作业涉及本岗位职责任务和规章制度的关系，涉及生产工艺操作顺序和设备运行的关系，涉及作业过程相互配合的关系，涉及作业环境的关系，从系统工程的角度来看，标准化作业是直接研究人—机匹配关系而形成的科学作业方法。所以，标准化作业的开展，必将有助于企业管理水平的提高，从而提高企业经济效益。

二、管理活动标准化

管理活动标准化包括：管理制度标准化，安全信息标准化，安全业务活动标准化。

1. 管理制度标准化

安全管理制度内容为：

（1）安全检查制度；

（2）安全教育制度；

（3）事故调查制度；

（4）事故分析制度；

（5）隐患处理制度；

（6）紧急事故处理程序；

（7）职工安全准则；

（8）班组安全工作制度。

这些制度要求内容齐全、职责分明、具体可行，形成事故预测预防体系。

2. 安全信息标准化

安全信息标准化是对信息类型、格式、项目含义的理解，相对指标的计算方法，统计分析方法等方面符合统一规定。安全信息标准化工作应遵循以下原则：

（1）信息准确、全面，适用范围广；

（2）为信息加工处理创造条件；

（3）有利于提高安全管理水平；

（4）实事求是。

3. 安全业务活动标准化

安全活动的程序、内容要求有较固定的模式和优化的方法。目前广泛采用的方法有以下几种：

（1）PDCA方法，即计划（Plan）、执行（Do）、检查（Check）、处理（Action）循环工作方式；

（2）推行5W、1H工作方法，即干什么（What）、为什么干（why）、何时干（when）、何地干（Where）、谁负责干（who）、怎么干（How）；

（3）推行5S的工作作风，即整理（seiri）、整顿（seiton）、整扫（seiso）、清洁（seikeetsu）、素养（shit-suke）；

（4）推行危险预知训练的4个循环，即掌握情况、查明原因、提出措施、规定目标；

（5）从全局出发、树立整体观念、实行分工衔接、技术重叠、关系渗透、部门协同；

（6）推行自主管理活动；

（7）推行全员生产维修；

（8）推行全面质量管理；

（9）推行点检工作制度。

所有安全活动都能成为标准，必须深入分析、研究、寻求出有规律、较客观的优化标准。

三、行为动作标准化

1. 作业动作的经济原则

1911 年美国泰勒发表了“科学管理原则”，提出科学地研究工作方法来规定“公正而恰当的一天工作量”，作为计件工资的基础，这是时间研究的基础。同时，美国吉尔布雷斯及其夫人研究了关于在操作中动作的不合理和浪费，将动作进行时间预定，利用影片进行分解，确定了 17 个动作名为动素，从而确立了动作研究的基础。

动作的经济原则包括以下 4 个方面：

（1）舍去不必要的动作（数量）；

（2）应采用短距离的动作（长度）；

（3）动作的方向改变要平缓（方向）；

（4）应采用疲劳少的动作（疲劳）。

以这 4 个原则为基点改进动作，有益于安全操作。其中第四个原则是最基本的要求，对于制定作业标准是非常有用的，其内容包括以下几个方面：

（1）采用适当的动作速度；

（2）使动作形成习惯，做起来得心应手；

（3）在合适的作业面上进行作业；

（4）采用疲劳少的动作；

（5）尽量不要转动眼球；

（6）避免有害视力的光线；

（7）利用重力；

（8）改进工具、装备等的形状和重量；

（9）在产品、材料、半成品等的搬运移动中，尽量选择较少阻力的方法；

（10）改进作业中特别要求注意的工具和装备等；

（11）消除不自然的姿势；

（12）消除要使身体重心上下移动的动作；

（13）凡站姿作业可以改成坐姿作业的，要改成坐姿作业；

（14）动作激烈的作业，要轮换作业。

2. 作业工序标准化

作业工序是生产活动过程中的一个阶段，它是使产品形成规定的质量要求或改变工作场所、更动使用设备的一段过程。如使产品发生物理、化学变化，搬运、检验等都属工序过程。工序标准化是用最简捷、最安全的途径，实现某一过程，减少转换的程序和层次，达到安全作业的目的，下面以吊芯棒作业程序为例，阐述作业程序标准化，吊芯棒作业程序如图

5－3所示。

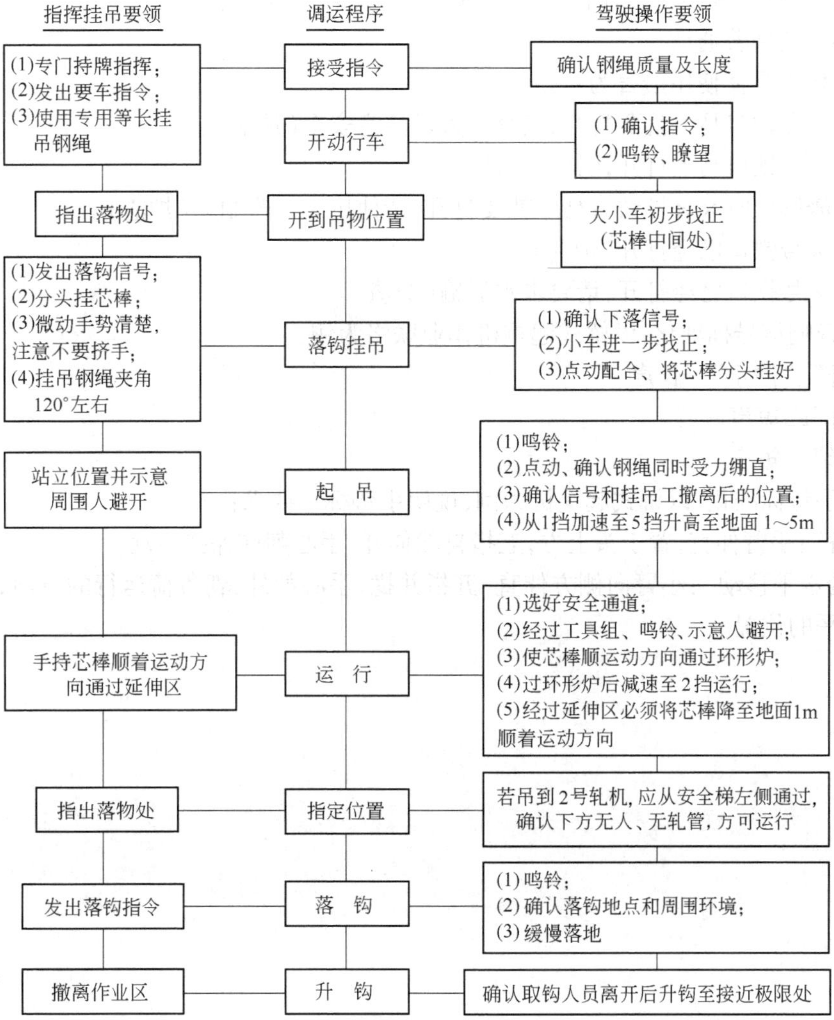

图5－3　吊芯棒作业标准化程序图

本作业安全要点：

(1) 点动受力、确认信号、绝对保持平衡；

(2) 指挥挂吊安全位置，起吊时站在芯棒斜侧边，行车运动方向后方；

(3) 钢绳夹角保持120°；

(4) 指挥起吊时注意完全挂好，周围人避开；

(5) 吊单根芯棒低挡运行。

3. 指挥联络信号标准化

在生产中，工序的衔接、物料的流动、多人联合作业，均需要用一定方式沟通信息，如果信息受阻，或传递失误，就可能发生事故。例如，在桥式起重机作业中，挂吊指挥和驾驶员是靠一定手势和音响进行联络的，如果联络有误，造成误起吊，误放落等情况，就会产生碰、撞、压之类的事故，这里就有联络信号标准化的问题。指挥联络信号标准化的内容包括以下三个方面。

（1）语言联络标准化，以高炉水渣作业为例，其语言标准为：

1）必须使用普通话；

2）操作中具体使用语言为：

① ××号铁口马上就要打开、请全体人员注意安全（炉前）。

② ××号铁口马上打开，明白（炉渣）。

③ 水渣操作时××号铁口马上就要打开，请使用××吹制箱（炉渣）。

④ ××号铁口已经打开（炉前）。

⑤ ××号铁口已经打开，请要求水运输（炉渣）。

（2）音响信号标准化，以桥式起重机作业联络为例：

“预备”、“停止”一长声

“上升”二短声

“下降”三短声

（3）手势标准化，以桥式起重机为例，说明手势标准要求：

“预备”：手臂伸直，置于头上方，五指自然伸开，手心朝前保持不动。

“吊钩水平移动”：小臂向侧方伸直，五指并拢、手心朝外、朝负荷运行的方向，向下挥动至与肩相平的位置。

第六章　安全预测、决策及规划

在管理学中，预测是决策的基础和依据，而决策则是管理的核心。在企业安全管理活动中，经常要对安全问题进行预计分析，对事故及其原因进行判断推测，以此作为安全决策和制定安全规划与目标管理的依据，为了实现系统的安全目标，根据客观的可能性，在获得一定信息和经验的基础上，借助一定的工具、技巧和方法，对各种因素进行分析、评价、计算和判断选优后，对安全行动计划做出决定。这就是安全管理的预测、决策与规划问题。本章将阐述预测、决策及线性规划的基本概念、方法及其在安全管理中的应用。

第一节　安全预测技术

一、预测的概念及安全预测

所谓预测，就是对客观事物未来发展状况的分析、估计、设想和推断的专门技术。事实上，每个人对自己从事的有目的的活动，都有对未来的考虑过程，这个过程就包含了预测。一个企业对经济的发展、安全生产的前景、事故的发生发展趋势等的估计和推断都离不开预测，科学的预测要通过对客观事物的历史和现状进行科学分析与调查，并应用现代科学知识和方法，对大量的信息资料进行系统分析，由过去和现在推测未来，由已知推测未知，从而揭示事物的未来发展趋势和规律。安全预测则是对过去和现在的安全状况、事故情况进行系统分析与调查，应用科学的预测技术，对安全生产的发展状况进行估计和推断的专门技术。

二、预测的特点、分类与时间

1. 预测特点

（1）预测前提，几乎所有的预测，都必须对预测对象的历史和现状进行分析与研究，从中找出规律性，从而揭示其发展趋势。因此，必须充分、系统、真实地掌握过去和现在的信息资料。这就是预测的前提。

（2）预测的偏差，因为在实际工作中存在着偶然、不肯定因素。预测是一种估计或一种统计平均的结果，未来的实际值和预测值之间一般来说总有些偏差。但这种偏差不能过大。否则将失去预测的意义。

（3）预测的条件、预测的对象在发展过程中总会受到客观条件的限制，在一定条件下是正确的预测，当条件发生变化时，预测可能出现不正确的结果，因此，预测应考虑客观条件的变化，亦应随之修正。

2. 预测方法分类

预测方法很多，但归纳起来可分为外推法、因果法、直观法三大类。

外推法，是用过去和现在的资料推断未来状态方法。这种方法需要大量的统计资料。根据统计数据，便可标出结果。这种方法的优点是简单易行，但由于没有涉及因果关系，因而有可能产生误差。外推法大多用于短期预测。

因果法，这种方法强调找出事物变化的原因；找出原因与结果的关系，据此预测未来，它是预测中常用的方法，属于这类方法的有回归分析、投入产出法等。

直观法，这类方法主要凭人的经验和综合判断能力来推测事故发展趋势及规律，但有效地把人的能力发挥出来，必须要有一套科学方法。属于这类方法的有，专家调查法、类推法等。

3. 预测时间

预测时间有短期、中期、长期之分，按不同的预测对象来决定预测期限。一般情况下，短期预测为3个月、中期预测为3个月至两年，长期预测为两年以上。通常情况下，缩短预测期限可以减少预测误差，预测期限越长，预测精度越差，所以，对预测期限的选择应持谨慎态度。一般经济和市场预测期限较短、技术预测期限较长。

三、外推法及其应用

外推法是一种统计推断的方法，它包括时间序列法、移动平均法、加权移动平均法等。下面分别予以介绍。

1. 时间序列法

此方法是通过观察记录一组按时间顺序排列起来的数字序列，来推断未来的发展趋势的一种方法。例如某单位1995～2006年伤亡事故人次数统计资料见表6－1，采用时间序列法，推断2007年的事故人次数情况。

(1) 将统计资料按时间顺序分组列表，见表6－1。

表6－1　某单位伤亡事故人数统计表

年　份	1995	1996	1997	1998	1999	2000	2001	2002	2003	2004	2005	2006
伤亡人次数	150	147	226	182	167	113	106	135	87	76	54	50

(2) 将统计表中的数据与时间作趋势图（见图6－1），作图方法是以横坐标表示时间（年份），纵坐标表示统计对象（伤亡人次数），在图上描出时间与统计对象数据的交点，然后依次将各点用直实线连接。

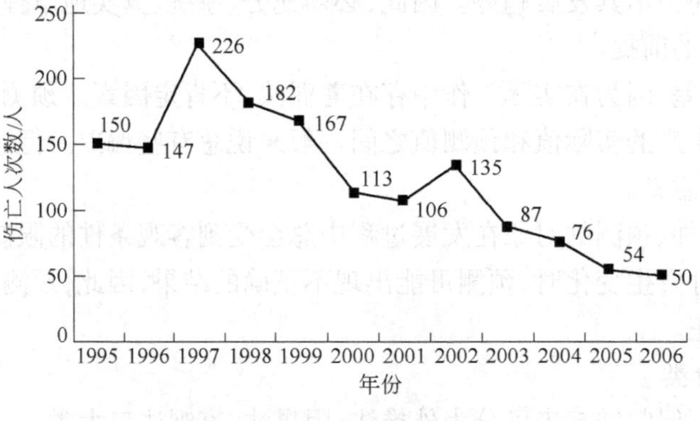

图6－1　某单位历年来事故趋势

(3) 从图6－1可以看出，1995～2006年，12年间伤亡事故人次数虽然有些波动，但总的趋势来看是下降的。因此2007年的事故人次数可能在50次上下波动。但需采取一些控制措施，才能使之下降而少于 50 人次。

时间序列的统计对象与分组是很关键的工作，统计对象可以是事故人次数，也可以是事故率、事故损失等，分组可以按事故的月、年、旬、季、小时等来分。例如某单位 1997 ~ 2006 年伤亡事故 24 h 统计资料数据见表 6 - 2。

表 6 - 2　某单位 1997 ~ 2006 年 24 h 伤亡事故统计

钟　点	0	1	2	3	4	5	6	7	8	9	10	11
伤亡人次数	11	6	9	18	18	6	10	6	13	14	34	56
钟　点	12	13	14	15	16	17	18	19	20	21	22	23
伤亡人次数	25	9	16	38	22	8	10	10	6	8	6	6

根据此表，我们也可以作其趋势图，并可预测其事故所在约高峰时间，同时加以控制。

2. 移动平均法

这种方法认为现在的安全情况与预测的未来安全情况关系较大，而与更早的安全情况关系较小，根据这一假定，此方法是根据前几段时间内的安全情况，预测未来一段时间内的安全情况的一种平均估算方法。其估算公式为：

$$X_{t+1} = \frac{x_t + x_{t-1} + \cdots + x_{t-(n-1)}}{n} = \frac{\sum_{i=0}^{n-1} x_{t-i}}{n} \tag{6-1}$$

式中　X_{t+1}——预测值；

n——统计数据个数（或统计时间段数）；

$\sum_{i=0}^{n-1} x_{t-i}$——n 段时间内统计数据之和。

例如：上例中，已知 2004 年、2005 年、2006 年事故人次数分别为 76、54、50，求 2007 年的预测值。

解：根据式（6 - 1），已知 $X_{2004}=76$，$X_{2005}=54$，$X_{2006}=50$

$$X_{2007} = \frac{X_{2004} + X_{2005} + X_{2006}}{3} = 60 \text{ 人次}$$

这样，我们就可估计 2007 年该单位伤亡人数在 60 左右。

总的来说，经过平均移动法计算后，随机波动显著地减小，并且求平均值所用的时间数据越多，对随机波动成分的抑制作用就越大。但对事故数真实变化反应也越迟钝，反之亦然。究竟应取多少个时间数据作移动平均，应按具体情况作出选择。

3. 加权移动平均法

此方法是根据统计对象的时间数据离预测期的远近，给以不同的权数，接近预测期的权数大，离预测期远的权数小。然后再加以平均，算出预测值。其预测公式见式（6 - 2）

$$X_{t+1} = \frac{x_t\alpha_1 + x_{t-1}\alpha_2 + \cdots + x_{t-(n-1)}\alpha_n}{\alpha_1 + \alpha_2 + \cdots + \alpha_n} \tag{6-2}$$

式中　α_i——权数，$a_i = 1, 2, \cdots, n$。

例如：上例已知某厂 2004 年、2005 年、2006 年伤亡人数分别为 76、54、50，即 $X_{93}=76$，$X_{94}=54$，$X_{95}=50$，求其 2007 年预测值。

用加权移动平均法,按加权原理,给离近期的事故次数 3 权,较远期的事故次数 2 权,最远期的事故次数 1 权。

按式(6-2)有:

$$X_{2007}=\frac{X_{2004}\cdot 1+X_{2005}\cdot 2+X_{2006}\cdot 3}{3+2+1}=56\text{ 人次}$$

根据计算结果得到 2007 年伤亡事故人次数的预测值为 56 人次。

以上介绍三种外推法都是比较简单易于掌握的方法,但这种方法都是根据历史发展趋势变化的条件下推测的,在条件变化时,这种方法缺少预测转折点的能力。这种方法主要用于短期预测,而对发展变化比较复杂的中、长期预测则效果较差。

四、因果法

因果法是以事物内部原因和结果之间的关系为根据预测未来的方法。下面主要介绍回归分析法。

在现实生活中,事物之间有两种关系类型:函数关系和相关关系。如:距离(S) = 速度(v) × 时间(t),三角形面积(S) = $\frac{1}{2}$底(a) × 高(h)。这些都是函数关系或称确定性关系。又如身高(h)与体重(W)、收入与消费都是一种不确定性的关系,称相关关系。回归分析法就是研究影响被测对象的各种因素,寻求这些因素与被测对象的相关关系,并建立其预测模型,对被测对象进行预测的一种方法。下面对一元线性回归、一元非线性回归与多元线性回归,分别予以介绍。

1. 一元线性回归

设随机变量 y 与变量 x 存在着某种相关关系,当 x 取确定值时,y 有一定的数字分布关系,且符合 $y=a+bx$,我们称 $y=a+bx$ 为 y 对 x 的一元线性回归方程。

在回归方程 $y=a+bx$ 中:y 为对应于 x 的平均值;x 为自变量;a 为常量(线性方程的纵截距);b 为回归系数(线性方程的斜率)。

一元线性回归分析步骤如下:

(1) 确定预测对象与影响因素,并将其对应的资料数据列表;

(2) 作散点图,建立回归方程式,所谓散点图就是预测对象 y 与影响因素 x 相关关系两组数据的直角坐标图;

(3) 求解方程中 $y=a+bx$ 中 a,b 系数,并确定回归方程 $y=a+bx$;

(4) 求相关系数 r,r 是判定 x 与 y 之间是否存在线性相关关系,相关的方向和相关密切程度的数量指标;

(5) 求剩余均方差和预测区间。

下面对 a,b 系数的求解,相关系数的确定以及剩余均方差和预测区间分别予以推算。

因为预测回归方程 $y=a+bx$ 与实际数据(散点图)描述的值存在着差异,怎样使这一差异最小,或者说使 $y=a+bx$ 直线更接近实际。那么,我们描述这一差值,$y_i-(a+bx_i)$ 如图 6-2 所示。

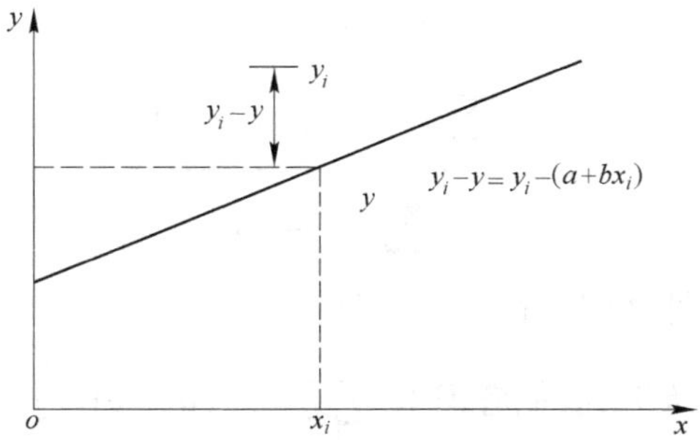

图6-2 y_i 与 y 的差值

我们将 $(y_i-y)^2$ 来刻划直线与实际点的远近程度，即 $[y_i-(a+bx_i)]^2$。那么 $\sum_{i=1}^{n}[y_i-(a+bx_i)]^2$ 描述了直线 $y=a+bx$ 与 n 个点的总的远近程度。

而 $\sum_{i=1}^{n}[y_i-(a+bx_i)]^2$ 是随 a,b 变化的，即 $\sum_{i=1}^{n}[y_i-(a+bx_i)]^2$ 是 a,b 的二元函数。

$Q(a,b)=\sum_{i=1}^{n}[y_i-(a+bx_i)]^2$，于是我们要找到这样一条直线，使直线总的来看最接近这 n 个点。要找两个数 a,b，使二元函数 $Q(a,b)$ 在 $a=\hat{a}$、$b=\hat{b}$ 达到最小，由于 $Q(a,b)$ 是 n 个平方之和，所以使 $Q(a,b)$ 最小的原则称为平方和最小原则，习惯上称为最小二乘原则。

求 $\hat{a}$、$\hat{b}$ 通常采用求极值的原理解二元联立方程

$$\frac{\partial Q}{\partial a}=\frac{\partial\left[\sum_{i=1}^{n}[y_i-(a+bx_i)]^2\right]}{\partial a}=-2\sum_{i=1}^{h}[y_i-(a+bx_i)]^2=0 \qquad (6-3)$$

$$\frac{\partial Q}{\partial b}=\frac{\partial\left[\sum[y_i-(a+bx_i)]^2\right]}{\partial b}=-2\sum_{i=1}^{n}[y_i-(a+bx_i)]x_i=0 \qquad (6-4)$$

由式(6-3)和式(6-4)推导，得下列联立方程组

$$na+b\sum_{i=1}^{n}x_i=\sum_{i=1}^{n}y_i$$

$$a\sum_{i=1}^{n}x_i+b\sum_{i=1}^{n}x_i^2=\sum y_ix_i \qquad (6-5)$$

解此方程组得：

$$a=\frac{\sum_{i=1}^{n}y_i-b\sum_{i=1}^{n}x_i}{n}$$

$$b=\frac{\sum_{i=1}^{n}y_ix_i-\frac{1}{n}\sum_{i=1}^{n}x_i\sum_{i=1}^{n}y_i}{\sum_{i=1}^{n}x_i^2-\frac{1}{n}\left(\sum x_i\right)^2}=\frac{n\sum_{i=1}^{n}x_iy_i-\sum_{i=1}^{n}x\sum_{i=1}^{n}y}{n\sum_{i=1}^{n}x_i^2-\left(\sum_{i=1}^{n}x_i\right)^2} \qquad (6-6)$$

令 $\sum_{i=1}^{n}y_i=\bar{y}$，$\sum_{i=1}^{n}x_i=\bar{x}$，则有：

$$a = \bar{y} - b\bar{x}$$

$$b = \frac{\sum_{i=1}^{n}(x_i - \bar{x})(y_i - \bar{y})}{\sum_{i=1}^{n}(x_i - \bar{x})^2} \tag{6-7}$$

于是我们可以得到线性回归方程 $y = a + bx$

相关系数 r,在求解 a,b 时,我们考虑了 $\sum_{i=1}^{n}[y_i - (a + bx_i)]^2$ 最小的问题,对于任何杂乱无章的散点图,我们总可以找到使 $Q(a,b)$ 最小的一条拟合直线,但它们是否存在线性相关呢,这就是作为回归的自然延伸所提出的两变量 x、y 之间是否存在相关关系的问题。为了简便起见,我们不妨设:

$$L_{xx} = \sum_{i=1}^{n}(x_i - \bar{x})^2 = \sum_{i=1}^{n}x_i^2 - \frac{1}{n}\left(\sum_{i=1}^{n}x_i\right)^2$$

$$L_{yy} = \sum_{i=1}^{n}(y_i - \bar{y})^2 = \sum_{i=1}^{n}y_i^2 - \frac{1}{n}\left(\sum_{i=1}^{n}y_i\right)^2$$

$$L_{xy} = \sum_{i=1}^{n}(x_i - \bar{x})(y_i - \bar{y}) = \sum_{i=1}^{n}x_iy_i - \frac{1}{n}\sum_{i=1}^{n}x_i\sum_{i=1}^{n}y_i$$

由 $Q(a,b) = \sum_{i=1}^{n}[y_i - (a + bx_i)]^2$,因为 $a = \bar{y} - b\bar{x}$

$$= \sum_{i=1}^{n}[y_i - (\bar{y} - b\bar{x}) - bx_i]^2$$

$$= \sum_{i=1}^{n}[y - \bar{y} - b(x_i - \bar{x})]^2$$

$$= \sum_{i=1}^{n}[(y - \bar{y})^2 - 2b\sum_{i=1}^{n}(x_i - \bar{x})(y - \bar{y}) + b^2\sum_{i=1}^{n}(x_i - \bar{x})^2]$$

$$= \sum_{i=1}^{n}(y - \bar{y})^2 - 2b\sum_{i=1}^{n}(x_i - \bar{x})(y_i - \bar{y}) + b^2\sum_{i=1}^{n}(x_i - \bar{x})^2$$

$$= L_{yy} - 2bL_{xy} + b^2L_{xx}$$

因为

$$b = \frac{\sum_{i=1}^{n}(x_i - \bar{x})(y_i - \bar{y})}{\sum_{i=1}^{n}(x_i - \bar{x})^2} = \frac{L_{xy}}{L_{xx}}$$

有

$$Q(a,b) = L_{yy} - 2\frac{L_{xy}}{L_{xx}}L_{xy} + \left(\frac{L_{xy}}{L_{xx}}\right)^2 L_{xx}$$

$$= L_{yy} - 2\frac{(L_{xy})^2}{L_{xx}} + \frac{(L_{xy})^2}{L_{xx}}$$

$$= L_{xy} - \frac{(L_{xy})^2}{L_{xx}}$$

$$= L_{yy}\left[1 - \frac{(L_{xy})^2}{L_{xx}L_{yy}}\right]$$

$$=L_{yy}\left[1-\left(\frac{L_{xy}}{\sqrt{L_{yy}L_{yy}}}\right)^2\right]$$

令
$$r=\frac{L_{xy}}{\sqrt{L_{xx}L_{yy}}} \tag{6-8}$$

则
$$Q(a,b)=L_{yy}(1-r^2)=\sum_{i=1}^{n}(y_i-\bar{y})^2(1-r^2)$$

因为 $\sum_{i=1}^{n}(y_i-\bar{y})^2$ 在确定的预测统计数据中为定值,则 Q 的大小完全取决于 r 的大小,r 越大,Q 越小,表示 $\sum_{i=1}^{n}[y_i-(a+bx_i)]^2$ 越小,则关系越密切。r 越小,Q 越大,表示关系不密切。r 值一般在 $-1\leqslant r\leqslant 1$ 之间。

相关系数 r 求出之后,怎样判断其相关程度呢,这就需对 r 进行检验。根据选取的显著性水平。(置信度为 $100(1-\alpha)\%$)和其自由度 $n-2$(在求一元线性回归方程时,需要确定 2 个系数 a 和 b,所以自由度为数据点的个数 n 减 2),查表 6-3,相关系数检验表得到相应的 r_a(临界值),若 $|r|>r_a$ 则表示所求方程 $y=a+bx$ 线性相关。反之,则说其不相关。

剩余均方差由下式确定:

$$S=\sqrt{\frac{\sum_{i=1}^{n}(y_i-y)^2}{n-2}} \tag{6-9}$$

式中 S——剩余均方差;

y_i——实际统计值;

y——由 $y=a+bx$ 确定的值;

n——统计数据个数。

预测区间也称置信区间,在 $100(1-\alpha)\%$ 把握下应为

$$y_0\pm t_{\alpha/2}(n-2)\cdot S\cdot\sqrt{1+\frac{1}{n}+\frac{(x_0-\bar{x})^2}{\sum_{i=1}^{n}(x_i-\bar{x})^2}} \tag{6-10}$$

式中 y_0——预测值 $y_0=a+bx$;

α——显著水平;

$t_{\alpha/2}(n-2)$——t 分布百分点(可查表求得);

S——剩余均方差;

x_0——预测时的自变量取值 x_0-x_{n+1}。

特别地,当 n 很大,且取 95% 的置信度时,则置信区间可简化为:

$$y_0\pm 2S \text{ 或}(y_0-2S,y_0+2S) \tag{6-11}$$

若取 99% 的置信度时,其置信区间为:

$$y_0\pm 3S \text{ 或}(y_0-3S,y_0+3S) \tag{6-12}$$

表 6-3　相关系数检验表

$f(n-2)$	a 0.05	a 0.01	$f(n-2)$	a 0.05	a 0.01	$f(n-2)$	a 0.05	a 0.01
5	0.754	0.874	15	0.482	0.606	25	0.381	0.487
6	0.707	0.834	16	0.468	0.590	30	0.349	0.449
7	0.666	0.798	17	0.456	0.575	35	0.325	0.418
8	0.632	0.765	18	0.444	0.561	40	0.304	0.393
9	0.602	0.735	19	0.433	0.549	45	0.288	0.372
10	0.576	0.708	20	0.423	0.537	50	0.273	0.354
11	0.553	0.684	21	0.413	0.526	100	0.195	0.254
12	0.552	0.661	22	0.404	0.515	200	0.138	0.181
13	0.514	0.641	23	0.396	0.505	300	0.133	0.148
14	0.497	0.632	24	0.388	0.496	1000	0.062	0.081

2. 一元非线性回归及举例

在一般情况下，一元非线性回归都可以转化为线性回归来计算，下面介绍几种常见的非线性回归曲线的转换。

（1）幂函数 $y = ax^b$

令 $y' = \lg y, x' = \lg x, a' = \lg a$

则有 $y' = a' + b\,x'$

（2）指数函数

1）$y = ae^{bx}$

令 $y' = \ln y, A = \lg a$

则有 $y' = A + bx$

2）$y = ae^{b/x}$

令 $y' = \ln y, x' = 1/x\ \ , A = \ln a$

则有 $y' = A + bx'$

（3）对数曲线 $y = a + b\lg x$

令 $x' = \lg x$

则有 $y = a + b\,x'$

（4）双曲线 $\frac{1}{y} = a + \frac{b}{x}$

令 $y' = 1/y, x' = 1/x$

则有 $y' = a + b\,x'$

（5）S 形曲线 $y = \frac{1}{a + be^{-x}}$

令 $y' = 1/y, x' = e^{-x}$

则有 $y' = a + bx'$

有了以上非线性回归曲线的转化方式后，我们结合安全管理的实际，举例说明其求解方法和预测过程。

例:某单位 1993～2007 年年度事故(伤害)人数统计数据见表 6－4。试用回归分析法预测其 2008 年的事故情况。

(1) 统计分析预测对象(伤害人数)的数据并寻求其影响因素。在分析后我们选择和确定了该单位事故人数与时间(年度)关系密切,故其影响因素为年度,见表 6－4。

表 6－4　某单位 15 年事故(伤害)人数统计表

年　份	1993	1994	1995	1996	1997	1998	1999	2000
年度 x	1	2	3	4	5	6	7	8
伤害人数 y	350	347	437	260	211	215	214	191
年　份	2001	2002	2003	2004	2005	2006	2007	合　计
年度 x	9	10	11	12	13	14	15	$\Sigma x = 120$
伤害人数 y	109	109	112	63	57	40	60	$\Sigma y = 2775$

(2) 作伤害人数 y 与年度 x 的散点图,如图 6－3 所示。

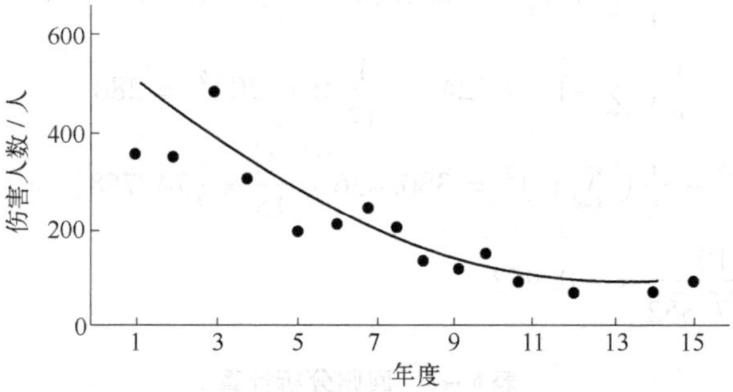

图 6－3　散点图

(3) 根据散点图确定相关关系式(回归方程式)。

从图 6－3 可以看出,该回归方程近似于指数曲线,故设其回归方程为:$y = ae^{bx}$。

(4) 求回归系数 a、b

令 $y = ae^{bx}$,两边取对数得

$$\ln y = \ln a + bx$$

令 $y' = \ln y$,$A = \ln a$,$B = b$

则有 $y' = A + Bx$,此式已化为一元线性方程。

要求 a 和 b,必须先求 A 和 B,按一元回归系数的求法(计算数据见表 6－5)进行。由表 6－5 可知

$$n = 15 \quad \sum xy' = 552.692 \quad \sum x = 120 \quad \sum y' = 74.758$$

$\sum x^2 = 1240$ 根据式(6－6)

$$\text{所以有} B = \frac{n\sum xy' - \sum x \sum y}{n\sum x^2 - (\sum x)^2} = \frac{15 \times 552.692 - 120 \times 74.758}{150 \times 1240 - (120)^2} = -0.161$$

$$A = \frac{\sum y' - B\sum x}{n} = \frac{74.758 - (-0.161) \times 120}{15} = 6.276$$

得到回归方程 $y' = A + Bx = 6.276 - 0.161x$

因为 $A = \ln a \quad a = e^A = e^{6.276} = 529.54 \quad b = B = -0.161$

则有回归方程 $y = 529.54e^{-0.161x}$ 为我们所求的相关关系式。

（5）求相关系数 r。根据式(6-8)

$$r = \frac{L_{xy}}{\sqrt{L_{xx}L_{yy}}} = \frac{\sum xy - \frac{1}{n}\sum x \sum y}{\sqrt{\left[\sum x^2 - \frac{1}{n}\left(\sum x\right)^2\right]\left[\sum y^2 - \frac{1}{n}\left(\sum y\right)^2\right]}}$$

这里值得提出的是，在转换非线性指数回归 $y = ae^{bx}$ 为线性回归 $y' = A + Bx$ 时，我们令 $y' = \ln y$，此时计算时应用 y'，故有

$$r = \frac{L_{xy'}}{\sqrt{L_{xx}L_{yy'}}}$$

因为

$$L_{xy'} = \sum xy' - \frac{1}{n}\sum x \sum y = 552.692 - \frac{1}{15} \times 120 \times 74.758 = -45.102$$

$$L_{xx} = \sum x^2 - \frac{1}{n}\left(\sum x\right)^2 = 1240 - \frac{1}{15} \times (120)^2 = 280$$

$$L_{y'y'} = \sum y'^2 - \frac{1}{n}\left(\sum y'\right)^2 = 380.436 - \frac{1}{15} \times (74.758)^2 = 7.852$$

所以 $r = \dfrac{-45.102}{\sqrt{280 \times 7.852}} = -0.962$

表 6-5　回归分析计算

项目 / 年份	x	y	x^2	$y' = \ln y$	xy'	y'^2	$y = 529.54e^{-0.161x}$	$\bar{y}' = \ln y$	$y' - \bar{y}'$	$(y' - \bar{y})^2$
1993	1	350	1	5.858	5.858	34.316	450.293	6.111	-0.253	0.064
1994	2	347	4	5.849	11.698	34.211	383.757	5.950	-0.101	0.010
1995	3	437	9	6.080	18.240	36.966	326.689	5.789	0.291	0.085
1996	4	260	16	5.561	22.244	30.925	278.108	5.628	-0.067	0.004
1997	5	211	25	5.352	26.760	38.642	236.751	5.467	-0.115	0.013
1998	6	215	36	5.371	32.226	38.848	201.544	5.306	0.065	0.004
1999	7	214	49	5.366	37.562	28.794	171.573	5.145	0.221	0.049
2000	8	191	64	5.252	42.016	27.584	146.059	4.984	0.268	0.072
2001	9	109	81	4.691	42.219	22.005	124.399	4.823	-0.132	0.017
2002	10	109	100	4.691	46.910	22.005	105.848	4.662	0.029	0.001
2003	11	112	121	4.718	51.898	22.260	90.108	4.501	0.217	0.047
2004	12	63	144	4.143	49.716	17.164	76.708	4.340	-0.197	0.039
2005	13	57	169	4.043	52.559	16.346	65.301	4.179	-0.136	0.018
2006	14	40	196	3.689	51.646	13.609	55.590	4.018	-0.329	0.108
2007	15	60	225	4.094	61.410	16.761	47.323	3.857	0.237	0.056
累计	$\sum x = 120$	$\sum y = 2775$	$\sum x^2 = 1240$	$\sum y' = 74.758$	$\sum xy' = 552.962$	$\sum y'^2 = 380.436$				0.587

下面对相关系数 r 进行检验，若取显著水平 $\alpha=0.05$（置信度为 $100(1-\alpha)\%=95$），其自由度为 $15-2=13$，查相关系数检验表 6－3 得到相应的 $r_a=0.514$。

因为　$|r|=|-0.962|=0.962$

$r_a=0.514$　那么 $|r|>r_a$

所以回归方程 $y'=6.272-0.161x$ 有 95% 的把握［$100(1-0.05)\%=95\%$］，且线性相关，在一定程度上可用。也即 $y=529.5e^{-0.161x}$ 有 95% 的把握，在一定程度上可用。

（6）利用回归方程进行预测，并确定其预测区间。我们先求出 2008 年的预测值 y_0，此时 $x=16y'=6.272-0.161\times16=3.696$

$$y_0=e^{y'_0}=e^{3.696}=40.286$$

为了确定预测区间，我们先求其剩余均方程差 S。查表 6－5 可知 $\sum(y'-\bar{y}')^2=0.587$，则有

$$S=\sqrt{\frac{\sum(y'-\bar{y}')^2}{n-2}}=\sqrt{\frac{0.587}{15-2}}=0.2125$$

求预测区间，我们取置信度为 95%，则有

$$y'_0\pm2S=3.696\pm2\times0.2125=3.696\pm0.4250$$

那么 $y_0=e^{y'_0}=e^{3.696\pm0.4250}=\begin{cases}61.61\\26.34\end{cases}$

即（26.34，61.61）

也就是说，2008 年伤害人数在 26～62 之间，其相信程度为 95%。

采用回归分析方法时，首先要确定预测对象与影响因素的相关关系，在安全管理中，影响伤亡事故的因素很多，与伤亡事故有相关关系的因素如工龄、年龄、时间、季节、管理水平等。这些都可以作为自变量进行分析。另一个问题是回归分析方程的确定与计算。对于一元非线性回归，可将其转换成线性方程进行计算（如上例），当选取的影响因素不止一个时，则须按多元回归预测法进行。下面介绍多元线性回归分析方法。

所谓多元线性回归分析，是指由两个或更多的自变量（$x_1,x_2,\cdots,x_n$）影响因变量 y，使 y 呈线性变化。多元回归方程可写成下列形式：

$$\hat{y}=C+D_1x_1+D_2x_2+D_3x_3+\cdots+D_nx_n$$

式中，$C,D_1,D_2,D_3,\cdots,D_n$ 分别为回归系数，其数值可按回归方程式计算的 y' 与实际观测的 y 的离差平方和为最小条件求解，即：

$$p=\sum_{i=1}^{n}(y-\hat{y})^2=\sum_{i=1}^{n}[y-(C+D_1x_1+D_2x_2+D_3x_3+\cdots+D_nx_n)]^2$$

对 $C,D_1,D_2,D_3,\cdots,D_n$ 分别求偏导，并令其为 0：

$$\frac{\partial p}{\partial C}=2\sum_{i=1}^{n}(C+D_1x_1+D_2x_2+D_3x_3+\cdots+D_nx_n-y)=0$$

$$\frac{\partial p}{\partial D_1}=2\sum_{i=1}^{n}(C+D_1x_1+D_2x_2+D_3x_3+\cdots+D_nx_n-y)x_1=0$$

$$\frac{\partial p}{\partial D_2}=2\sum_{i=1}^{n}(C+D_1x_1+D_2x_2+D_3x_3+\cdots+D_nx_n-y)x_2=0$$

$$\frac{\partial p}{\partial D_3}=2\sum_{i=1}^{n}(C+D_1x_1+D_2x_2+D_3x_3+\cdots+D_nx_n-y)x_3=0$$

$$\vdots \qquad \vdots \qquad \vdots$$

$$\frac{\partial p}{\partial D_n}=2\sum_{i=1}^{n}(C+D_1x_1+D_2x_2+D_3x_3+\cdots+D_nx_n-y)x_n=0$$

将上面各式化简即可得到$(n+1)$个一元一次联立方程组：

$$nc+(\sum x_1)D_1+(\sum x_2)D_2+(\sum x_3)D_3+\cdots+(\sum x_n)D_n=\sum y$$

$$(\sum x_1)c+(\sum x_1^2)D_1+(\sum x_1x_2)D_2+(\sum x_1x_3)D_3+\cdots+(\sum x_1x_n)D_n=\sum x_1y$$

$$(\sum x_2)c+(\sum x_1x_2)D_1+(\sum x_2^2)D_2+(\sum x_2x_3)D_3+\cdots+(\sum x_2x_n)D_n=\sum x_2y$$

$$(\sum x_3)c+(\sum x_1x_3)D_1+(\sum x_2x_3)D_2+(\sum x_3^2)D_3+\cdots+(\sum x_3x_n)D_n=\sum x_3y$$

$$\vdots$$

$$(\sum x_n)c+(\sum x_1x_n)D_1+(\sum x_2x_n)D_2+(\sum x_3x_n)D_3+\cdots+(\sum x_n^2)D_n=\sum x_ny$$

解此联立方程可求得$\hat{C},\hat{D}_1,\hat{D}_2,\hat{D}_3,\cdots,\hat{D}_n$，即可得到回归方程，$\hat{y}=\hat{C}+\hat{D}_1x_1+\hat{D}_2x_2+\hat{D}_3x_3+\cdots+\hat{D}_nx_n$。

多元线性回归相关系数按以下公式计算：

$$r=\sqrt{\frac{\sum(\hat{y}-\bar{y})^2}{\sum(y-\bar{y})^2}}$$

若算出的 r 较高，则说明 y 与 $x_1,x_2,\cdots$之间相关关系较强，从而可断定使用回归法进行预测是可行的。

五、直观法

直观法主要是凭人的经验和综合判断能力进行预测的一类方法。这种方法有专家调查法（特尔裴：Delphi 法）和类推法。

特尔裴法是收集专家的意见，对未来进行直观预测的一种方法。20 世纪 50 年代初，美国空军委托兰德公司进行一项如何使用专家意见的研究，这个项目的代号起名为“特尔裴法”计划。特尔裴是古希腊城市的名称，以阿波罗的神谕灵验著称，这就是 Delphi 法的由来。

在进行某种预测时，由于研究资料无法得到，或需大量的时间、经费才能得到等等，人们常常采取特尔裴（Delphi）法来解决问题。现在这种方法已成为一种广泛应用的预测方法。这种方法不仅用于预测，而且已成为制定政策和长远规划时收集意见和进行思想交流的手段。在安全管理中，这种预测方法也是非常有用的。

特尔裴法主要包括以下内容：

（1）拟定调查表。调查表是特尔裴法的重要工具及信息的主要来源。调查的主题如安全工程的发展方向、企业主要危险因素及危害程度等等。都可以作为调查内容，调查表一般都有前言，说明预测的目的和任务，以及专家在预测中的作用，前言后面是需要专家回答的问题，所提问题要明确，用词确切。

(2) 反复调查。调查一般分为三到四轮进行,第一、二轮调查内容相同,第三轮时,仅要求持有不同意见专家陈述理由,在第三轮基础上做第四轮调查,最后汇总。

(3) 将调查汇总得出的结果,作为对预测对象的预测结果,给决策提供依据。

特尔裴法实施的几个问题:

(1) 调查和回答方式“背靠背”进行,即个人回答不受其他任何因素的影响。

(2) 调查表中对问题的回答,要求回答者采用自我评定的方式打分,如果认为对这个问题分析自己最有权威记 10 分,相当权威记 8 分,可以满足要求记 5 分,不太权威记 2 分,这样可对专家提供预测结果进行加权平均。

(3) 专家选择。通常情况下,选取的专家应是在某个问题上有较丰富经验的专业人员和一些与此有关的边缘学科专家。专家的人数一般选取 10 ~ 50 人为宜,重大问题可扩大到 100 人以上。

第二节 决策技术

一、决策的基本概念

决策是管理的核心。在管理学中,对某一问题进行分析预测之后,借助一定的方法和技巧,对各因素进行计算和判断选优,在采取行动之前作出的决定,称之为决策。安全决策是在解决系统中的安全问题前所作的决定。

1. 决策的分类与决策程序

决策的分类很多,按决策的可靠性来划分,可分为不确定型决策、确定型决策和风险决策。

(1) 不确定型决策,这种决策无法确定未来各种自然状态发生的可能性,全凭个人经验和综合能力作出的估计来作出决定;

(2) 确定型决策,这种决策是掌握了充分的情报或信息,对可能的自然状态和结果有确定的把握的决定;

(3) 风险决策,这种决策是决策者不能肯定将来发生的自然状态,但可对各种自然环境因素的概率作出估计的决定。按概率原则作出的决策要冒一定的危险,故称为风险决策。

决策的程序大致有以下几步:

(1) 确定目标:主要是指上级的指令任务或系统内自身发展提出的问题必须明确、具体,在数量上,时间及地点等方面应有所要求。目标应有三个内容:可以计量其成果;可以规定其时间和地点;可以确定其任务。这里的目标是指在一定环境条件下,在综合分析的基础上所希望达到的结果;

(2) 收集信息和预测;

(3) 拟订各种可行的方案;

(4) 编制方案分析表进行评估,对各种方案进行模建分析和评价;

(5) 选定最佳方案;

(6) 执行与跟踪。把决策的目标用指标、进度、责任的形式,分解落实到每个单位,通过控制系统和报告制度,随时掌握决策执行过程的情况。

2. 决策的原则

决策过程中,应遵循以下原则:

(1) 决策的政策性原则。任何决策都应符合国家的方针政策。

(2) 经济效应原则。决策时应以经济效益为最终目的和出发点。尽量减少劳动消耗和物质消耗。

(3) 信息原则。决策的基础是掌握影响决策的有关因素的大量信息资料,对这些资料加工整理,确保决策成功的可能性。

(4) 可行性原则。可行性原则是指决策符合客观规律,对资源条件,组织保证和风险程度进行充分的估计,并尽可能提供保证。

二、决策树

所谓决策树,是把与决策有关的方案列成树枝性图表,使管理人员能形象地分析要决策的问题,然后对决策树的各个方案,计算出它的期望值,比较期望值的大小,找出较好的方案。运用此方法时要用到概率和期望值。

决策树通常由决策点、机会点、方案分支和概率分支、期望值等组成。

决策点为决策树起点,用符号"□"表示,由决策点利用引出若干个方案分支。

方案分支常用"——"符号表示不同的方案。

机会点也称事件发生点,通常用符号"○"表示。由机会点引出的分支称为概率分支,其表示符号也用"——"表示。值得注意的是,方案分支取决于决策者的主观意志,其行动方案可由决策者控制,而概率分支不依赖决策者主观意志而由客观事物发展规律来决定。

期望值是决定方案取舍的依据,是根据事件发生的概率与其价值计算出来的希望取得的价值。

1. 决策树实施步骤

决策树的实施一般按以下步骤实行:

(1) 画决策树

从左向右,从树根向树梢依次画树,画树的过程是对未来可能发生的各种情况的周密思考、步步深入的过程。

(2) 计算期望值;将每种自然状态的收益值分别乘以概率后相加,得到从树根至各树枝的期望值。

(3) 修剪决策树,对比各方案期望值的大小,进行优选,将期望值小的方案舍去,保留期望值最大的方案。

2. 决策树应用举例

某企业对一旧除尘系统改造考虑了两种方案,第一种方案是拆除旧除尘系统,建一新系统,投资8000元,这一系统建成后效果好的概率为95%,且每年可减少损失1000元,效果不好的概率为5%,每年增加损失1000元;第二种方案是改造旧除尘系统,投资6000元,其效果好的概率为85%,每年可减少损失1000元,效果不好的概率为15%,每年增加损失1000元。两种方案的服务年限均为15年,试选择最佳方案。

解:在例中减少损失相当于增加收益。将方案和自然条件及概率列入表6-6。

表6-6 方案决策表

自然状态 损益及概率	服务年	效果好(概率)	效果不好(概率)	投资
新建($S_{新}$)	15	1000(0.95)	-1000(0.05)	-8000
改建($S_{改}$)	15	1000(0.85)	-1000(0.15)	-6000

(1) 画树:按画决策树的要求,根据例中情况画决策树如图6-4所示。

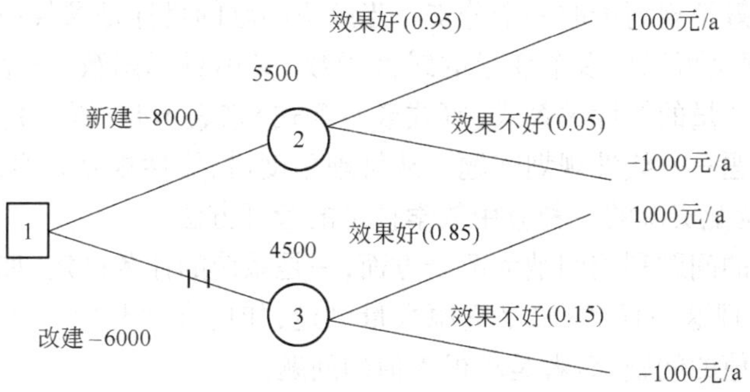

图6-4 决策树

(2) 计算各方案的期望值:

$$S_{新}=1000\times0.95\times15-1000\times0.05\times15-8000=5500$$

$$S_{改}=1000\times0.85\times15-1000\times0.15\times15-6000=4500$$

(3) 从以上分析计算,我们可以看出,新建除尘系统比改建方案要好,因此,选择新建方案。

三、决策注意事项

(1) 决策总是根据情报资料制定的,确保资料越多,越准确,决策就越有最大的成功率。

(2) 决策者的思索和权衡要敏捷、果断,既要防止盲目自信,轻率莽撞,又要防止举棋不定,错失良机。

(3) 决策的合理性判断,要从社会性、经济性、心理性、技术性方面判断决策的合理性。

1) 社会性是所作的决策应对社会产生积极的影响,决不允许产生消极影响的决策存在;

2) 经济性是以最小的耗费获得最大的效益,这样作出的决策称为经济性最好的决策;

3) 心理性是决策能满足职工群众的心理要求;

4) 技术性是决策应采用科学的决策方法,决策方案在技术上是可行的,且有切实的便于运行、管理的行动规划来保证执行。

(4) 决策要有系统的战略观念,决策时要充分考虑大系统、相关系统以及以往决策的系统,彼此要协调适应。决策要全面系统展开,一层层系统服务于上一层大系统,才能保证决策目标的实现。

(5) 特别要注意不同意见。不同意见实质上等于提出了更多的可供选择的方案;他可以互攻他短,各扬己长,在实践决策时,若发现决策有误,不同意见往往是一个现成的补救方案。决策过程也是决策统一认识的过程，在决策中，无原则的正反两方面的折中决策是十分有害的。

总之，如果领导者在决策时按以上要点思考和处理问题，一定能够大大提高自己决策的科学性，使决策正确性也会大大提高。

第三节　线性规划

线性规划是运筹学规划论的一个分支。当解决问题的目标是求某一个变量的最大值或最小值，而这个变量又可以用多个变量的线性函数（又称目标函数）来表示，解决问题的条件可以用一组多个变量的线性关系式（等式或不等式）来表示时，所研究的问题就是规划论中的一个普通的问题——线性规划问题。从管理角度讲，线性规划是合理利用资源（人力、物力、财力），合理调配资源的一种应用数学技术的管理方法。

线性规划研究的问题利用归纳为两个方面，一是系统的任务已定，如何合理筹划、安排，用最少的资源去实现这一任务；二是资源数量已定，如何合理利用、调配，使得完成任务最多。前者是求极小值的问题，后者是求极大值的问题。

一、线性规划的数学模型

将系统内各因素的相互关系和他们的活动规律用数学关系式的形式描述出来，就称为数学模型。根据线性规划的定义，求一组变量的值在满足一族约束的条件下，求得目标函数的最优解。我们可以知道线性规划的数学模型是由变量、约束条件、目标函数三部分组成。

1. 变量

变量为一组未知数，是要决策的系统中的一组可控因素，这组未知数的一组量值代表一个具体方案，这组未知数通常称为决策变量。常用带下标的英文字母 $x_1, x_2, \cdots, x_n$ 或 x_{11}，$x_{12}, \cdots, x_{ij}$来表示。这组未知数取值是非负的。

2. 目标函数

目标函数是系统的目标与变量之间相互关系的数学描述。目标函数是求系统的极值，极大值或极小值。目标函数用 Z 表示。

3. 约束条件

约束条件是指实现目标的限制条件，它包括系统内部条件和外部条件各个方面，这些因素对实现目标起约束作用，故称为约束条件。一般情况下，约束条件的数学表达式不等式组或等式方程组。下面举例说明数学模型的建立。

例：靠近某河流有两个化工厂（见图 6－5）。流经第一个工厂的河水流量是每天 500 万 m^3，在两个工厂之间有一条流量为每天 200 万 m^3 的支流。第一个工厂每天排放污水 2 万 m^3，第二个工厂每天排放污水 1.4 万 m^3。从第一个工厂排出的污水流到第二个工厂之前，有 20% 的可自然净化。根据环保要求，河流中污水含量应不大于 0.2%。若这两个工厂都各自处理一部分污水，第一个工厂处理污水的成本是 1000 元/万 m^3，第二个工厂处理污水的成本是 800 元/万 m^3。现在要问，在满足环保要求的条件下，每厂各应处理多少污水，才能使两厂的总处理污水费用最小？

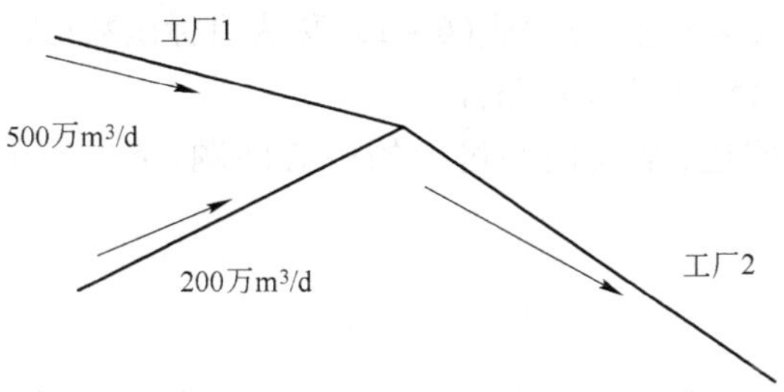

图6－5　环保问题示意图

这个问题可用数学语言描述：

设第一个工厂每天处理污水量为 x_1 万 m^3，第二个工厂每天处理污水量为 x_2 万 m^3，从第一个工厂到第二个工厂之间，河流中污水含量不大于0.2%，由此得：

$$\frac{2-x_1}{500}\leqslant\frac{2}{1000}$$

流经第二个工厂之后，河流污水含量仍应不大于0.2%，这时有：

$$\frac{0.8(2-x_1)+(1.4-x_2)}{700}\leqslant\frac{2}{1000}$$

由于每个工厂每天处理污水量不会大于其排放量，故有：

$$x_2\leqslant 2,\ x_2\leqslant 1.4$$

这个问题的目标是要求两个工厂用于处理污水的总费用最小。以 Z 表示这一费用，则有

$$Z=1000x_1+800x_2$$

综合上述，这个环保问题可归纳为：

满足约束条件：

$$\begin{cases}x_1\geqslant 1\\ 0.8x_1+x_2\geqslant 1.6\\ x_1\leqslant 2\\ x_2\leqslant 1.4\\ x_1,x_2\geqslant 0\end{cases}$$

使得 $Z=1000x_1+800x_2$ 为最小。

以上模型即为此问题的数学模型，一般来讲，这类问题可用数学语言描述其数学模型：

目标函数：

$$\mathrm{Max}(\mathrm{Min})Z=c_1x_1+c_2x_2+\cdots+c_nx_n \tag{6-13}$$

满足约束条件：

$$\begin{cases}a_{11}x_1+a_{12}x_2+\cdots+a_{1n}x_n\leqslant(=,\geqslant)b_1\\ a_{21}x_1+a_{22}x_2+\cdots+a_{2n}x_n\leqslant(=,\geqslant)b_2\\ \vdots \qquad\qquad \vdots\\ a_{m1}x_1+a_{m2}x_2+\cdots+a_{mn}x_n\leqslant(=,\geqslant)b_m & (6-14)\\ x_1,x_2,\cdots,x_n\geqslant 0 & (6-15)\end{cases}$$

这就是线性规划的数学模型，方程式(6－13)称为目标函数；式(6－14)与式(6－15)称为约束条件，其中式(6－15)也称非负条件。

如何求解线性规划问题，是我们要讨论的中心问题，下面我们介绍解决这一问题的方法。

二、图解法

图解法直观简单，也有助于了解线性规划问题求解的基本原理。现对上述例子进行图解：

以 x_1, x_2 为坐标轴的直角坐标系中，非负条件 $x_1 \geqslant 0, x_2 \geqslant 0$ 表示问题的求解是在第一象限。且 $x_1 \geqslant 1, x_1 \leqslant 2, x_2 \leqslant 1.4, 0.8x_1 + x_2 \geqslant 1.6$ 四条直线所包围的区域为图6－6中的斜线阴影部分。即 Q_1、Q_2、Q_3、Q_4 所包围的图中范围。

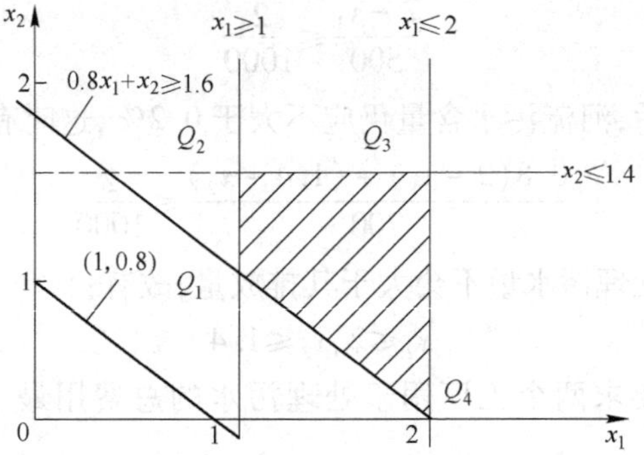

图6－6　x_1, x_2 坐标图

Q_1、Q_2、Q_3、Q_4 是上例线性问题的解集合(可称为可行域)。

现分析目标函数 $Z = 1000x_1 + 800x_2$ 在坐标平面上，它可表示为以 Z 为参数的一族平行线：

$$x_2 = \frac{Z}{800} - \frac{5}{4}x_1$$

位于同一直线上的点，具有相同的目标函数值，因而称其为等值线。当 Z 值从小变大时，直线 $x_2 = \frac{Z}{800} - \frac{5}{4}x_1$ 沿其法线方向向右上方移动，当移动到 Q_1、Q_2、Q_3、Q_4 所包围的区域上 Q_1 点时，Z 有解，其值最小。这样，就得到了上例的最优解。Q_1 的坐标为(1，0.8)。于是可算出相应的目标函数值 $Z = 1000x_1 + 800x_2 = 1000 \times 1 + 800 \times 0.8 = 1640$，即 $\text{Min}Z = 1640$。

第一个工厂每天处理污水1万 m^3，第二个工厂每天处理污水0.8万 m^3，才能达到环保要求，并使得处理污水的总费用最小。

上面是通过实例说明了图解法的一般程序，而实际应用时，应注意以下几点：

(1) 若函数上例的约束条件原形就是等式，其表达的区域仅为一条直线。

(2) 在画等值线时，可先给 Z 赋一个值，然后求出两个点，再将两个点连成直线，就是等直线的一条，如令 $Z = 800$，再令 $x_2 = 0$，则 $x_1 = 0.8$，令 $x_1 = 0$，$x_2 = 1$，这样就得到两个点(0.8，0)、(0，1)，连接这两点即得到等值线。

（3）在找到最优点后，确定其坐标值可以在图上观测，也可以通过解方程组，得出最优解的坐标值。如例中的 Q_1 点是直线 $x_1=1$ 和 $0.8x_1+x_2=1.6$ 的交点，解方程组

$$\begin{cases}x_1=1\\0.8x_1+x_2=1.6\end{cases}$$

得到 Q_1 点坐标 $x_1=1, x_2=0.8$。

（4）在某些问题中，最优点不一定唯一，比如将上例中的目标函数改为 $Z=800x_1+1000x_2$ 则目标函数的等值线与约束条件 $0.8x_1+x_2\geqslant1.6$ 的边界线平行，因此，将等值线平移到 Q_1 点时，就与边界线段 Q_1Q_2 重合，这表明线段 Q_1Q_2 上的任何一点都能使目标函数 Z 取得同样的最小值。于是，该线性规划问题就有无限多个最优解。

（5）若求目标函数的极大值，则目标函数的等值线应平移至坐标图中阴影部分的最右上方的边界点上，得到最优解。

图解法虽然有直观、简便等优点，在解两个变量的线性规划问题时，这种方法较为简单。但在多变量(3 个以上)。即高维的情况下它就无能为力了。所以我们往往采用另一种代数方法——单纯形法，为简便起见，这里不加赘述。请参阅有关教材。

第七章 安全技术措施计划与目标管理

安全技术措施计划是企业生产财务计划的一个重要组成部分，是企业安全管理的基本制度之一。为改善生产过程中的安全卫生条件所采取的各项技术措施，统称为安全技术措施。为此所编制的措施计划称为安全技术措施计划。通过编制和实施安全技术措施计划，可以把改善劳动条件的工作纳入国家和企业的生产建设计划之中，有计划、有步骤地解决安全技术中的重大技术问题，可以合理使用资金，保证安全技术措施落实，发挥"安措费"的更大作用，可以调动群众的积极性，增强各级领导对安全工作的责任心，从根本上改善企业劳动条件。

安全技术措施计划的编制与实施，侧重于通过工程技术措施，消除生产过程中物的不安全状态和环境的不安全条件，也重视对人的因素的控制，达到避免事故损失，为职工创造安全、舒适的环境条件，提高职工安全素质，促进安全生产的目的。

安全目标管理也是安全管理的重要内容之一。安全目标管理是在生产过程中，根据具体情况，在分析、预测、决策与规划的基础上，制定各项安全生产目标和安全指标，为实现这一目标而进行的全员、全过程、全面、全方位的安全管理活动，其目的是动员全体职工树立安全意识，调动全体职工参与安全管理活动的积极性，保证整个生产活动过程中的安全生产、保障工人职员的健康、使安全生产达到预期的目的。

第一节 安全技术措施计划的编制与实施

安全技术措施计划的编制与实施是一项技术性较强的工作，编制的好坏直接影响其实施，实施的好坏，直接影响安全生产。因此，必须予以充分的重视。只有将政策性、科学性与技术性有机地结合，方能取得好的效果。

一、编制安全技术措施计划的依据

编制安全技术措施计划是以"安全第一、预防为主"的安全生产方针为指导思想，以国家安全生产法规为依据，根据企业具体情况提出的一项安全措施制度。

1963 年，国务院《关于加强企业生产中安全工作的几项规定》中明确规定："企业单位在编制生产、技术、财务计划的同时，必须编制安全技术措施计划。安全技术措施计划所需要的设备、材料，应纳入物质、技术供应计划，对于每项措施，应该确定实现的期限和负责人。企业的领导人应该对技术措施计划的编制和贯彻执行负责。"同时对安全技术措施计划的范围作了规定。

1956 年 9 月 21 日，国家劳动部、全国总工会颁布了《安全技术措施计划项目总名称表》，对安全技术措施计划的范围作了明确规定。

1977 年国家计委、财政部、国家劳动总局在《关于加强有计划改善劳动条件工作的联合通知》中规定："要把改善劳动条件的问题列入发展国民经济的长远规划和年度计划，采取行之有效的措施，认真予以解决。"

1979年国家计委、国家经委、国家建委在《关于安排落实劳动保护措施经费的通知》中规定:"在制定年度和长远的生产计划以及老企业改造计划时,都要保障安全生产、治理解决安全生产和尘毒危害问题,所需资金、设备、材料都必须一并安排落实。"同年,国务院转批国家劳动总局、卫生部《关于加强厂矿企业防尘防毒工作的报告》中明确规定;"各企业每年在固定资产更新和技术改造资金中提取10%～20%(矿山、化工、金属冶炼企业应大于20%)用于改善劳动条件,不得挪用。"《中华人民共和国矿山安全法实施条例》第四十二条明确规定"用于改善生产条件的项目资金,矿山企业按矿山维检费的20%的比例具实列支,无维检费的矿山按固定资产折旧费的20%具实列支"。

安全技术措施计划编制,除了以国家的方针政策、法令、规定等为依据外。还必须根据企业具体情况,如:安全工作的经验教训;安全工作中发现而尚未解决的问题;安全技术革新项目和职工群众的合理化建议;导致伤亡事故和职业病的危险源控制和隐患整改等都是编制安全技术措施计划的依据。

二、安全技术措施计划的(安措计划)项目

安全技术措施计划的项目,包括改善劳动条件、防止事故、预防职业病、提高职工安全素质的一切技术措施。主要有以下几个方面:

(1) 安全技术措施 以防止工伤事故、火灾爆炸等设备事故及影响生产的险肇事故为目的的一切安全技术措施。如防护装置、信号装置、保险装置、防爆装置以及各种安全设施等。

(2) 工业卫生技术措施 以改善有害职工身体健康的生产环境条件、防止职业中毒与职业病为目的的一切技术措施。如防尘、防毒、防噪声与振动、通风、降温、防寒等装置或设施。

(3) 辅助措施 以保证工业卫生方面所必需的房屋及一切卫生性保障措施。如尘毒作业人员的淋浴室、更衣室或存衣箱、消毒室、妇女卫生室等。

(4)安全宣传教育措施 以提高作业人员安全素质的有关宣传教育设备、仪器、教材和场所等。如劳动保护教育室、安全卫生教材、挂图、宣传画、培训室、培训费用、安全卫生展览等。

其中矿山安全措施计划项目包括:(1)预防矿山事故的安全技术措施;(2)预防职业危害的劳动卫生技术措施;(3)职工的安全培训;(4)改善矿山安全条件的其他技术措施。

安全技术措施计划的项目应按《安全技术措施计划的项目总名称表》执行,不能将不属于安措计划的项目列入计划,也不能将属于安措计划的项目不予列入,在计划中应予以充分注意,以保证安措费用的合理使用。

三、编制安全技术措施计划的原则

(1) 必要性和可行性原则,在编制安措计划时,一方面要考虑安全生产的需要,另一方面还要考虑技术上的可能性。

(2) 自力更生、勤俭节约的原则,编制计划时要注意充分利用现有的设备和设施,尽可能使用自身的人力、物力、减少不必要的开支。做到效果好、花钱少、不贪大求洋、求高。

(3) 轻重缓急的原则,对影响最大、危险性最大的项目应于优先考虑,逐步有计划地解决。

(4) 领导和群众相结合的原则,依靠群众,发动群众,统一领导与群众的认识,使计划切实可行,以便顺利实施。

四、安全技术措施计划的编制方法

（1）编制时间。年度安全技术措施计划应在第一年的第三季度着手编制。

（2）计划内容。编制措施计划主要包括以下几方面的内容：

1）单位和工作场所；

2）措施名称；

3）措施内容与目的；

4）经费预算及来源；

5）负责设计、施工单位及负责人；

6）开工日期及竣工日期；

7）措施使用方法及预期效果。

（3）计划的布置。企业领导应根据企业具体情况，分别向各车间（分厂、公司）提出具体要求、进行有计划的布置。

（4）计划项目的确定与编制。车间主任（分厂厂长、公司经理）根据企业领导的计划布置要求，会同有关人员（安全人员、技术人员、工人等），确定本车间的安全技术措施计划的项目，并由车间安全人员编制具体的计划和方案，经群众讨论后，送企业安全部门审查。

（5）计划的审批。安全部门将各车间安措计划进行审查、平衡、汇总后，再由安全、技术、计划部门联合会审，并确定计划项目、明确设计施工部门、负责人、完成期限。成文后报厂总工程师审批。

（6）计划的下达。厂长根据总工程师的意见，召集有关部门、车间负责人的专题会议。审查核定计划。根据审查、核定结果，与生产计划同时下达到车间贯彻执行。

五、安全技术措施计划的经费来源

安全技术措施计划的经费是保证计划实现的基础。因此，各企业必须按国家有关规定，预先确定本企业年度“安措费”的拨款数额，并列入年度财务计划。为保证计划的实施，安措费开支渠道有以下几种：

（1）企业每年在固定资产更新和技术改造资金中，提取10%～20%（矿山、化工、金属冶炼企业应大于20%），用于改善劳动条件。

矿山企业按矿山维检费的20%具实列支，无维检费的矿山按固定资产折旧费的20%具实列支。

（2）无更新改造资金的事业单位，从事业费中开支。

（3）从税后留利或利润留成等自有资金中补充。

（4）在企业为治理尘毒而开展的综合利用项目的产品利用利润中，按工矿企业治理“三废”污染开展综合利用产品利润的提留办法执行。

《中华人民共和国安全生产法》第十六条规定：生产经营单位应当具备本法和有关法律、行政法规和国家标准或者行业标准规定的安全生产条件；不具备安全生产条件的，不得从事生产经营活动。第十七条规定，生产经营单位的主要负责人“保证本单位安全生产投入的有效实施”是其职责之一。

六、安全技术措施计划的实施与交工验收

1. 计划的实施。在计划实施过程中,应注意下列事项:

(1) 在贯彻执行安全技术措施计划时,安全部门要在编制年度计划的基础上,编制季度、月份实施计划,并送计划部门统一安排。

(2) 使用单位自行设计、生产、安装的,由计划部门开具生产命令单,所有工作概由使用单位负责。总负责单位是使用单位。

(3) 使用单位不能自行设计、生产、安装的,计划部门布置设计任务,开具命令单布置生产、布置安装、布置土建任务。总负责单位是计划部门。

(4) 通风除尘设备需外购后由使用单位自行安装的,计划部门布置外购。设备到厂后,交付使用单位安装,总负责单位是使用单位。

(5) 设备需外购,并需修建部门安装的,由计划部门布置,修建部门外购和安装。总负责单位为修建部门。

(6) 外包工程由计划部门或修建部门负责签订合同。

(7) 安措计划落实到各有关部门和车间后,由计划部门定期检查。

(8) 企业领导在检查生产计划的同时,检查安全技术措施计划的完成情况。

(9) 安全管理与安全技术部门应经常了解安措计划项目的实施情况,协助解决实施中的问题,及时汇报并督促有关单位按期完成。

2. 交工验收

交工验收一般应注意下列事项:

(1) 所有材料、成品等必须经检验部门检验。

(2) 外购设备必须有质量证明书。

(3) 安全技术措施计划项目完成后,负责单位应向安全技术部门填报交工验收单,由安全技术部门组织有关单位验收。

(4) 验收合格后,由负责单位持交工验收单向计划部门报完工,并办理财务结算手续。

(5) 使用单位应建立台账,按《劳动保护设施管理制度》进行维护管理。

第二节 网络计划技术

网络计划技术是现代管理中运用极为广泛的一种方法,在工程建设、产品研制和更新、科学研究以及各类工程活动中,网络计划技术发挥了巨大的作用。20 世纪 60 年代初,我国著名的数学家华罗庚对网络计划技术进行了推广,将此方法命名为"统筹法",并于 1965 年 6 月 6 日在人民日报发表了《统筹方法平话》一文,引起了国内的重视。这种方法的特点是通俗、容易掌握、使用方便。其作用是合理地使用人力、物力和财力,控制工作进度,节约工作时间,多快好省地完成工作任务。

一、网络计划技术的基本概念

网络计划技术通过应用网络图的形式来表达一项计划中各种工作的先后顺序和相互关

系,寻求计划中关键工作和关键路线,选择最优方案,在实施过程中进行有效的控制与监督,以期达到满意的效果。网络计划技术包括以下基本概念。

(1) 网络图,把计划所要完成的一项工程中的全部工作根据先后顺序和相互关系用箭头、箭杆、箭尾和编有号码的圆圈等组成的图形表示出来,这种图形就称为网络图。网络图由工作、事件、路线组成。

1) 工作,工作也称作业或活动。一项工程任务可分解为多项具体的工作。工作的内容十分广泛,可以是一项任务,一道工序或一个活动。一般情况下,工作都需要消耗时间和资源。但有些等待工作则不消耗资源,只消耗时间,如等待工具或材料,油漆干燥等。还有些工作既不消耗资源,也不消耗时间,其作用是连接前后有关工作。表明各工作之间的逻辑关系和工作前进路线,此工作称为虚工作。

工作在网络图中以箭号表示,其名称或代号简要记于箭线上方,完成该工作的时间 T_E 记于箭线下方:

$$\frac{\text{工作名称}}{\text{时间}}\longrightarrow = \frac{A}{T_E}\longrightarrow$$

虚工作在网络图中以虚箭号表示,一般用 D_u 表示。

$$\overset{D_u}{- - - - - - - - - - - -}$$

2) 事件,事件也称结点或节点。它是工作完成或另一个工作开始的瞬间,在网络图中以“O”表示,事件的作用是承上启下,把各工作衔接起来。

事件可分为原始事件,结束事件和中间事件。原始事件表示整个工程(或计划)开始的事件,也称起点事件或开始事件;结束事件表示整个工程(或计划)结束的事件,也称终点事件或尾部事件;中间事件表示除原始事件和结束事件以外的一切事件,它既表示一个或几个工作的开始,又表示一个或几个工作的结束。

(2) 路线,路线又称线路。它是指从原始事件开始至结束事件之间的通道,一个网络图中有多条通道。它的长度决定该路线上各项工作持续时间的总和。网络图上工期最长的路线称为关键路线,位于关键路线上的工作称为关键工作。

(3) 作业时间,某项工作要耗费的工时称为作业时间。作业时间(或工作时间)的时间参数计算是网络图的重要内容。

(4) 时间差,时间差也称时差,它是指在工程中位于非关键路线上的各项工作所拥有的延缓开工机动时间。

二、绘制网络图的基本规则

(1) 网络图必须正确表达各项工作的相互制约和相互依赖关系。图 7-1 中,各工作之间的相互关系为:A 是 B 的紧前活动,B 是 A 的紧后活动;B 与 C 是平行活动,B 和 C 是 D 的紧前活动,D 是 B 和 C 的紧后活动。

(2) 在网络图中,不允许出现循环线路。

(3) 结点编号不能重复,先行结点号码应小于后续结点号码。

(4) 相邻两结点间,只允许有一条箭线连接,如需表示活动间的关系,可引入虚箭线。

(5) 每一箭线的头尾必须有结点。不允许没有头或尾的箭线。

(6) 网络图中,不允许没有紧前活动和没有紧后活动的中间事件,若实际中出现,则用虚箭线表明其关系。

(7) 网络图中,只能有一个开始事件(结点),和一个结束事件(结点)。

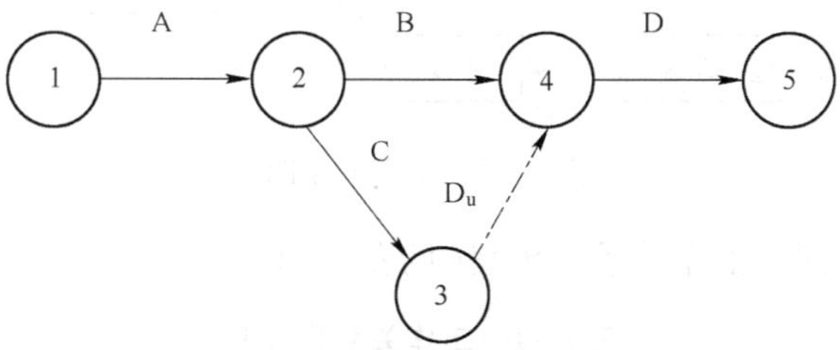

图 7 - 1　网络图

三、绘制网络图举例

在掌握了上述网络图绘制规则之后,就可根据工程的特征绘制相应的网络图,在绘制中通常采用顺推法,或逆推法。

1. 顺推法

顺推法是从开始结点出发,从图的左端向右画。先找出无先行工作(紧前活动)的工作,并将其与开始结点连接起来,依先行后续的关系,不断调整与更改,直到画出结束结点为止。

顺推法的步骤是:

(1) 明确各工作之间的关系;

(2) 列出工作时间;

(3) 列出工作关系分析表;

(4) 找出无先行工作的各项工作或活动;

(5) 从开始结点开始画图,直至结束结点。

2. 逆推法

逆推法是从结束结点开始,从图的右端向左画图,先找无后续工作的工作。并将其与结束结点连接起来,依后续先行的原则,不断调整和修改,直到按逻辑关系画出开始结点为止。

逆推法的步骤是:

(1) 明确各工作之间的关系;

(2) 列出各工作时间;

(3) 列出各工作关系分析表;

(4) 找出无后续工作的各项工作(活动);

(5) 从结束结点开始向左画图,直至开始点。

例如:有一安全技术措施计划,由七项工作组成,即措施项目的决策(7 天),措施计划(5 天)、施工方案设计(15 天)、审批(4 天)、方案审核(6 天)、设备、材料准备(14 天);施工安装(20 天)。

根据已知工作和时间,先绘制工作关系图(见图 7 - 2)。

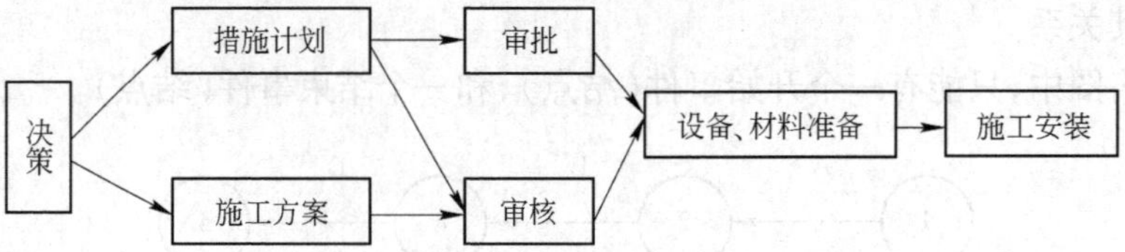

图 7－2　工作关系图

根据工作关系图，列出工作关系分析表（见表 7－1）。

表 7－1　工作关系分析表

工作名称	工作代号	紧前活动（工作）	紧后活动	工作时间/d
决　策	A	—	B、C	7
措施计划	B	A	D、E	5
施工方案设计	C	A	E	15
审　批	D	B	F	4
审　核	E	BC	F	6
设备、材料准备	F	DE	G	14
施工安装	G	F	—	20

根据工作关系分析表作网络计划图（见图 7－3）。

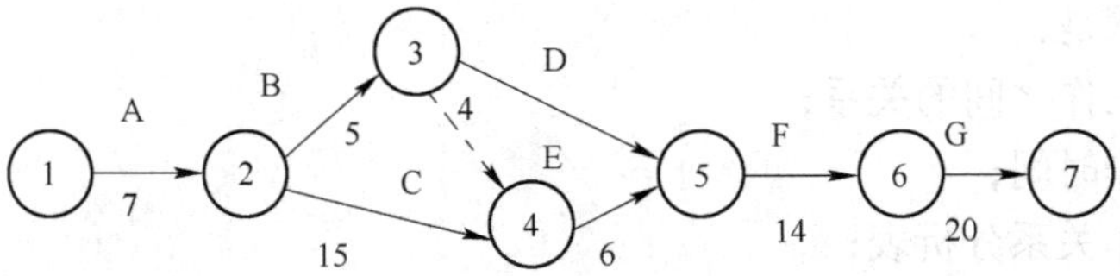

图 7－3　网络计划图

图 7－3 可以根据工作分析的紧后工作，按顺推法作出，也可以根据紧前工作按逆推法作出。

四、网络时间计算

1. 工作时间的确定

工作时间是网络图数值计算的基础。作业时间有两类，一类是肯定型，如劳动定额、工作定额等时间标准。或以往同类型工程作业项目所需时间作为参照。另一类是非肯定型的，比如有许多活动从未实施过，无先例可循，无定额资料可查，或因环境条件，在时间估计上成为非肯定型。对于非肯定型工作时间，一般采用所谓三点估计法进行确定：

$$T(i,j)=\frac{a+4m+b}{2} \tag{7-1}$$

式中　$T(i,j)$——从 i 结点到 j 点工作时间；

a——可能的最短时间（顺利或乐观时间）；

b——可能需要的最长时间（最不顺利的时间）；

m——通常作业时间。

上述公式是假定 m 的可能性两倍于 a 和 b，则有：m 与 a 的平均值为$\frac{a+2m}{3}m$ 与 b 的平均值为$\frac{b+2m}{3}$

若这两种时间均以 1/2 的可能性出现，则

$$\frac{\frac{a+2m}{3}+\frac{b+2m}{3}}{2}=\frac{a+4m+b}{6}$$

2. 结点时间

结点时间包括结点最早开工时间的最迟完工时间：

结点最早开工时间 $EST(i)$ 是从 i 结点开始的各项活动中最早开工的时刻。计算时从网络起点事件（结点）开始，顺箭线从左至逐个结点计算，直至终点事件。

始点事件的最早开始时间一般令其为 0，即 $EST(j)=0$

网络中间事项最早开始时间按下式计算：

$$EST(j)=\max\{EST(i)-T(i,j)\} \tag{7-2}$$

式中　$T(i,j)$——作业时间；

$EST(i)$ 箭尾结点最早开工时间；

$EST(j)$ 箭头结点最迟开工时间。

若到达 j 结点的时间数值不止一个，则应从中取最大值作为量 EST(j)。

结点的最迟完工时间 $LST(i)$ 是以 j 结点结束的各项工作最迟完工时刻。计算时从网络终点开始，迎箭线方向，从右至左逐个结点计算，直至始点事件。

终点事件的最迟完工时间也是其最早开工时间。

网络中间事件的最迟完工时间按下式计算

$$LST(i)=\min\{LST(j)-T(i,j)\} \tag{7-3}$$

若从结点 i 出发的箭线不止一条，应从中取最小值。

3. 工序时间

工序时间是从起点出发至某一工作的时间，它包括工序的最早开工时间 $EST(i,j)$ 最早完工时间 $EFT(i,j)$，最晚开工时间 $LST(i,j)$，最晚完工时间 $LFT(i,j)$。

工序的最早开工时间 $EST(i,j)$ 等于该工序开工所在结点的最早开工时间：

$$EST(i,j)=EST(i)$$

工序的最早完工时间 $EFT(i,j)$ 等于该工序开工所在结点最早开工时间与该工序的工作时间之和。

$$EFT(i,j)=EST(i)+T(i,j)$$

工序的最晚开工时间 $LST(i,j)$ 等于该工序完工所在结点的最晚开工时间与该工序的工作时间之差。

$$LST(i,j)=LST(j)-T(i,j)$$

工序的最晚完工时间 $LFT(i,j)$ 等于该工序完工所在结点的最晚（迟）完工时间。

$$LFT(i,j)=LST(j)$$

4. 时差

时差是指某工作的最迟开始时间与最早开始时间的差数。如果某工序在最早开始时间

开工，又在最迟结束时间完工，这两者之间允许的时差大于该工序内活动（工作）时间，则表明该工序有机动时间（宽裕时间）。

工序时差计算公式为：

$$①F = EST(j) - EFT(i,j) = EST(j) - [EST(i) + T(i,j)] \tag{7-4}$$

式中　F——从 $i \sim j$ 的时差；
$EST(j)$——j 结点的最早开工时间；
$EFT(i,j)$——工序 i,j 的最早完工时间；
$EST(i)$——i 结点的最早开工时间；
$T(i,j)$——工序 i,j 的作业时间

$$②F = LST(j) - EFT(i,j) = LST(j) - [EST(i) + T(i,j)] \tag{7-5}$$

式中　F——从 $i \sim j$ 的时差；
$LST(j)$——j 结点的最晚完工时间；
其余符号同上。

式(7-4)、式(7-5)中，若 $F>0$ 表明此工序有机动时间；若 $F<0$，表明此工序能力不能完成计划；若 $F=0$，则表示此工序无机动时间，无关键工序。

五、关键线路

在网络图中，总时差为 0 的线路，称为关键线路。即网络图中工期最长的线路。它决定总工期的长短。故称之为关键线路。确定关键线路，只需求出工序总时差为 0 的线路，即为关键线路。

网络计划技术就是要寻求关键线路。控制关键线路，就抓住了组织与指挥安全生产、提高经济效益的主要矛盾。

以图 7-3 为例，说明关键线路的求解过程。

(1) 各事件的最早开工时间是：

$EST(1) = 0$

$EST(2) = 0 + 7 = 7$

$EST(3) = 7 + 5 = 12$

$EST(4) = \text{Max}\{7 + 15, 12 + 0\} = 22$

$EST(5) = \text{Max}\{12 + 4, 22 + 6\} = 28$

$EST(6) = 28 + 14 = 42$

$EST(7) = 42 + 20 = 62$

(2) 各事件的最迟完工时间：

$LST(7) = 62$

$LST(6) = 62 - 20 = 42$

$LST(5) = 42 - 14 = 28$

$LST(4) = 28 - 6 = 22$

$LST(3) = \text{Min}\{22 - 0, 28 - 4\} = 22$

$LST(2)=\text{Min}\{22-5,22-15\}=7$

$LST(1)=7-7=0$

(3) 各事件的时差:

$F(1)=LST(1)-[EST(0)+T(0,1)]=0$

$F(2)=LST(2)-[EST(1)+T(1,2)]=7-(0+7)=0$

$F(3)=LST(3)-[EST(2)+T(2,3)]=22-(7+5)=10$

$F(4)=LST(4)-[EST(2)+T(2,4)]=22-(7+15)=0$

$F(5)=LST(5)-[EST(4)+T(4,5)]=28-(22+6)=0$

$F(6)=LST(6)-[EST(5)+T(5,6)]=42-(28+14)=0$

$F(7)=LST(7)-[EST(6)+T(6,7)]=62-(42+20)=0$

将时差为 0 的线路串联起来,即得到所求的关键线路:

$$①\frac{A}{7}②\frac{C}{15}④\frac{E}{6}⑤\frac{F}{14}⑥\frac{G}{20}⑦$$

总工期 =7 +15 +6 +14 +20 =62 天

六、网络优化技术

网络优化技术主要从三个方面着手,一是总工期,二是时间—资源,三是时间—成本。

1. 缩短总工期

总工期取决于关键线路,要缩短总工期就是要向关键线路争时间,其方法是:

(1) 检查各作业时间,将关键线路上的工时压缩到最低允许值。

(2) 消除负时差,拟定一个缩短了工期的目标,由此计算出新的总工期,此时关键线路上总时差必为负值,掌握了这一时差,就可以了解非关键作业时差的松紧程度,合理调配人力、物力、消除负时差,达到缩短工期的目的。

(3) 重新组织工序和调配力量,发动关键线路上的职工将工时压缩到最低点。

2. 时间—资源优化

工期一定时,通过平衡资源,求得资源与工期的最佳结合从以下两种情况考虑;

(1) 资源有保证,尽量缩短工期,力求早日发挥投资效果。

(2) 资源不充分,求得资源利用合理、工期较短的方案。

3. 时间—成本优化

使方案时间短、成本低,也可以从两种情况考虑:

(1) 工期已定,求最低成本。

(2) 成本已定,求最短工期。

以上优化技术需进行多次网络时间计算,重新确定关键线路。因此,最好借助于电子计算机进行。

第三节　安全目标管理

安全工作是实现一定目标所开展的各种安全活动。安全目标管理就是在一定条件下和一定时间内对安全工作提出目标,并为实现目标开展有效的管理活动。1954 年,美国管理心理学家杜拉克(P. F. Drucker)首先提出了“目标管理和自我控制”的主张,他认为一个组织的“目的和任务,必须转化为目标”,如果“一个领域没有特定的目标,则这个领域必然会被忽视”。因此,实行安全目标管理,是安全生产目的和任务的目标转化。使企业有自我约束机制,领导有责任感、安全就有保证。安全目标管理的实质是在一定条件下,把伤亡事故及损失控制到一个最低限度之内。

一、安全目标的确定

安全目标是在一定条件下。一定时间内完成安全活动所达到的某一预期目的的指标。安全目标一般拟提综合指标,主要有:

1. 事故控制指标

事故控制指标一般在事故统计的基础上,根据上级在计划期内对事故及损失的控制要求,科学地测定下降比例,提出计划期内的事故控制指标,事故控制指标一般按下式确定:

$$a_n = a_1(1-k)^{n-1} \qquad (7-6)$$

式中　a_n——计划期的事故控制指标;

a_1——统计期的事故实际指标;

k——下降比例;

n——统计期至计划期的时间。

例如:已知某企业 1998 年千人死亡率为 0.05‰,要求 2008 年达到 0.01‰,求每年下降率 k。

解:已知 $a_1=0.05$;$a_n=0.01$;$n=11$

按公式 $a_n=a_1(1-k)^{n-1}$

$$k=1-\sqrt[n-1]{\frac{a_n}{a_1}}=1-\sqrt[11-1]{\frac{0.01}{0.05}}=1-\sqrt[10]{0.2}=1-0.85=0.15=15\%$$

$k=15\%$ 说明该企业要在 2008 年达到千人死亡率 0.01‰,需每年按 15% 速度递减死亡事故,才能达到其目标。

根据公式 $a_n=a_1(1-k)^{n-1}$,若已知 k,也可以求 a_n,式中的 a_n,a_1 可以是千人死亡率、千人重伤率、死亡人数、损失率、伤亡率、粉尘合格点数、隐患数等等。

按中华人民共和国国家标准 GB6441—86 和 GB6721—86,有如下指标可作为事故控制指标。

(1) 千人死亡率。表示某时期内,平均每千名职工中,因伤亡事故造成的死亡人数。其计算公式为:

$$千人死亡率=\frac{死亡人数}{某时期内平均职工人数}\times 1000$$

(2) 千人重伤率。表示某时期内,平均每千名职工中事故造成的重伤人数,其计算公式为:

$$千人重伤率=\frac{重伤人数}{平均职工人数}\times 1000$$

适用于行业、企业内部事故统计分析,使用的计算方法有:

（3）伤害频率。表示某时期内，每百万工时，事故造成伤害的人数。伤害人数指轻伤、重伤、死亡人数之和。其计算公式为：

$$\text{百万工时伤害率}(A)=\frac{\text{伤害人数}}{\text{实际总工时}}\times 10^6$$

（4）伤害严重率。表示某时期内，每百万工时事故造成的损失工作日，其计算公式为：

$$\text{伤害严重率}(B)=\frac{\text{总损失工作日}}{\text{实际总工时}}\times 10^6$$

（5）伤害平均严重率。表示每人次受伤害的平均损失工作日其计算公式为：

$$\text{伤害平均严重率}(N)=\frac{B}{A}=\frac{\text{总损失工作日}}{\text{伤害人数}}$$

（6）按产品产量计算死亡率：

$$\text{百万吨死亡率}=\frac{\text{死亡人数}}{\text{实际产量(t)}}\times 10^6$$

$$1\text{ 万 m}^3\text{ 木材死亡率}=\frac{\text{死亡人数}}{\text{木材产量(m}^3\text{)}}\times 10^4$$

（7）按经济损失计算：

千人经济损失率　$$R_S=\frac{E}{S}\times 10^3$$

式中　R_S——千人经济损失率；

E——全年内经济损失，万元；

S——企业平均职工人数，人。

百万元产值经济损失率　$$(R_v)=\frac{E}{V}\times 10^2$$

式中　E——全年内经济损失，万元；

V——企业全年总产值，万元。

有些单位提出“0，0，0”目标，即死亡、重伤为0，重大设备事故为0，火灾爆炸事故为0。

2. 安全措施指标

（1）要有完善的安全生产责任制，安全操作制度、设备定期维修制度和保证严格执行劳动安全规章制度的有效措施。

（2）制定承包期内改善劳动安全卫生条件的技术措施规划。

（3）制定安全技术培训计划，提高人员素质。新工人入厂“三级”安全教育和特种作业人员持证上岗率要达到百分之百。

（4）建立健全安全生产管理机构、配备与生产相适应的安全技术与管理人员，并保证其行使职权。

3. 尘毒治理合格指标

（1）粉尘合格率指标；

（2）三废及噪声合乎国家标准；

（3）消除尘肺病。

在确定安全目标时应考虑以下几方面因素：

（1）根据企业经济技术条件确定指标。如投资大，基础设施好，或安全工作基础强，机械装备先进、经济效益好的企业,安全指标应高一些。

(2) 以统计期内的安全状况为基础,测定计划期实现的安全指标。

(3) 根据行业特点,提出针对性较强的安全指标。如化工、煤炭等行业除下达伤亡事故控制指标外,还要下达尘毒有害物质控制指标。

(4) 目标的设立要充分发挥职工群众的积极性,使其主动参与目标设置,或就目标选择提出建议,目标要订得尽可能结合实际且具体。

二、目标的实施与控制

目标确定之后,先将其进行分解,下达给各部门、各部门根据分解的目标,会同上级订立的部门目标要求,再分解部门目标、下达再下一级部门。这样逐级分解,直至订出个人目标。从而形成一个目标链,每级目标都应有相应的目标实现措施。目标分解如图 7 - 4 所示。

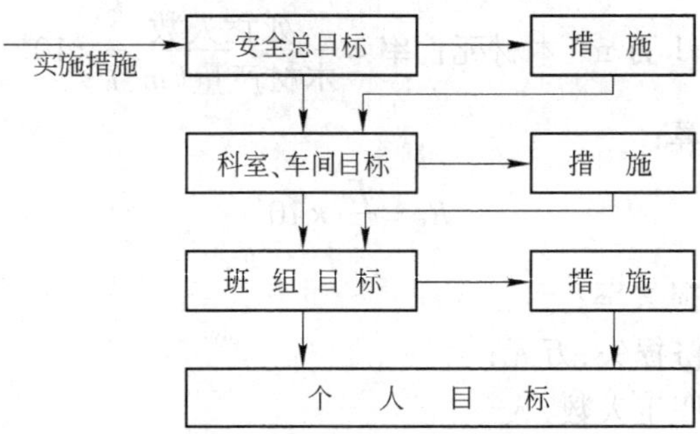

图 7 - 4　目标分解与实施

从图 7 - 4 可以看出,安全目标管理实际上是一种全过程、全员、全面、全气候的安全管理过程。在每级目标实施中,都应有一整套管理控制方法,这种控制方法是以措施来完成和执行的。措施的制定与实施,允许单位、部门和个人确定,不必强求一律,即要充分发挥群众的积极性和能动性,努力完成本部门和个人承担的目标;上级领导则要注意协调,防止互相干扰。

目标考核也是目标检查与控制的手段。各部门目标确立之后,采取措施后的效果必须由企业安全生产委员会组织有关部门负责人组成考评小组,对各部门、科室及个人进行定期或不定期检查与考评。检查与考评前,必须注意制定评分标准、考评中要及时总结目标达成的经验教训,为下一个目标管理周期创造条件。

目标管理与经济责任制必须挂钩,经济责任制是我国目前企业管理中体现按劳分配原则的一种有效管理方法。它的形式很多,严格科学地考评与经济责任制结合是目标管理得以充分发挥效能的关键。目标管理与经济责任制结合方式是将目标管理考评成绩作为集体和个人评选先进模范及获得物质利益的标准。

三、实现安全目标管理注意问题

(1) 安全指标、安全设施要求体现在承包合同中,使全员职工树立安全生产的思想,参与安全管理,重视改善劳动条件,并可随时监督检查、整改事故隐患。

（2）安全指标要尽可能具体、明确责任、落实经费，使软指标成为硬指标。

（3）克服“安全目标是安全部门和安全人员的事”的思想，形成哪里有生产，哪里就有人管安全，什么时候生产，什么时候就有人管安全的机制。

（4）安全目标要与行政奖惩挂钩，达不到目标应用行政手段给予处分、降职，使广大干部群众引起重视。

第八章　事故应急救援

随着现代工业的发展，生产过程中存在的巨大能量和有害物质，一旦发生重大事故，往往造成惨重的生命、财产损失和环境破坏。由于自然因素或人为、技术等原因，当事故或灾害不可能完全避免的时候，建立重大事故应急救援体系，组织及时有效的应急救援行动，已成为抵御事故风险或控制灾害蔓延、降低危害后果的关键。

第一节　事故应急救援体系

一、事故应急救援的基本任务及特点

1. 事故应急救援的基本任务

事故应急救援的总目标是提高有效的应急救援行动，尽可能地降低事故的后果，包括人员伤亡、财产损失和环境破坏等。事故应急救援的基本任务包括以下几个方面：

（1）立即组织营救受害人员，组织撤离或者采取其他措施保护危害区域内的其他人员。抢救受害人员是应急救援的首要任务，在应急救援行动中，快速、有序、有效地实施现场急救与安全转送伤员，是降低死亡率、减少事故损失的关键。由于重大事故发生突然、扩散迅速、涉及范围广、危害大，应及时指导和组织群众采取各种措施进行自身防护，必要时迅速撤离危险区或可能受到危害的区域。在撤离过程中，应积极组织群众开展自救和互救工作。

（2）迅速控制事态，并对事故造成的危害进行检测、监测，测定事故的危害区域、危害性质及危害程度。及时控制住造成事故的危险源是应急救援工作的重要任务。只有及时地控制住危险源，防止事故的继续扩展，才能及时有效地进行救援。特别对发生在城市或人口稠密地区的化学事故，应尽快组织工程抢险队与事故单位技术人员一起及时控制事故，以防继续扩展。

（3）消除危害后果，做好现场恢复。针对事故对人体、动植物、土壤、空气等造成的现实危害和可能的危害，迅速采取封闭、隔离、洗消、监测等措施，防止对人的继续危害和对环境的污染。及时清理废墟和恢复基本设施，将事故现场恢复至相对稳定的状态。

（4）查清事故原因，评价危害程度。事故发生后应及时调查事故的发生原因和事故性质，评估出事故的危害范围和危害程度，查明人员伤亡情况，做好事故原因调查，并总结救援工作中的经验和教训。

2. 事故应急救援的特点

应急工作涉及技术事故、自然灾害（引发）、城市生命线、重大工程、公共活动场所、公共交通、公共卫生和人为突发事件等多个公共安全领域，构成一个复杂巨大的系统，具有不确定性、突发性、复杂性和后果、影响易猝变、激化、放大的特点。

（1）不确定性和突发性。不确定性和突发性是各类公共安全事故、灾害与事件的共同特征，大部分事故都是突然爆发，爆发前基本没有明显征兆，而且一旦发生，发展蔓延迅速，

甚至失控。因此,要求应急行动必须在极短的时间内,在事故的第一现场做出有效反应,在事故产生重大灾难后果之前采取各种有效的防护、救助、疏散和控制事态等措施。

为保证迅速对事故做出有效的初始响应,并及时控制住事态,应急救援工作应坚持属地为主的原则,强调地方的应急准备工作,包括建立全天候的昼夜值班制度,确保报警、指挥通信系统始终保持完好状态,明确各部门的职责,确保各种应急救援的装备、技术器材、有关物质随时处于完好可用状态,制订科学有效的突发事件应急预案及措施。

(2) 应急活动的复杂性。应急活动的复杂性主要体现在:事故、灾害或事件影响因素与演变规律的不确定性和不可预见的多变性;众多来自不同部门参与应急救援活动的单位,在信息沟通、行动协调与指挥、授权与职责、通讯等方面的有效组织和管理;以及应急响应过程中公众的反应、恐慌心理、公众过急等突发行为的复杂性等。这些复杂因素的影响,给现场应急救援工作带来了严峻的挑战,应对应急救援工作中各种复杂的情况做出足够的估计,制订出随时应对各种复杂变化的相应方案。

应急活动复杂性另一个重要特点是现场处理措施的复杂性。重大事故的处置措施往往涉及较强的专业技术支持,包括易燃、有毒危险物质、复杂危险工艺以及矿山井下事故处置等。对每一行动方案、监测以及应急人员防护等都需要在专业人员的支持下进行决策,因此。针对生产安全事故应急救援的专业化要求,必须高度重视建立和完善重大事故的专业应急救援力量、专业检测力量和专业应急技术与信息支持等的建设。

(3) 后果易猝变、激化和放大。公共安全事故、灾害与事件虽然是小概率事件,但后果一般比较严重,能造成广泛的公众影响,应急处理稍有不慎,就可能改变事故、灾害与事件的性质,使平稳、有序、和平状态向动态、混乱和冲突方面发展,引起事故、灾害与事件波及范围扩展,卷入人群数量增加和人员伤亡与财产损失后果加大,猝变、激化与放大造成是失控状态,不但迫使应急呼应升级,甚至可导致社会性危机出现,使公众立即陷入巨大的动荡与恐慌之中。因此,重大事故(件)的处置必须坚决果断,而且越早越好,防止事态扩大。

因此,为了尽可能降低重大事故的后果及影响,减少重大事故所导致的损失,要求应急救援行动必须做到迅速、准确和有效。所谓迅速,就是要求建立快速的应急响应机制,能迅速准确地传递事故信息,迅速地调集所需的大规模应急力量和设备、物资等资源,迅速地建立起统一指挥与协调系统,开展救援活动。所谓准确,要求有相应的应急决策机制,能基于事故的规模、性质、特点现场环境等信息,正确地预测事故的发展趋势,准确地对应急救援行动和战术进行决策。所谓有效,主要指应急救援行动的有效性,很大程度它取决于应急准备的充分与否。包括应急队伍的建设与训练、应急设施(备)、物资的配备与维护、预案的制订与落实以及有效的外部增援机制等。

二、事故应急救援的相关法律法规要求

近年来,我国政府相继颁布的一系列规律法规,如《安全生产法》、《危险化学品安全管理条例》、《关于特大安全事故行政责任追究的规定》、《特种设备安全监察条例》等,对危险化学品、特大安全事故、重大危险源等应急救援工作提出了相应的规定和要求。

《安全生产法》第十七条规定,生产经营单位的主要负责人具有组织制订并实施本单位的生产安全事故应急救援预案的职责。第三十三条规定:“生产经营单位对重大危险源应当制订应急救援预案,并告知从业人员和相关人员在紧急情况下应当采取的应急措施。”第

六十八条规定:"县级以上地方各级人民政府应当组织有关部门制订本行政区内特大生产安全事故应急救援预案,建立应急救援体系。"

《危险化学品安全管理条例》第四十九条规定:"县级以上地方各级人民政府负责危险化学品安全监督管理综合工作的部门会同同级有关部门制订危险化学品事故应急救援预案,报本级人民政府批准后实施。"第五十条规定:"危险化学品单位应当制订本单位事故应急救援预案,配备应急救援人员和必要的应急救援器材和设备,并定期组织演练。危险化学品事故应急救援预案应当报该区的市级人民政府负责化学品安全监督管理综合工作的部门备案。"

国务院《关于特大安全事故行政责任追究的规定》第七条规定:"市(地、州)、县(市、区)人民政府必须制定本地区特大安全事故应急处理预案。"

国务院《特种设备安全监察条例》第三十一条规定:"特种设备使用单位应当制定特种设备的事故应急措施和救援预案。"

国务院《使用有毒物品作业场所劳动保护条例》规定:"从事使用高毒物品作业的用人单位,应当配备应急救援人员和必要的应急救援器材、设备,制订事故应急救援预案,并根据实际情况变化对应急预案适时进行修订,定期组织演练。事故应急救援预案和演练记录应当报当地卫生行政部门、安全生产监督管理部门和公安部门备案。"

《中华人民共和国职业病防治法》规定:"用人单位应当建立、健全职业病危害事故应急救援预案。"

《中华人民共和国消防法》规定:"消防安全重点单位应当制订灭火和应急疏散预案,定期组织消防演练。"

三、事故应急管理的过程

尽管重大事故的发生具有突发性和偶然性,但重大事故的应急管理不只限于事故发生后的应急救援行动。应急管理是对重大事故的全过程管理,贯穿于事故发生前、中、后的各个过程,充分体现了"预防为主,常备不懈"的应急思想。应急管理是一个动态的过程,包括预防、准备、响应和恢复四个阶段。尽管实际情况中这些阶段往往是交叉的,但每一阶段都有自己明确的目标,而且每一阶段又是构筑在前一阶段的基础之上的,因而预防、准备、响应和恢复的相互关联,构成了重大事故应急管理的循环过程。

1. 预防

在应急管理中预防有两层含义,一是事故的预防工作,即通过安全管理和安全技术等手段,尽可能地防止事故的发生,实现本质安全;二是在假定事故必然发生的前提下,通过预先采取的预防措施,达到降低或减缓事故的影响或后果的严重程度,如加大建筑物的安全距离、工厂选址的安全规划、减少危险品的存量、设置防护墙以及开展公众教育等。从长远看,低成本、高效率的预防措施是减少事故损失的关键。

2. 准备

应急准备是应急管理过程中一个极其关键的过程。它是针对可能发生的事故,为迅速有效地开展应急行动而预先所做的各种准备,它包括应急体系的建立、有关部门和人员职责的落实、预案的编制、应急队伍的建设、应急设备(施)与物资的准备和维护、预案的演练、与外部应急力量的衔接等,其目标是保持重大事故应急救援所需的应急能力。

3. 响应

应急响应是在事故发生后立即采取的应急与救援行动，包括事故的报警与通报、事故时的紧急疏散、急救与医疗、消防和工程抢险措施、信息收集与应急决策和外部求援等。其目标是尽可能地抢救受害人员，保护可能受威胁的人群，尽可能控制并消除事故。

4. 恢复

恢复工作应在事故发生后立即进行。首先应使事故影响区域恢复到相对安全的基本状态，然后逐步恢复到正常状态。要求立即进行的恢复工作包括事故损失评估、原因调查、清理废墟等。在短期恢复工作中，应注意避免出现新的紧急情况。长期恢复包括厂区重建和受影响区域的重新规划和发展。在长期恢复工作中，应吸取事故和应急救援的经验教训，开展进一步的预防工作和减灾行动。

四、事故应急救援体系的建立

1. 事故应急救援体系的基本构成

由于潜在的重大事故风险多种多样，所以相应每一类事故灾难的应急救援措施可能千差万别，但其基本应急模式是一致的。构建应急救援体系，应贯彻顶层设计和系统论的思想，以事件为中心，以功能为基础，分析和明确应急救援工作的各项需求，在应急能力评估和应急资源统筹安排的基础上，科学地建立规范化、标准化的应急救援体系，保障各级应急救援体系的统一和协调。

一个完整的应急体系应由组织体制、运作机制、法制基础和应急保障系统四个部分构成，如图 8－1 所示。

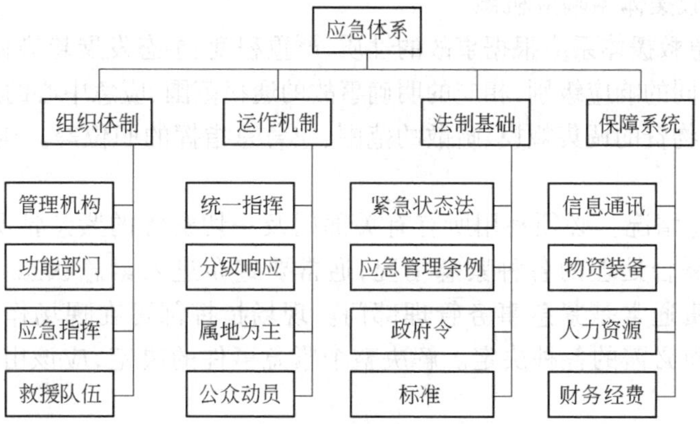

图 8－1　应急救援体系基本框架结构

（1）组织体制。应急救援体系组织体制建设中的管理机构是指维持应急日常管理的负责部门；功能部门包括与应急活动有关的各类组织机构，如消防、医疗机构等；应急指挥是在应急预案启动后，负责应急救援活动场外与场内指挥系统；而救援队伍则由专业人员和志愿人员组成。

（2）运作机制。应急救援活动一般划分为应急准备、初级反应、扩大应急和应急恢复四个阶段，应急机制与这四个阶段的应急活动密切相关。应急运作机制主要由统一指挥、分级响应、属地为主和公众动员这四个基本机制组成。

统一指挥是应急活动的最基本原则。应急指挥一般可分为集中指挥与现场指挥，或场外指挥与场内指挥等。无论采用哪一种指挥系统，都必须实行统一的指挥模式，无论应急救援活动涉及单位的行政级别高低与隶属关系不同，但都必须在应急指挥部的统一组织协调下行动，有令则行，有禁则止，统一号令，步调一致。

分级响应是指在初级响应到扩大应急的过程中实行的分级响应的机制。扩大或提高应急级别的主要依据是事故灾难的危害程度，影响范围和控制事态能力。影响范围和控制事态能力是“升级”的最基本条件。扩大应急救援主要是提高指挥级别、扩大应急范围等。

属地为主强调“第一反应”的思想和以现场应急、现场指挥为主的原则。

公众动员机制是应急机制的基础，也是整个应急体系的基础。

（3）法制基础。法制建设是应急体系的基础和保障，也是开展各项应急活动的依据，与应急活动有关的法规可分为四个层次：由立法机关通过的法律，如紧急状态法、公民知情权法和紧急动员法；由政府颁布的规章，如应急救援管理条例等；包括预案在内的以政府令形式颁布的政府法令、规定等；与应急救援活动直接有关的标准或管理办法等。

（4）保障系统。列于应急保障系统第一位的是信息与通讯系统，构筑集中管理的信息通讯平台是应急系统最重要的基础设施。应急信息通讯系统要保障所有预警、报警、警报、报告、指挥等活动的信息交流快速、顺畅、准确，以及信息资源共享；物资与装备不但要保证有足够的资源，而且还要实现快速、及时供应到位；人力资源保障包括专业队伍的加强、志愿人员以及其他有关人员的培训教育；应急财务保障应建立专项应急科目，如应急基金等，以保障应急管理运行和应急反应中各项活动的开支。

2. 事故应急救援体系响应机制

重大事故应急救援体系应根据事故的性质、严重程度、事态发展趋势和控制能力实行分级响应机制，对不同的响应级别，相应的明确事故的通报范围、应急中心的启动程度、应急力量的出动和设备、物资的调集规模、疏散的范围、应急总指挥的职位等。典型的响应级别通常可分为三级：

（1）一级紧急情况。必须利用所有有关部门及一切资源的紧急情况，或者需要各个部门同外部机构联合处理的各种紧急情况，通常要宣布进入紧急状态。在该级别中，作出主要决定的职责通常是紧急事务管理部门。现场指挥部可在现场作出保护生命和财产以及控制事态所必需的各种决定。解决整个紧急事件的决定，应该由紧急事务管理部门负责。

（2）二级紧急情况。需要两个或更多部门响应的紧急情况。该事故的救援需要有关部门的协作，并且提供人员、设备和其他资源。该级响应需要成立现场指挥部来统一指挥现场的应急救援行动。

（3）三级紧急情况。能被一个部门正常可利用的资源处理的紧急情况。正常可利用的资源指在该部门权利范围内通常可以利用的应急资源，包括人力和物力等。必要时，该部门可以建立一个现场指挥部，所需的后勤支持、人员或其他资源增援由本部门负责解决。

3. 事故应急救援体系响应程序

事故应急救援系统的应急响应程序过程可分为接警、响应级别确定、应急启动、救援行动、应急恢复的应急结束等几个过程，如图 8－2 所示。

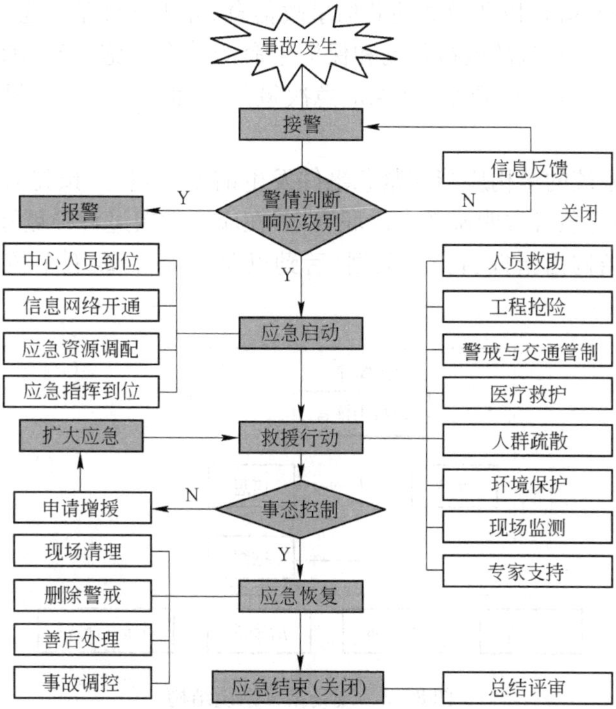

图 8－2 重大事故应急救援体系响应程序

(1) 接警与响应级别确定。接到事故报警后,按照工作程序,对警情做出判断,初步确定相应的响应级别。如果事故不足以启动应急救援体系的最低响应级别,响应关闭。

(2) 应急启动。应急响应级别确定后,按所确定的响应级别启动应急程序,如通知应急中心有关人员到位、开动信息与通讯网络、通知调配救援所需的应急资源(包括应急队伍和物资、装备等)、成立现场指挥部等。

(3) 救援行动。有关应急队伍进入事故现场后,迅速开展事故侦测、警戒、疏散、人员救助、工程抢险等有关应急救援工作,专家组为救援决策提供建议和技术支持。当事态超出响应级别无法得到有效控制时,向应急中心请求实施更高级别的应急响应。

(4) 应急恢复。救援行动结束后,进入临时应急恢复阶段。该阶段主要包括现场清理、人员清点和撤离、警戒解除、善后处理和事故调查等。

(5) 应急结束。执行应急关闭程序,由事故总指挥宣布应急结束。

4. 现场指挥系统的组织结构

重大事故的现场情况往往十分复杂,且汇集了各方面的应急力量与大量的资源,应急救援行动的组织、指挥和管理成为重大事故应急工作所面临的一个严峻挑战。应急过程中存在的主要问题有:(1) 太多的人员向事故指挥官汇报;(2) 应急响应的组织结构各异,结构间缺乏协调机制,且术语不同;(3) 缺乏可靠的事故相关信息和决策机制,应急救援的整体目标不清或不明;(4) 通讯不兼容或不畅;(5) 授权不清或机构对自身现场的任务、目标不清。

对事故势态的管理方式决定了整个应急行动的效率。为保证现场应急救援工作的有效实施,必须对事故现场的所有应急救援工作实施统一的指挥和管理,即建立事故指挥系统

(ICS),形成清晰的指挥链,以便及时地获取事故信息、分析和评估势态,确立救援的优先目标,决定如何实施快速、有效的救援行动和保护生命的安全措施,指挥和协调各方应急力量的行动,高效地利用可获取的资源,确保应急决策的正确性和应急救援行动的整体性和有效性。

现场应急指挥系统的结构应当在紧急事件发生前就已建立,预先对指挥结构达成一致意见,将有助于保证应急各方明确各自的职责,并在应急救援过程中更好地履行职责。现场指挥系统模块化的结构由指挥、行动、策划、后勤以及资金/行政五个核心应急响应职能组成,如图 8－3 所示。

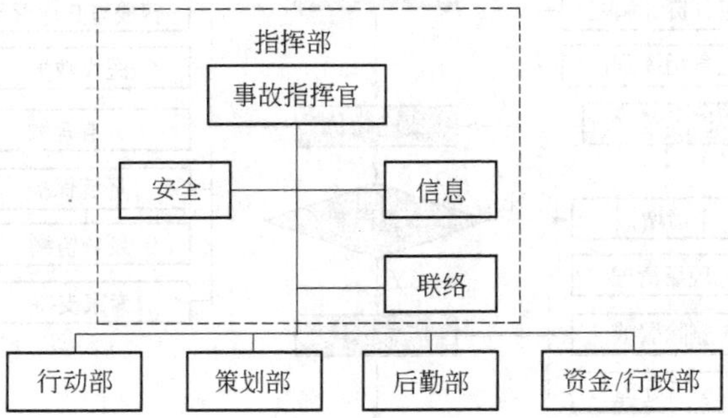

图 8－3 现场指挥系统结构

(1) 事故指挥官。事故指挥官负责现场应急响应所有方面的工作,包括确定事故目标及实现目标的策略,批准实施书面或口头的事故行动计划,高效地调配现场资源,落实保障人员安全与健康的措施,管理现场所有的应急行动。事故指挥官可将应急过程中的安全问题、信息收集与发布以及与应急各方的通讯联络分别指定相应的负责人,如信息负责人、联络负责人和安全负责人。各负责人直接向事故指挥官汇报。其中,信息负责人负责收集、掌握准确完整的事故信息,包括事故的原因、大小、当前的形势、使用的资源和其他综合事务,并向新闻媒体、应急人员及其他相关机构和组织发布事故的有关信息;联络负责人负责与有关支持和协作机构联络,包括到达现场的上级领导、地方政府领导等;安全负责人负责对可能遭受的危险或不安全情况提供及时、完善、详细、准确的危险预测和评估,制定并向事故指挥官建议确保人员安全和健康的措施,从安全方面审查事故行动计划,制定现场安全计划等。

(2) 行动部。行动部负责所有主要的应急行动,包括消防与抢险、人员搜救、医疗救治、疏散与安置等。所有的战术行动都依据事故行动计划来完成。

(3) 策划部。策划部负责收集、评价、分析及发布事故相关的战术信息,准备和起草事故行动计划,并对有关的信息进行归档。

(4) 后勤部。后勤部负责为事故的应急响应提供设备、设施、物资、人员、运输、服务等。

(5) 资金/行政部。资金/行政部负责跟踪事故的所有费用并进行评估,承担其他职能未涉及的管理职责。

事故现场指挥系统的模块化结构的一个最大优点是允许根据现场的行动规模,灵活启用指挥系统相应的部分结构,因为很多的事故可能并不需要启动策划、后勤或资金/行政模块。需要注意的是,对没有启用的模块,其相应的职能由现场指挥官承担,除非明确指定给某一负责人。当事故规模进一步扩大,响应行动涉及跨部门、跨地区或上级救援机构加入时则可能需要开展联合指挥,即由各有关主要部门代表成立联合指挥部,该模块化的现场系统则可以很方便地扩展为联合指挥部。

第二节 事故应急预案的策划与编制

一、事故应急预案的作用

事故应急预案在应急系统中起着关键作用,它明确了在突发事故发生前、发生过程中以及刚刚结束之后,谁负责做什么、何时做,以及相应的策略和资源准备等。它是针对可能发生的重大事故及其影响和后果的严重程度,为应急准备和应急响应的各个方面所预先做出的详细安排,是开展及时、有序和有效事故应急救援工作的行动指南。

1. 事故应急预案在应急救援中的重要作用

(1) 应急预案明确了应急救援的范围和体系,使应急准备和应急管理不再是无据可依、无章可循,尤其是培训和演习工作的开展。

(2) 制订应急预案有利于做出及时的应急响应,降低事故的危害程度。

(3) 事故应急预案成为各类突发重大事故的应急基础。通过编制基本应急预案,可保证应急预案足够灵活,对那些事先无法预料到的突发事件或事故,又可以起到基本的应急指导作用,成为开展应急救援的"底线"。在此基础上,可以针对特定危害编制专项应急预案,有针对性地制定应急措施、进行专项应急准备和演习。

(4) 当发生超过应急能力的特殊事故时,便于与上级应急部门的协调。

(5) 有利于提高风险防范意识。

2. 策划应急预案时应考虑的因素

策划应急预案时应进行合理策划,做到重点突出,反映主要的重大事故风险,并避免预案相互孤立、交叉和矛盾。策划重大事故应急预案时应充分考虑下列因素:

(1) 重大危险源普查的结果,包括重大危险源的数量、种类及分布情况。重大事故隐患情况等。

(2) 本地区的地质、气象、水文等不利的自然条件(如地震、洪水、台风等)及其影响。

(3) 本地区以及国家和上级机构已制订的应急预案的情况。

(4) 本地区以往灾难事故的发生情况。

(5) 功能区布置及相互影响情况。

(6) 周边重大危险可能带来的影响。

(7) 国家及地方相关法律法规的要求。

二、重大事故应急预案的层次

基于可能面临多种类型的突发重大事故或灾害,为保证各种类型预案之间的整体协调性和层次,并实现共性与个性、通用性与特殊性的结合,对应急预案合理地划分层次,是将各种类型应急预案有机结合在一起的有效方法。应急预案可分为 3 个层次,如图 8-4 所示。

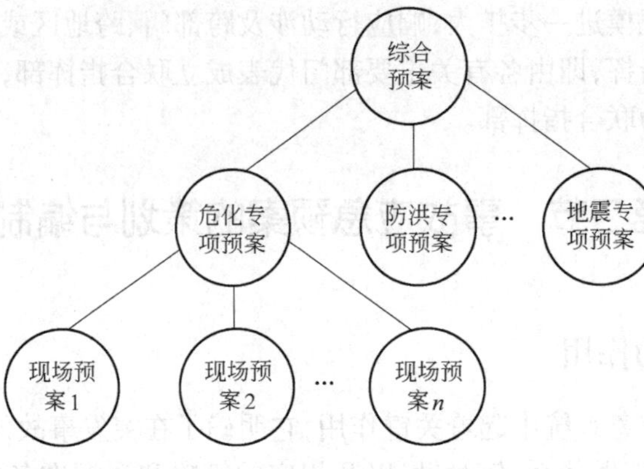

图8-4 事故应急预案的层次

1. 综合预案

综合预案相当于总体预案,从总体上阐述预案的应急方针、政策、应急组织结构及相应的职责,应急行动的总体思路等。通过综合预案,可以很清晰地了解应急的组织体系、运行机制及预案的文件体系。更重要的是,综合预案可以作为应急救援工作的基础和“底线”,对那些没有预料的紧急情况也能起到一般的应急指导作用。

2. 专项预案

专项预案是针对某种具体的、特定类型的紧急情况,如危险物质泄漏、火灾、某一自然灾害等的应急而制定的。

专项预案是在综合预案的基础上,充分考虑了某种特定危险的特点,对应急的形势、组织机构、应急活动等进行更具体的阐述,具有较强的针对性。

3. 现场预案

现场预案是在专项预案的基础上,根据具体情况而编制的。它是针对特定的具体场所(即以现场为目标),通常是该类型事故风险较大的场所、装置或重要防护区域等所制订的预案。如危险化学品事故专项预案下编制的某重大危险源的应急预案等。现场应急预案的特点是针对某一具体的场所的该类型特殊危险及周边环境情况,在详细分析的基础上,对应急救援中的各个方面做出具体、周密而细致的安排,因而现场预案具有更强的针对性和对现场具体救援活动的指导性。

现场预案的另一特殊形式为单项预案。单项预案可以是针对大型公众聚集活动(如经济、文化、体育、民俗、娱乐、集会等活动)或高风险的建设施工或维修活动(如人口高密度区建筑物的定向爆破、生命线施工维护等活动)而制订的临时性应急行动预案。随着这些活动的结束,预案的有效性也随之终结。单项预案主要是针对临时活动中可能出现的紧急情况,预先对相关应急机构的职责、任务和预防性措施做出的安排。

三、应急预案的基本结构

不同的应急预案由于各自所处的层次和适用的范围不同,因而在内容的详略程度和侧重点上会有所不同,但都可以采用相似的基本结构。如图8-5所示的“1+4”预案编制结构,是由一个基本预案加上应急功能设置、特殊风险管理、标准操作程序和支持附件构成的。

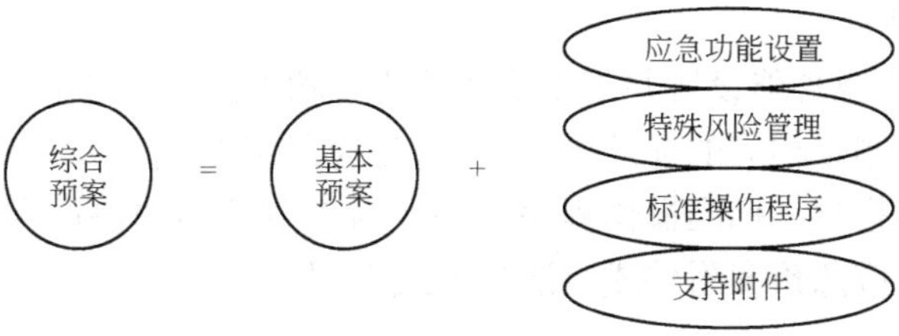

图 8-5　应急预案的基本结构

1. 基本预案

基本预案是应急预案的总体描述，主要阐述应急预案所要解决的紧急情况、应急的组织体系、方针、应急资源、应急的总体思路，并明确各应急组织在应急准备和应急行动中的职责以及应急预案的演练和管理等规定。

2. 应急功能设置

应急功能是指针对各类重大事故应急救援中通常采取的一系列的基本应急行动和任务，如指挥和控制、警报、通讯、人群疏散与安置、医疗、现场管制等。因此，设置应急功能时，应针对潜在重大事故的特点综合分析并将其分配给相关部门。对每一项应急功能都应明确其针对的形势、目标、负责机构和支持机构、任务要求、应急准备和操作程序等。应急预案中包含的应急功能的数量和类型，主要取决于所针对的潜在重大事故危险的类型，以及应急的组织方式和运行机制等具体情况。表 8-1 直观地描述了应急功能与相关应急机构的关系。

表 8-1　应急功能矩阵表

部　门	应急功能							
	接警与通知	警报和紧急公告	事态监测与评估	警戒与管制	人群疏散	医疗与卫生	消防与抢险	…
应急中心	R	R	S		S			
生　产		S	S		S		S	
消　防	S	S	S	S	S	S	R	
保　卫	S			R	R	S	S	
卫　生			S			R		
安　环	S	S	R		S	S	S	
技　术			S				S	
……								

注：R—负责部门；S—支持部门。

3. 特殊风险管理

特殊风险指根据某类事故灾难、灾害的典型特征，需要对其应急功能做出针对性安排的风险。应说明处置此类风险应该设置的专有应急功能或有关应急功能所需的特殊要求，明确这些应急功能的责任部门、支持部门、有限介入部门以及它们的职责和任务。为制订该类风险的专项预案提出特殊要求和指导。

4. 标准操作程序

由于基本预案、应急功能设置并不说明各项应急功能的实施细节,因此各应急功能的主要责任部门必须组织制定相应的标准操作程序,为应急组织或个人提供履行应急预案中规定职责和任务的详细指导。标准操作程序应保证与应急预案的协调和一致性,其中重要的标准操作程序可作为应急预案附件或以适当方式引用。

5. 支持附件

支持附件主要包括应急救援的有关支持保障系统的描述及有关的附图表,如危险分析附件,通讯联络附件,法律法规附件,机构和应急资源附件,教育、培训、训练和演习附件,技术支持附件,协议附件,其他支持附件等。

从广义上来说,应急预案是一个由各级文件构成的文件体系,它不仅是应急预案本身,也包括针对某个特定的应急任务或功能所制定的工作程序等。一个完整的应急预案的文件体系可包括预案、程序、指导书、记录等,是一个四级文件体系。

四、应急预案的编制过程

应急预案的编制应包括下面五个过程:

(1) 成立由各有关部门组成的预案编制小组,指定负责人。

(2) 危险分析和应急能力评估。辨识可能发生的重大事故风险,并进行影响范围和后果分析(即危险识别、脆弱性分析和风险分析);分析应急资源需求,评估现有的应急能力。

(3) 编制应急预案。根据危险分析和应急能力评估的结果,确定最佳的应急策略。

(4) 应急预案的评审与发布。预案编制后应组织开展预案的评审工作,包括内部评审和外部评审,以确保应急预案的科学性、合理性以及与实际情况的符合性。预案经评审完善后,由主要负责人签署发布,并按规定报送上级有关部门备案。

(5) 应急预案的实施。预案经批准发布后,应组织落实预案中的各项工作,如开展应急预案宣传、教育和培训,落实应急资源并定期检查,组织开展应急演习和训练,建立电子化的应急预案,对应急预案实施动态管理与更新,并不断完善。

五、重大事故应急预案核心要素及编制要求

应急预案是针对可能发生的重大事故所需的应急准备和应急响应行动而制定的指导性文件,其核心内容如下:

(1) 对紧急情况或事故灾害及其后果的预测、辨识和评估。

(2) 规定应急救援各方组织的详细职责。

(3) 应急救援行动的指挥与协调。

(4) 应急救援中可用的人员、设备、设施、物资、经费保障和其他资源,包括社会和外部援助资源等。

(5) 在紧急情况或事故灾害发生时保护生命、财产和环境安全的措施。

(6) 现场恢复。

(7) 其他,如应急培训和演练,法律法规的要求等。

应急预案是整个应急管理体系的反映,它不仅包括事故发生过程中的应急响应和救

援措施，而且还应包括事故发生前的各种应急准备和事故发生后的紧急恢复，以及预案的管理与更新等。因此，一个完善的应急预案按相应的过程可分为六个一级关键要素，包括：1）方针与原则；2）应急策划；3）应急准备；4）应急响应；5）现场恢复；6）预案管理与评审改进。

六个一级要素相互之间既相对独立，又紧密联系，从应急的方针、策划、准备、响应、恢复到预案的管理与评审改进，形成了一个有机联系并持续改进的体系结构。根据一级要素中所包括的任务与功能，其中应急策划、应急准备和应急响应三个一级关键要素可进一步划分为若干个二级小要素。所有这些要素即构成了城市重大事故应急预案的核心要素。这些要素是重大事故应急预案编制所应当涉及的基本方面，在实际编制时，可根据职能部门的设置和职责分配等具体情况，将要素进行合并或增加，以便于组织编写。

1. 方针与原则

应急救援体系首先应有一个明确的方针和原则来作为指导应急救援工作的纲领。方针与原则反映了应急救援工作的优先方向、政策、范围和总体目标，如保护人员安全优先，防止和控制事故蔓延优先，保护环境优先。此外，方针与原则还应体现事故损失控制、预防为主、常备不懈、统一指挥、高效协调以及持续改进的吸收。

2. 应急策划

应急预案是有针对性的，具有明确的对象，其对象可能是某一类或多类可能的重大事故类型。应急预案的制订必须基于对所针对的潜在事故类型有一个全面系统的认识和评价，识别出重要的潜在事故类型、性质、区域、分布及事故后果，同时，根据危险分析的结果，分析应急救援的应急力量和可用资源情况，并提出建设性意见。在进行应急策划时，应当列出国家、地方相关的法律法规，以作为预案的制订、应急工作的依据和授权。应急策划包括危险分析、资源分析以及法律法规要求三个二级要素。

（1）危险分析。危险分析的最终目的是要明确应急的对象（可能存在的重大事故）、事故的性质及其影响范围、后果严重程度等，为应急准备、应急响应和减灾措施提供决策和指导依据。危险分析包括危险识别、脆弱性分析和风险分析。危险分析应依据国家和地方有关的法律法规要求，根据具体情况进行。危险分析的结果应能提供：

1）地理、人文（包括人口分布）、地质、气象等信息；

2）功能分布（包括重要保护目标）及交通情况；

3）重大危险源分布情况及主要危险物质种类、数量及理化、消防等特性；

4）可能的重大事故种类及对周边的后果分析；

5）特定的时段（如认清高峰时间、度假季节、大型活动等）；

6）可能影响应急救援的不利因素。

（2）资源分析。针对危险分析所确定的主要危险，明确应急救援所需的资源，列出可用的应急力量和资源，包括：1）各类应急力量的组成及分布情况；2）各种重要应急设备、物资的准备情况；3）上级救援机构或周边可用的应急资源。通过资源分析，可为应急资源的规划与配备、与相邻地区签订互助协议和预案编制提供指导。

（3）法律法规要求。有关应急救援的法律法规是开展应急救援工作的重要前提保障。应急策划时，应列出国家、省、地方涉及应急各部门职责要求以及应急预案、应急准备和应急救援的法律法规文件，以作为预案编制和应急救援的依据和授权。

3. 应急准备

应急预案能否在应急救援中成功地发挥作用，不仅仅取决于应急预案自身的完善程度，还取决于应急准备的充分与否。应急准备应当依据应急策划的结果开展，包括各应急组织及其职责权限的明确、应急资源的准备、公众教育、应急人员培训、预案演练和互助协议的签署等。

(1) 机构与职责。为保证应急救援工作的反应迅速、协调有序，必须建立完善的应急机构组织体系，包括城市应急管理的领导机构、应急响应中心以及各有关机构部门等。对应急救援中承担任务的所有应急组织，应明确相应的职责、负责人、候补人及联络方式。

(2) 应急资源。应急资源的准备是应急救援工作的重要保障，应根据潜在事故的性质和后果分析，合理组建专业和社会救援力量，配备应急救援中所需的消防手段、各种救援机械和设备、监测仪器、堵漏和清消材料、交通工具、个体防护设备、医疗设备和药品、生活保障物资等，并定期检查、维护与更新，保证始终处于完好状态。另外，对应急资源应实施有效的管理与更新。

(3) 教育、训练与演习。为全面提高应急能力，应急预案应对公众教育、应急训练和演习做出响应的规定，包括其内容、计划、组织与准备、效果评估等。

公众意识和自我保护能力是减少重大事故伤亡不可忽略的一个重要方面。作为应急准备的一项内容，应对公众的日常教育作出规定，尤其是位于重大危险源周边的人群，使他们了解潜在危险的性质和对健康的危害，掌握必要的自救知识，了解预先指定的主要及备用疏散路线和集合地点，了解各种警报的含义和应急救援工作的有关要求。

应急训练的基本内容包括基础培训与训练、专业训练、战术训练及其他训练等。基础培训与训练的目的是保证应急人员具备良好的体能、战斗意志和作风，明确各自的职责，熟悉城市潜在重大危险的性质、救援的基本程序和要领，熟悉掌握个人防护装备和通讯装备的使用等；专业训练关系到应急队伍的实战能力，训练内容主要包括专业知识、堵源技术、抢运和清消及现场急救等技术；战术训练是各项专业技术的综合运用，使各级指挥员和救援人员具备良好的组织指挥能力和应变能力；其他训练应根据实际情况，选择开展如防化、气象、侦检技术、综合训练等项目的训练，以进一步提高救援队伍的救援水平。

预案演习是对应急能力的综合检验。应急演习包括桌面演习和实战模拟演习。组织由应急各方参加的预案训练和演习，使应急人员进入"实战"状态，熟悉各类应急处理和整个应急行动的程序，明确自身的职责，提高协同作战的能力。同时，应对演练的结果进行评估，分析应急预案存在的不足，并予以改进和完善。

(4) 互助协议。当有关的应急力量与资源相对薄弱时，应事先寻求与邻近区域签订正式的互助协议，并做好相应的安排，以便在应急救援中及时得到外部救援力量和资源的援助。此外，也应与社会专业技术服务机构、物资供应企业等签署相应的互助协议。

4. 应急响应

应急响应包括应急救援过程中一系列需要明确并实施的核心应急功能和任务，这些核心功能具有一定的独立性，但相互之间又密切联系，构成了应急响应的有机整体。应急响应的核心功能和任务包括:接警与通知,指挥与控制,警报和紧急公告,通讯,事态监测与评估,警戒与治安,人群疏散与安置,医疗与卫生,公共关系,应急人员安全,消防和抢险,泄漏物控制。

(1) 接警与通知。准确了解事故的性质和规模等初始信息,是决定启动应急救援的关键。接警作为应急响应的第一步,必须对接警要求做出明确规定,保证迅速、准确地向报警人员询问事故现场的重要信息。接警人员接受报警后,应按预先确定的通报程序,迅速向有关应急机构、政府及上级部门发出的事故通知,以采取相应的行动。

(2) 指挥与控制。重大事故的应急救援往往涉及多个救援机构,因此,对应急行动的统一指挥和协调是应急救援有效开展的关键。因此应建立分级响应、统一指挥、协调和决策程序,以便对事故进行初始评估,确认紧急状态,迅速有效地进行应急响应决策,建立现场工作区域,确定重点保护区域和应急行动的优先原则,指挥和协调现场各救援队伍开展救援行动,合理高效地调配和使用应急资源。

(3) 警报和紧急公告。当事故可能影响到周边地区,对周边地区的公众可能造成威胁时,应及时启动警报系统,向公众发出警报,同时通过各种途径向公众发出紧急公告,告知事故性质、对健康的影响、自我保护措施、注意事项等,以保证公众能够及时做出自我防护响应。决定实施疏散时,应通过紧急公告确保公众了解疏散的有关信息,如疏散时间、路线、随身携带物、交通工具及目的地等。

(4) 通讯。通讯是应急指挥、协调和与外界联系的重要保障,在现场指挥部、应急中心、各应急救援组织、新闻媒体、医院、上级政府和外部救援机构等之间,必须建立畅通的应急通讯网络。该部分应说明主要通讯系统的来源、使用、维护以及应急组织通讯需要的详细情况等,并充分考虑紧急状态下的通讯能力和保障,并建立备用的通讯系统。

(5) 事态监测与评估。事态监测与评估在应急救援和应急恢复决策中具有关键的支持作用。在应急救援过程中必须对事故的发展势态及影响及时进行动态的监测,建立对事故现场及场外进行监测和评估的程序。其中包括:由谁来负责监测与评估活动,监测仪器设备及监测方法,实验室化验及检验支持,监测点的设置,监测点的现场工作及报告程序等。

可能的监测活动包括:事故影响边界,气象条件,对食物、饮用水卫生以及水体、土壤、农作物等的污染,可能的二次反应有害物,爆炸危险性和受损建筑垮塌危险性,以及污染物质滞留区等。

(6) 警戒与治安。为保障现场应急救援工作的顺利开展,在事故现场周围建立警戒区域,实施交通管制,维护现场治安秩序是十分必要的。其目的是防止与救援无关的人员进入事故现场,保障救援队伍、物资运输和人群疏散等的交通畅通,并避免发生不必要的伤亡。此外,警戒与治安还应该协助发出警报、现场紧急疏散、人员清点、传达紧急信息、执行指挥机构的通告、协助事故调查等。对危险物质事故,必须列出警戒人员有关个体防护的准备。

(7) 人群疏散与安置。人群疏散是减少人员伤亡扩大的关键,也是最彻底的应急响应。应当对疏散的紧急情况和决策、预防性疏散准备、疏散区域、疏散距离、疏散路线、疏散运输工具、安全庇护场所以及回迁等作出细致的规定和准备,应充分考虑疏散人群的数量、所需要的时间和可利用的时间、风向等环境变化,以及老弱病残等特殊人群的疏散等问题。对已实施临时疏散的人群,要做好临时生活安置,保障必要的水、电、卫生等基本条件。

(8) 医疗与卫生。对受伤人员采取及时有效的现场急救以及合理地转送医院进行治疗,是减少事故现场人员伤亡的关键。在该部分应明确针对城市可能的重大事故,为现场急救、伤员运送、治疗及健康监测等所做的准备和安排,包括:可用的急救资源列表,如急救中心、救护车和现场急救人员的数量;医院、职业中毒治疗医院及烧伤等专科医院的列表,如数量、分布、可用病床、治疗能力等;抢救药品、医疗器械、消毒、解毒药品等的城市内、外来源和供给;医疗人员必须了解城市内主要危险对人群造成伤害的类型,并经过相应的培训,掌握对危险化学品受害人员进行正确消毒和治疗的方法。

(9) 公共关系。重大事故发生后,不可避免地会引起新闻媒体和公众的关注。因此,应将有关事故的信息、影响、救援工作的进展等情况及时向媒体和公众进行统一发布。以消除公众的恐慌心理,控制谣言,避免公众的猜疑和不满。该部分应明确信息发布的审核和批准程序,保证发布信息的统一性;指定新闻发言人,适时举行新闻发布会,准确发布事故信息,澄清事故传言;为公众咨询、接待、安抚受害人家属做出安排。

(10) 应急人员安全。城市重大事故尤其是涉及危险物质的重大事故的应急救援工作危险性极大,必须对应急人员自身的安全问题进行周密的考虑,包括安全预防措施、个体防护等级、现场安全监测等,明确应急人员进出现场和紧急撤离的条件和程序,保证应急人员的安全。

(11) 消防和抢险。消防和抢险是应急救援工作的核心内容之一,其目的是为尽快地控制事故的发展,防止事故的蔓延和进一步扩大,从而最终控制住事故,并积极营救事故现场的受害人员。尤其是涉及危险物质的泄漏、火灾事故,其消防和抢险工作的难度和危险性巨大。该部分应对消防和抢险工作的组织、相关消防抢险设施、器材和物资、人员的培训、行动方案和现场指挥等做好周密的安排和准备。

(12) 泄漏物控制。危险物质的泄漏以及灭火用的水由于溶解了有毒蒸气都可能对环境造成重大影响,同时也会给现场救援工作带来更大的危险,因此必须对危险物质的泄漏进行控制。该部分应明确可用的收容装备(泵、容器、吸附材料等)、洗消设备(包括喷雾洒水车)及洗消物资,并建立洗消物资供应企业的供应情况和通讯名录,保证对泄漏物的及时围堵、收容、清消和妥善处置。

5. 现场恢复

现场恢复也可称为紧急恢复,是指事故被控制住后所进行的短期恢复,从应急过程来说意味着应急救援工作的结束,进入到另一个工作阶段,即将现场恢复到一个基本稳定的状态。大量的经验教训表明,在现场恢复的过程中仍存在潜在的危险,如余烬复燃、受损建筑倒塌等,所以应充分考虑现场恢复过程中可能的危险。该部分主要内容应包括:宣布应急结束的程序;撤离和交接程序;恢复正常状态的程序;现场清理和受影响区域的连续检测;事故调查与后果评价等。

6. 预案管理与评审改进

应急预案是应急救援工作的指导文件,具有法规权威性,所以应当对预案的制订、修改、更新、批准和发布做出明确的管理规定,并保证定期或在应急演习、应急救援后对应急预案进行评审,针对实际情况以及预案中所暴露出的缺陷,不断地更新、完善和改进。

第三节 应急预案的演练

应急预案的演练是检验、评价和保持应急能力的一个重要手段。其重要作用突出体现在:可在事故真正发生前暴露预案和程序的缺陷,发现应急资源的不足(包括人力和设备等),改善各应急部门、机构、人员之间的协调,增强公众对突发重大事故救援的信心和应急意识,提高应急人员的熟练程度和技术水平,进一步明确各自的岗位与职责,提高各级预案之间的协调性,提高整体应急反应能力。

一、演练的类型

可采用不同规模的应急演练方法对应急预案的完整性和周密性进行评估,如桌面演练、功能演练和全面演练等。

1. 桌面演练

桌面演练是指由应急组织的代表或关键岗位人员参加的,按照应急预案及其标准工作程序,讨论紧急情况时应采取行动的演练活动。桌面演练的特点是对演练情景进行口头演练,一般是在会议室内进行。其主要目的是锻炼参演人员解决问题的能力,以及解决应急组织相互协作和职责划分的问题。

桌面演练一般仅限于有限的应急响应和内部协调活动,应急人员主要来自本地应急组织,事后一般采取口头评论形式收集参演人员的建议,并提交一份简单的书面报告,总结演练活动和提出有关改进应急响应工作的建议。桌面演练方法成本较低,主要为功能演练和全面演练做准备。

2. 功能演练

功能演练是指针对某项应急响应功能或其中某些应急响应行动举行的演练活动,主要目的是针对应急响应功能,检测应急人员以及应急体系的策划和响应能力。例如,指挥和控制功能的演练,其目的是检测、评价多个政府部门在紧急状态下实现集权式的运行和响应能力,演练地点主要集中在若干个应急指挥中心或现场指挥部,并开展有限的现场活动,调用有限的外部资源。

功能演练比桌面演练规模要大,许动员更多的应急人员和机构,因而协调工作的难度也随着更多组织的参与而加大。演练完成后,除采取口头评论形式外,还应向地方提交有关演练活动的书面报告。

3. 全面演练

全面演练指针对应急预案中全部或大部分应急响应功能,检验、评价应急组织应急运行能力的演练活动。全面演练一般要求持续几个小时,采取交互方式进行,演练过程要求尽量真实,调用更多的应急人员和资源,并开展人员、设备及其他资源的实战性演练,以检验相互协调的应急响应能力。与功能演练类似,演练完成后,除采取口头评论、书面汇报外,还应提交正式的书面报告。

应急演练的组织者或策划者在确定采取哪种类型的演练方法时,应考虑以下因素:

(1) 应急预案和响应程序制定工作的进展情况;

(2) 本辖区面临风险的性质和大小;

(3) 本辖区现有应急响应能力；

(4) 应急演练成本及资金筹措情况；

(5) 有关政府部门对应急演练工作的态度；

(6) 应急组织投入的资源状况；

(7) 国际及地方政府部门颁布的有关应急演练的规定。

无论选择何种演练方法，应急演练方案必须与辖区重大事故应急管理的需求和资源条件相适应。

二、演练的参与人员

应急演练的参与人员包括参演人员、控制人员、模拟人员、评价人员和观摩人员，这五类人员在演练过程中都有着重要的作用，并且在演练过程中都应佩带能表明其身份的识别符。

1. 参演人员

参演人员是指在应急组织中承担具体任务，并在演练过程中尽可能对演练情景或模拟事件做出真实情景下可能采取的响应行动的人员，相当于通常所说的演员。参演人员所承担的具体任务主要包括：

(1) 救助伤员或被困人员。

(2) 保护财产或公众健康。

(3) 获取并管理各类应急资源。

(4) 与其他应急人员协同处理重大事故或紧急事件。

2. 控制人员

控制人员是指根据演练情景，控制演练时间进度的人员。控制人员根据演练方案及演练计划的要求，引导参演人员按响应程序行动，并不断给出情况或消息，供参演的指挥人员进行判断、提出对策。其主要任务包括：

(1) 确保规定的演练项目得到充分的演练，以利于评价工作的开展。

(2) 确保演练活动的任务量和挑战性。

(3) 确保演练的进度。

(4) 解答参演人员的疑问，解决演练过程中出现的问题。

(5) 保障演练过程的安全。

3. 模拟人员

模拟人员是指在演练过程中扮演、代替某些应急组织和服务部门，或模拟紧急事件、事态发展的人员。其主要任务包括：

(1) 扮演、代替正常情况或响应实际紧急事件时应与应急指挥中心、现场应急指挥所相互作用的机构或服务部门。由于各方面的原因，这些机构或服务部门并不参与此次演练。

(2) 模拟事故的发生过程，如释放烟雾、模拟气象条件、模拟泄漏等。

(3) 模拟受害或受影响人员。

4. 评价人员

评价人员是指负责观察演练进展情况并予以记录的人员。其主要任务包括：

(1) 观察参演人员的应急行动，并记录观察结果。

（2）在不干扰参演人员工作的情况下，协助控制人员确保演练按计划进行。

5. 观摩人员

观摩人员是指来自有关部门、外部机构以及旁观演练过程的群众。

三、演练实施的基本过程

由于应急演练是由许多机构和组织共同参与的一系列行为和活动，因此，应急演练的组织与实施是一项非常复杂的任务，建立应急演练策划小组（或领导小组）是成功组织开展应急演练工作的关键。策划小组应由多种专业人员组成，包括来自消防、公安、医疗急救、应急管理、市政、学校、气象部门的人员，以及新闻媒体、企业、交通运输单位的代表等；必要时，军队、核事故应急组织或机构也可派出人员参加策划小组。为确保演练的成功，参演人员不得参加策划小组，更不能参与演练方案的设计。

综合性应急演练的过程可划分为演练准备、演练实施和演练总结三个阶段，各阶段的基本任务如图 8－6 所示。

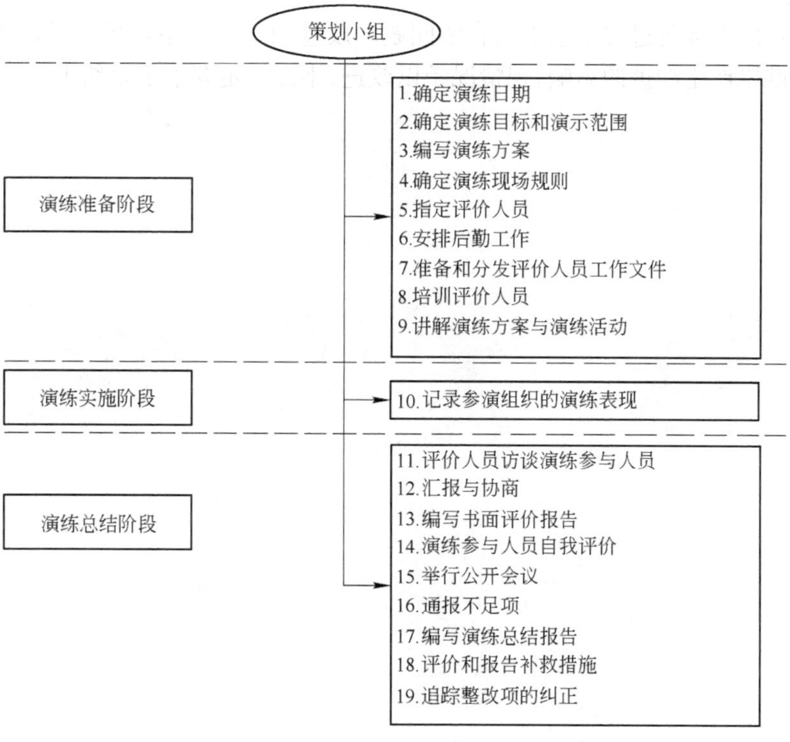

图 8－6　综合性应急演练实施的基本过程

四、演练结果的评价

应急演练结束后应对演练的效果做出评价，并提交演练报告，详细说明演练过程中发现的问题。按照对应急救援工作及时有效性的影响程度，将演练过程中发现的问题分为不足项、整改项和改进项。

1. 不足项

不足项指演练过程中观察或识别出的应急准备缺陷,可能导致在紧急事件发生时,不能确保应急组织或应急救援体系有能力采取合理应对措施,保护公众的安全与健康。不足项应在规定的时间内予以纠正。演练过程中发现的问题确定为不足项时,策划小组负责人应对该不足项进行详细说明,并给出应采取的纠正措施和完成时限。最有可能导致不足项的应急预案编制要素包括:职责分配,应急资源,警报、通报方法与程序,通讯,事态评估,公众教育与公众信息,保护措施,应急人员安全和紧急医疗服务等。

2. 整改项

整改项指演练过程中观察或识别出的,单独不可能在应急救援中对公众的安全与健康造成不良影响的应急准备缺陷。整改项应在下次演练前予以纠正。在以下两种情况下,整改项可列为不足项:一是某个应急组织中存在两个以上整改项,共同作用可影响保护公众安全与健康能力的;二是某个应急组织在多次演练过程中,反复出现前次演练发现的整改项问题的。

3. 改进项

改进项指应急准备过程中应予改善的问题。改进项不同于不足项和整改项,它不会对人员安全与健康产生严重的影响,视情况予以改进,不必一定要求予以纠正。

第二篇　系统安全管理

第九章　事故发生原理

人们在生产活动过程中常常会因发生事故而使过程中断，造成一定程度的伤害和损失。虽然这种事故现象的出现具有一定的随机性，但随人类生产实践活动的发展，尤其是近代科学和生产技术的高度发达，人们对事故的认识发生了本质变化，逐渐认识了事故发生、发展的规律，从而可以利用科学方法和手段预测事故发生的可能及发生的本质因素，采取积极预防措施，控制事故的发生。

第一节　能量与危险源

一、生产与事故

1. 生产活动与事故

生产活动过程是系统能量传递、转换与做功的过程。人们使用机器、工具，对材料进行加工或搬运，都必须输入外界能量（包括机具的动力与人力）。这种能量输入后，经过能量的传递、转换与做功，生产出产品，达到其行为目的。正常情况下，生产过程中能量按人们的意志传递、转换和做功，从而使得生产正常有序地进行。但若生产过程中出现不以人们意志为转移的意外情况时，则会发生事故，迫使人们正常有序地生产暂时或永久中止，造成一定程度的伤害和损失。因此，我们可以说生产活动的结果有两种可能，一种是生产活动正常有序、达到其生产目的而获得活动的成功；另一种是生产活动非正常，而造成事故，使得活动失败。生产活动及其可能的结果如图 9－1 所示。

生产活动结果
- 成功（正常生产，达到生产目的）
- 失败（非正常生产，造成事故）

图 9－1　生产活动的结果

生产活动规模越大，输入的能量越大，可能造成的伤害和损失程度就越大。如生产过程中输入的电压越高，由电能引起的触电、电气火灾的后果就越严重；锅炉的容量越大，炉体内聚集的热量就越大，可能造成的锅炉爆炸的事故后果就越严重；汽车输入的油量越大，其速度越快（产生的动能就越大），可能造成的事故就越大。

2. 技术进步与事故

技术的进步，一方面提高了生产力，推动了生产的发展和社会的进步。但另一方面，新技术在生产中的应用，往往会带来一些意想不到的事故。18 世纪发明了蒸汽机，为轮船、火车、纺织机械提供了动力，推动了航运、铁路及纺织业的发展，但锅炉爆炸事故却不断发生；

电的发明给生产带来了动力,但触电、电气火灾等事故时常发生;炸药的发明,提高了生产效率,但在炸药的生产、运输、储存和使用过程中,火药爆炸事故不断发生,等等。表9-1列举了一些例子说明科学技术的进步可能引起的事故或灾害。

根据以上分析,我们可以得出以下结论:生产活动过程如果出现不以人们意志为转移的情况,就可能产生事故,生产活动过程中的能量越大,可能造成的伤害和损失程度就越大。技术的进步,一方面提高了生产力,推动了生产的发展和社会的进步,但另一方面,往往会带来一些意想不到的事故。所以,如何对生产活动过程中能量进行有效的控制,以及使用新技术、新设备时的事故预防和控制等是我们要考虑的重点问题。

表9-1　技术进步与事故的关系

技术的进步	生 产 发 展	引起的事故或灾害
火	促进人类文明,改变人类饮食、提供热源	燃烧、爆炸
电	能源、动力等(现代社会离不开电)	电气火灾、触电等
炸　药	提高了生产效率	火灾、爆炸等
锅　炉	动力、推动运输业发展	锅炉爆炸、燃烧、蒸气伤害等
高速运输系统	工业生产提高了效力、运输速度	机械伤害、车辆伤害、交通事故
空压机、球磨机	提高生产力	噪声、振动等
刀	提高效率的工具	无意中的损伤
矿物燃料	能源	大气污染
农　药	杀虫,避免虫灾	中毒
原子能	能源	辐射伤害放射性污染

二、事故是能量逸散失控的结果

能量在人们生产、生活中是不可缺少的,或者可以说,能量是无处不有,无时不在的。人在生产活动中是通过人体本身的作业活动来实现其作业目的的。这种作业活动本身就是能量传递、转换和做功的过程。机器、工具、设备、装置、材料、动力及环境物质等,在生产过程中也是以能量传递、转换和做功的形式出现,以达到生产活动的目的。

当人的活动处于非正常状态时,人体作业活动就产生能量逸散,其能量传递、转换就失去控制,人体就会与具有能量的物资、机具等发生碰撞或接触,以致遭到伤害或打击。

当机器、设备、动力及环境物质等由于本身的缺陷或外因引起非正常运行时,则会使其能量传递、转换过程中产生能量逸散,这种能量失去控制时就会释放出来。如果这种能量作用于人体,并且超过人体的承受能力,就会造成人员伤亡;如果释放的能量作用于设备、构筑物等,并超过他们的抵抗能力,将造成损坏和损失。

生产、生活中经常遇到各种形式的能量,如机械能、热能、电能、化学能、电离及非电离辐射、声能、生物能等,它们的意外释放都会导致事故发生。表9-2列举了部分能量逸散失控导致的各种事故类型。

表 9－2 能量逸散失控导致的各种事故

能量类型	事故类型
机械能	物体打击、车辆伤害、起重伤害、机械伤害、高处坠落、冒顶片帮、锅炉爆炸、压力容器爆炸、坍塌
热　能	灼烫、火灾、热辐射
电　能	触电、电气火灾、电离辐射
化学能	中毒和窒息、火灾、爆炸

意外逸散失控的机械能是导致事故发生，引起人员伤害或财物损坏的主要能量形式。机械能包括势能和动能。处于高处的人体、物体、岩体或结构的一部分具有较高的势能，当人体具有的势能失控时，就会发生高空坠落事故；具有势能的物体岩体或结构意外失控时，就会发生冒顶片帮、坍塌事故。运动的物体都具有动能，各种运动中的车辆，设备或机械的运动部件、被抛掷的物料都具有一定的动能。失控的动能作用于人体或物体，则可发生车辆伤害、机具伤害、物体打击等事故。

逸散失控的电能会造成各种电气事故。逸散失控的电能可能使电气设备的外壳等导电体带电而发生“漏电”现象，当人体与带电体接触时会遭受电击，产生触电；放电火花会引燃易燃易爆物质而发生火灾、爆炸事故，强烈的电弧能灼伤人体等。

失去控制的热能可能灼伤人体、损坏财物、引起火灾，火灾是热能意外释放造成的最典型的事故。在利用机械能、电能、化学能等其他形式的能量时可能产生热能，应引起充分注意。

在现代化生产过程中化学物质应用非常广泛，相当多的物质具有的化学能会导致人员急慢性中毒、致癌、致畸、致病。火灾中化学能转变为热能，爆炸中化学能转变为机械能和热能等。

非电离辐射主要为 X 射线、γ 射线、紫外线和宇宙射线辐射，工业生产中常见的电焊、熔炉等高温热源放出的紫外线、红外线等。有害辐射会伤害人的视觉器官；电离辐射主要有 α 射线、β 射线和中子射线等，它会造成人体急慢性损伤。

人体本身也是一个能量系统，人的新陈代谢过程是吸收、转换，与外界交换能量的过程，人进行生产、生活活动消耗能量。当人体与外界能量交换受到干扰时，即人体不能进行正常的新陈代谢，人体将受到伤害，甚至死亡。

根据以上分析，我们知道生产活动过程是系统能量传递、转换与做功的过程，事故是生产活动过程中能量逸散失控而引起的，并使得生产活动的结果导致失败。那么我们控制事故就是要控制能量逸散，保证生产正常有序地进行。对人来说，要提高人的操作可靠性和管理水平，减少不安全行为和失误，这就是我们通常所说的“人本安全”；对机具、动力、材料、环境物质和条件来说，要提高其可靠性和安全性，防止能量逸散造成的伤害和损失，这就是“物本安全”。

三、能量逸散失控造成伤害的形式与过程

能量逸散失控后造成事故表现出以下两种形式。

1. 能量逸散失控导致伤害事故

能量逸散失控导致的伤害现象有卷入、夹入、碰撞、滑倒、摩擦、接触等。表 9－3 列出了

一些由于能量逸散失控导致的伤害事故类型。

表9-3 能量逸散与伤害事故类型

序 号	现 象	类 型	事故及二次事故
1	卷 入		伤害(重度)
2	夹 入		伤害
3	相互碰撞		伤害
4	碰 撞	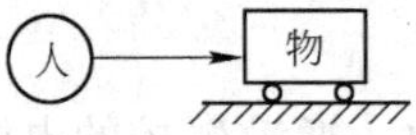	伤害 坠落(二次事故)
5	被碰撞	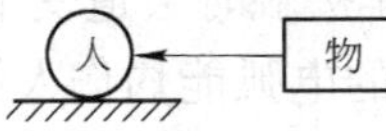	伤害 落下(二次事故)
6	滑 倒	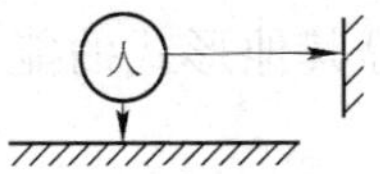	二次性碰到物体上的伤害
7	摩 擦	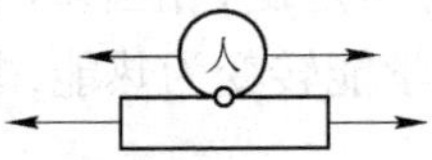	伤害(轻度)
8	接 触	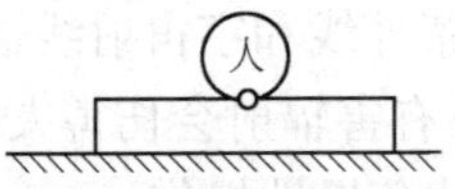	当接触热能、电能、化学能时,会造成伤害

2. 各种能量逸散失控和能量转化及共同作用导致事故

有些事故是由于各种能量相互转化及共同作用而引起的。如检修作业中,机器突然启动造成的伤害,是由于电能失控转化为机械能,使机器运转造成的。高空坠落则为人的势能转化为人与落点物体相撞的动能造成的。这种情况就是能量逸散失控后经转化而造成的事故。再如亚麻厂粉尘逸散到作业区,达到一定浓度时,通风系统又失效,且作业区内又启动了无防爆装置的日光灯,产生火花,造成了粉尘爆炸事故。此时是由于具有能量的物质——粉尘逸散,通风除尘设施失效,日光灯能量失控,三者共同作用造成的。在实际中,有时能量的转化与各种能量失控共同作用同时存在而造成事故。如爆破飞石伤人,是由于化学能转化为热能和机械能引起飞石产生动能,又因人在飞石落点(人的行为失控)而发生的。前者是能量转化引起的,而导致伤害则是化学能转化为热能和机械能引起飞石(动能)与人的行为能力失控,两者共同作用的结果。

四、能量逸散构成伤害程度的影响因素

能量逸散失控导致伤害和损失的程度取决于下列因素:

（1）接触能量的大小，如电压高低、高空作业的高度、爆破飞石的能量大小。

（2）接触能量的时间与频率，如人在噪声、粉尘环境下作业的时间和次数。

（3）能量集中程度，如有毒气体、粉尘与酸液的浓度等。

（4）接触能量的部位，如人的头部，胸部等要害部位。

所以，人与物体接触的能量越大，越集中，时间越长，次数越多，接触易受伤害或损害的部位，则发生事故就越严重。

五、能量与危险源

根据以上分析可知，事故是发生在生产活动过程中，而生产活动又是能量传递、转换与做功的过程。能量在转化过程中产生逸散失控，或经过转化或多种能量逸散失控的共同作用而导致事故，而事故的后果也是随能量大小、集中程度、接触时间和频率而定的。故我们可以说，生产过程中的能量是造成事故的最本质因素，我们称其为危险源。因此，我们可以将那些因触发因素作用，可使其导致事故的具有能量的物质与行为称为危险源，具有能量的物质称为固有危险源，具有能量的行为称为人为危险源。

第二节　能量逸散失控的原因

事故是能量逸散失控造成的，但能量是怎样逸散和失控的，使能量逸散失控的原因是什么。只有弄清导致能量逸散失控的原因因素，才能抓住其本质和主要的矛盾，才能有效地控制事故。

一、能量逸散的原因分析

能量在传递转换过程中由于某些因素造成逸散失控，能量逸散失控后成为危险状态，危险状态又经过某些因素的触发导致事故。例如，煤气在输送过程中，由于管道法兰密封不好造成煤气泄漏，使某区域或室内充满煤气，而室内通风设备处于失效状态，加之有人在充满煤气的室内吸烟，进而产生煤气爆炸事故，其发生过程见表9－4。

表9－4　煤气爆炸事故过程及原因分析

能量	→触发因素	→能量逸散	→触发因素	→能量聚集	→触发因素	→事故
煤气	管道法兰密封不好	室内充满煤气（危险状态）	通风不良	煤气浓度达到爆炸极限	吸烟引起明火	煤气爆炸
原因分析	（1）材料本身的原因（物、设计） （2）安装制造原因（人） （3）检查维修原因（管理）		（1）未安装通风设备（管理） （2）未使用通风设备（人） （3）无扩散条件		（1）个人原因（违章） （2）管理原因（制度不力）	

管道接头密封不好是造成煤气逸散失控的触发因素，在这一触发因素的作用下，使得整个室内充满煤气这种危险状态的发生；通风不良造成煤气在车间内聚集，达到一定浓度，又经吸烟产生明火的触发作用，而导致煤气爆炸事故。而触发因素中管道接头密封不好、通风

不良和吸烟产生明火,就是使能量逸散失控造成事故的原因事件。

管道接头密封不好可能是由于制造安装的原因,也可能是材料本身的原因,通风系统失效可能是根本就未装或未使用,或损坏或无扩散条件等原因。吸烟引起明火则是人本身的原因或管理原因。

二、触发因素与事故隐患

在生产活动中,为了利用能量,让能量按人的意志在系统中传递、转换和做功,必须采取限制和屏蔽措施控制能量逸散,即控制危险源。而实际上这些控制措施在各种因素的作用下,可能造成能量屏蔽失效,那么,这种屏蔽失效就是一种触发因素。在触发因素的作用下,使系统能量逸散和失控,触发危险源转化为危险状态,进而转化为事故。因此,触发因素也是事故的原因。我们将那些引起能量逸散失控转化为事故的触发因素称为事故隐患。

实际中,有些事故隐患的表现形式也可以看做是由于能量失控形成的危险状态。如上例中的吸烟可以看做是人的行为能失控,在此时则为煤气爆炸的触发因素。因此,我们也可以说事故隐患是触发能量逸散失控的触发条件。

一般情况下,我们把造成能量逸散失控的触发因素主要原因可归纳为人的差错、物的原因、环境条件及管理缺陷。把人、机、环境匹配上的缺陷称为事故的直接隐患,把管理缺陷称为间接隐患。

三、危险源与事故隐患

危险源是事故发生的物质基础,它是事故存在的可能性。而事故隐患则是发生事故的激发条件,它作用于危险源才使其转化为事故。危险源与事故隐患是相辅相成的,没有危险源存在,即使有隐患存在,也不会导致事故发生(如没有煤气充满空间,即使吸烟产生明火也不会导致煤气爆炸);仅有危险源存在,而没有事故隐患的触发作用也不会导致事故(如煤气管道无泄漏点,则煤气就不会逸散和失控)。

危险源与事故隐患在事故发生发展中起着不同的作用。危险源在事故发生时释放出能量或危险物质,是导致损失和伤害的能量主体,它决定了事故的严重程度,事故隐患的出现的难易决定了事故发生的可能性大小。因此,在分析危险源的危险性时,可以根据危险源类型来确定事故的后果的严重程度,通过分析危险源和评价事故隐患来确定事故发生的可能性大小。

在生产活动中,危险源如果没有经过触发作用时,往往是一种无形的东西,只有当其被触发而使其释放、做功后才表现出来。事故隐患则是使危险源转化为危险状态和事故的触发因素,这种触发因素往往以明显的形式表现出来。所以说,危险源是需要辨识和分析才能确定的,而事故隐患往往则是一种显而易见的异常现象和状态。因此,危险源的辨识分析与控制是通过查找和分析危险源及其导致的事故,进而对危险源和事故隐患进行评价与控制的过程。控制危险源,实质上就是控制能量逸散失控,就是对隐患的排查与整改。

第三节　事故发生原理

一、事故隐患的形成

通过以上分析,从系统安全的角度来考察事故的发生过程可知,事故隐患是屏蔽能量的措施失效的一种表现形式,是事故的触发因素,只有将那些限制或约束能量的触发因素在系统中予以消除,才能保证系统中能量按人们的意志约束和限制,使其不至于逸散失控而造成事故。那么,导致能量屏蔽失效,致使触发因素(即事故隐患)作用的原因有哪些呢?

机器、设备由于设计制造阶段中的不可靠性和不安全性,使机器设备先天潜藏着事故隐患;在生产过程中由于磨损和老化、环境条件及管理和操作原因,降低了其可靠性,进而产生新的事故隐患。这些事故隐患在生产运行过程中会以某种形式表现出来。上述设计制造使用过程中都包括了设备材料、环境条件、人的操作行为与管理过程。事故隐患形成过程如图9-2所示。

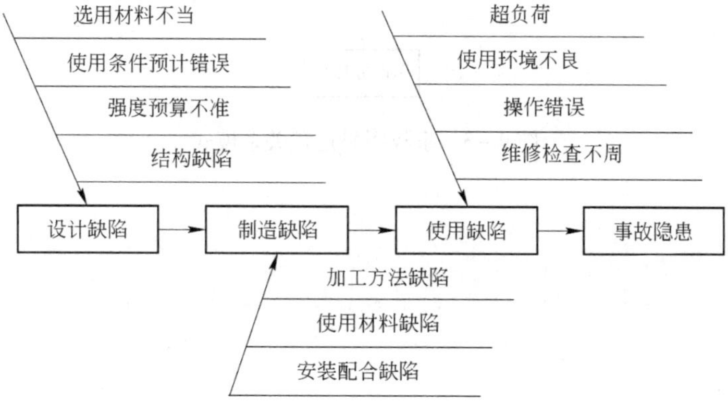

图9-2　事故隐患的形成过程

二、事故因果连锁关系

我们可以将造成能量逸散失控的事故隐患归纳为人、物、环境及管理缺陷。

人的缺陷是指人的失误,人的失误则是人的行为偏离了预定的标准,即人的不安全行为,人的不安全行为可能直接触发危险源转化而引起能量逸散失控,如检修设备时,误合开关致使检修中线路带电;高空作业忘带安全带、误进危险区、违章作业等。

物的缺陷是指物的不安全状态,如电器绝缘损坏,导致漏电;由于泄压装置故障,致使压力容器破裂;防护用品绝缘失效引起触电;安全帽承压抗冲击能力差等。

环境因素指环境不安全条件。作业环境包括温度、湿度、照明、空气质量、噪声及振动等。如潮湿引起设备腐蚀;噪声影响人的情绪、伤害人体;通风不良引起爆炸性物质聚集等。

管理缺陷是造成事故隐患的间接原因,包括管理制度、管理机制、管理措施、教育训练和检查等。

实际上,人、物、环境是相互作用和联系的,有时人失误可能造成物故障、环境遭破坏,而有时环境因素也可以引起人失误和设备遭到破坏,有时物的因素也可以引起人失误和环境破坏。管理因素是间接原因,安全管理实际是对人、物、环境的管理。从以上分析我们得到事故因果连锁关系模式,如图 9－3 所示。

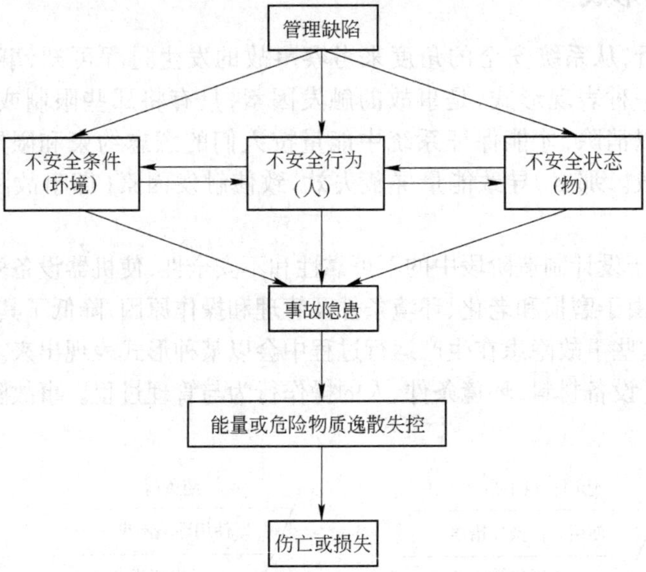

图 9－3　事故因果连锁关系模式

第十章　危险源辨识

第一节　危险源辨识的概念

危险源是事故发生的前提，是事故发生的能量主体。只有识别生产过程中的各种具有能量的物质与行为，分析这些能量转化为事故的转化过程及转化条件、触发因素，才能控制这种具有能量的物质与行为不至于逸散和失控，才能使危险源不至于转化为事故。因此，危险源辨识是安全系统工程的重要内容，是系统安全分析、评价与控制的基础，它对于有效地控制作业场所和企业生产过程中潜在的危险因素，确保职工在生产过程中的安全和健康，保证企业生产顺利进行都具有十分重要的意义。

一、危险源辨识的概念

1. 危险源辨识

危险源是经过触发因素作用而使其能量逸散失控，导致人体伤害和财产损失事故的具有能量的物质和行为。具有能量的物质称为固有危险源，具有能量的行为称为人的危险源。这些具有能量的物质和行为在生产过程中往往是以能量的形式存在的，只有在其意外逸散、释放时才能发现。有些能量，或具有能量的物质和行为在未逸散、释放时，很难被人认识和发现。因此，对危险源必须进行辨认和分析后才能确认。

危险源辨识是利用科学方法对生产过程中的危险因素的性质、构成要素、触发因素、危险程度和后果进行分析和研究，并做出科学判断，为控制由危险源引起的事故提供必要的、可靠的依据。

2. 危险源辨识应把握的环节

在生产过程中，潜在的危险源往往要通过一定的方法进行分析和判断，危险源辨识有许多方法，但任何一种方法都必须把握以下几个环节。

(1) 危险源类型：即危险源所在的系统与危险源类别；

(2) 可能发生的事故模式及后果预测：即由危险源导致事故发生的机理与事故发生后对系统及外系统的影响；

(3) 事故发生的原因及条件分析：即寻求由危险源转化为危险状态，由危险状态转化为事故的转化条件或触发因素；

(4) 设备的可靠性：即设备的安全运行状况；

(5) 人机工程：即人、机、环境之间的相互协调关系问题；

(6) 安全措施：即消除或控制危险源的手段和方法；

(7) 应急措施：即事故发生时，减少伤害或损失程度的措施。

在危险源辨识中，这七个环节必须予以充分考虑，才能发掘出潜在的危险源。

二、危险源辨识的内容和程序

1. 危险源辨识的内容

当确定了所分析的系统或生产过程后，应首先调查以下内容：

(1) 设备设施、工艺的名称、容积、温度、压力、设备性能；

（2）岗位日常维护范围；
（3）事故类别，危险等级，对外系统的危害及控制措施；
（4）操作过程中的危险，操作失误存在的危险，生产工具存在的缺陷；
（5）设备本质安全化水平；
（6）工艺设备的固有缺陷；
（7）工艺布置的合理性；
（8）工人接触危险的频度；
（9）安全防范措施、防护设施是否符合国家标准要求；
（10）安全通道是否符合国标；
（11）安全作业规程有何缺陷；
（12）危险场所有无安全标志；
（13）燃气、物料、运输、储存与使用有无安全措施；
（14）故障处理措施；
（15）事故处理应急救援方法和预案；
（16）过去事故状况。

对生产车间生产流程进行危险源辨识时，还必须注意系统的结构、布局、工具配置等是否能够满足检修、维护、调整等作业对操作空间、通道等作业条件的要求。

危险源辨识应每隔一定时间进行一次，以掌握危险源的动态变化情况。因此，应制定相应的表格，将辨识结果存档，也可将危险源辨识结果存入计算机，以供随时调阅参考，方便管理。

2. 危险源辨识程序

危险源辨识程序如图 10－1 所示。

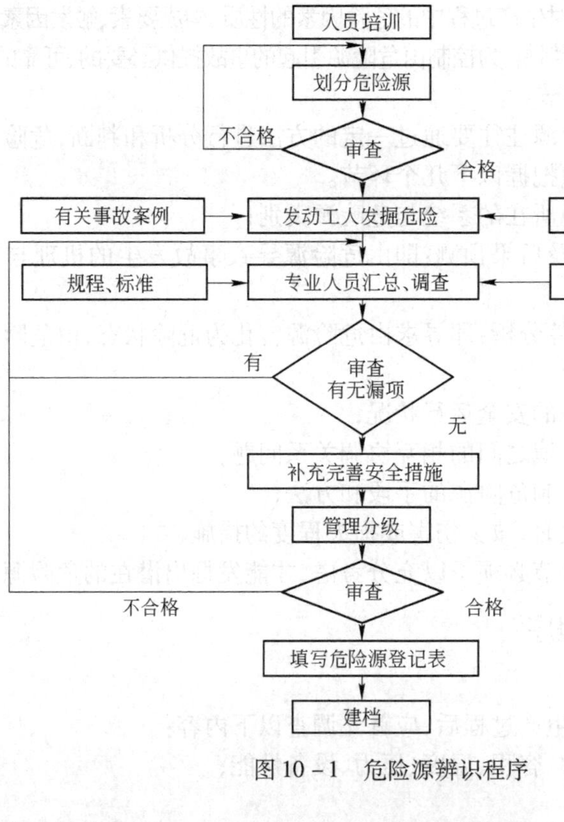

图 10－1　危险源辨识程序

第二节　危险源辨识途径

一、危险单元的划分

在危险源辨识中，首先应了解危险源所在的系统，即危险源所在的区域和场所。危险单元划分是危险源辨识的基础工作，其目的是将系统或生产过程中的有关设备、设施及作业环境等作为一个系统，以系统危险控制为目的，将其划分为若干个危险单元，为系统危险辨识、分析与控制创造条件。

1. 危险单元的划分原则

在实际工作中，我们往往把产生能量或具有能量的物质、操作人员作业区域、产生聚集危险物质的设备、容器等作为危险单元。危险单元划分应遵循以下原则：

(1) 按设备、生产装置及设施划分。设备和装置是生产过程的主体，在划分危险单元时，应突出重点，且充分考虑工艺上的联系，包括在功能上相互联系的机械、建筑物和构筑物等；以工艺上联系紧密的一个(独立作业的单体设备)或几个主体生产设备、设施为中心，划分危险单元；

(2) 以主要危险模式为依据，将危险发生模式，本质安全状况，设备、设施、工艺及操作条件、作业范围等方面存在明显差异的辨识对象划分为不同的危险单元；

(3) 按完成一定作业过程的危险作业区域划分，满足危险源控制与管理上的要求，尽量与现有的生产机构相联系，并在一个危险源区域中根据需要划分若干危险点；

(4) 满足危险源辨识分析收集数据资料的要求；

(5) 充分考虑生产岗位设置情况和场地布置情况。

2. 危险源所在作业区域的划分

(1) 有发生爆炸、火灾危险的场所；

(2) 有提升系统危险的场所；

(3) 有被车辆伤害的场所；

(4) 有触电危险的场所；

(5) 有高处坠落危险的场所；

(6) 有烧伤、烫伤危险所；

(7) 有腐蚀、放射、辐射、中毒和窒息危险的场所；

(8) 有落物、飞溅、滑坡、坍塌、压埋、淹溺危险的场所；

(9) 有被物体碾、绞、挫、夹、刺和撞击危险的场所；

(10) 其他容易致伤的场所。

二、危险源的类型

危险源按其属性分为两大类，一类是具有能量的物质，称为固有危险源；另一类是具有能量的行为，称为人为危险源。

所谓固有危险源指物和环境因素，而物的概念是广义的。所谓人为危险源，指危险行为及管理失误或差错。这些危险源可能是已知的，也可能是未知的。对于未知的危险源，我们称其为潜在危险源。潜在危险源需要调查研究、分析判断,才能确定。

1. 固有危险源

固有危险源分为:化学危险源、物理危险源、机械危险源、电气危险源和土建设施危险源,其危险物质与可能的事故见表10-1。

(1) 化学危险源:

1) 引起火灾爆炸的危险源:如可燃气体,液体;易燃性物质和粉尘;爆炸性物质;自燃发热性物质;禁水性物质等。

2) 引起职业中毒和职业病的危险源,如窒息性气体,刺激性气体;引起全身中毒性气体;有害粉尘,雾滴;致癌物,剧毒物质等。

3) 引起大气污染和水污染的有害因素:煤烟、粉尘、废气、恶臭物、废液、废弃物等。

(2) 物理危险源

物理因素的危害主要引起人体伤害事故。如紫外线、红外线;α射线、γ射线;电磁波、辐射;噪声及振动;气温、气压;光线、色彩、物质堆放等。

(3) 机械危险源

机械危险源主要引起挤压、打击,刺割、破裂和爆炸,坠落、碰撞、翻车、倒塌、压伤等事故。这些危险因素主要有:动力机械、传输装置、制造机械、工作机械、压缩机、高压机械、起重机械、机车车辆、通道、楼梯、脚手架,重物等在运行过程中能量失控导致的危险因素。

(4) 电气危险源

电气危险源主要引起触电和火灾事故。如电气设备、装置、布线、配线等不合要求而引起的漏电、静电、电弧等危险因素。

(5) 土建设施危险源

土建设施危险源主要引起塌方、倒塌、下沉、翻倒等事故。如隧道工程、土方、地基、设施等引起的危险因素。

表10-1 固有危险源类型及可能的事故

危险源类别	危 险 物 质	可能发生的事故
化学危险源	可燃性气体 可燃性液体 易燃性物质 可燃性粉尘 爆炸性物质 自然发热性物质 与水不相容的物质 混合后产生危险性的物质	火灾 爆炸
	窒息性气体 刺激性气体 全身中毒性气体 有害粉尘、雾滴、泡沫 致癌物质 剧毒物质	中毒 职业病
	煤烟 粉尘 气体 恶臭	大气污染

续表 10－1

危险源类别	危 险 物 质	可能发生的事故
化学危险源	排液 废弃物	水质污染
物理危险源	紫外线、红外线 α、β、γ 中子射线 噪声 高气压、减压 高温、低温 振动	眼损伤 放射性伤害 耳聋 潜涵病 中暑、冻伤 神经症状、公害
机械危险源	动力机械、传输装置 制造机械、工作机械 压缩机、高压装置 起重机 机车车辆 通道、楼梯、梯子、脚手架 重物	挤压、打击 切割伤害 破裂、喷出物爆炸 吊装物坠落、机身倒塌 碰撞、脱轨、翻车 坠落、倒塌 压伤
电气危险源	电气设备 配线	触电 火灾
土建设施危险源	隧道 土方 地基 设施	塌方 倒塌 下沉 翻倒

2. 人为危险源

人为危险源可分为个人因素危险源、管理因素危险源、人为环境危险源等。

(1) 个人因素危险源。如操作失误、不正确操作、无知、厌烦和懒散、粗心大意、漫不经心、胡闹、吸烟、嗜酒或吸毒、疾病、疲惫、定向力障碍、紧张、体力极限、文化背景、个性、习惯、社会因素与心理因素等。

(2) 管理因素危险源。如不正确管理、不正确的训练、指挥失误、判断决策失误、设计差错、错误安排等。

(3) 人为环境。如作业场所的采光、照明、色彩、通道、空气质量、噪声及振动、温湿度等。

三、危险源辨识途径

在所确定的危险单元内辨识具体的危险源,可以从两方面入手:

一是根据系统内已发生的某些事故,通过查找其触发因素(事故隐患),然后通过触发因素找出其危险源。

二是模拟或预测系统内尚未发生(有可能要发生)的事故,分析可能引起其发生的原因,通过这些原因找出触发因素,再通过触发因素辨识出潜在的危险源。

通过各类事故查出的现实危险源与辨识出的潜在危险源,将危险源综合汇总归纳后,得出危险单元内的全部危险源。危险源辨识的途径如图 10－2 所示。将各危险单元内的所有危险源归纳综合后,得到所研究系统或生产过程的所有危险源。

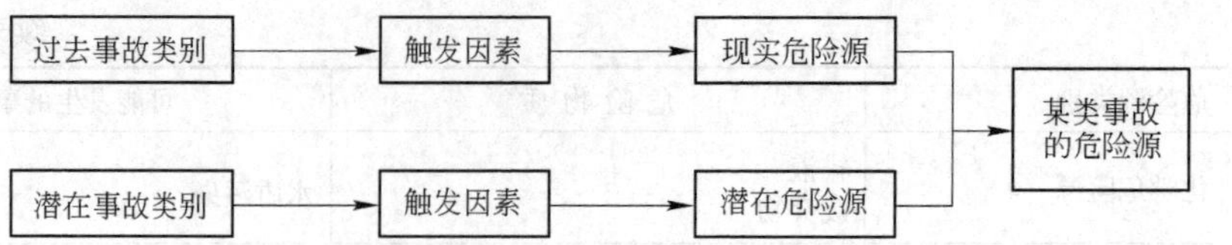

图 10－2 危险源辨识途径

四、危险、有害因素辨识方法

选用哪种辨识方法要根据分析对象的性质、特点、寿命的不同阶段和分析人员的知识、经验和习惯来定。常用的危险、有害因素辨识方法有直观经验分析方法和系统安全分析法。

1. 直观经验分析方法

直观经验分析方法适用于有可供参考的先例、有以往的经验可以借鉴的系统，不能应用在没有可供参考先例的新开发系统。直观经验分析方法可分为：经验法和类比方法。

（1）经验法。经验法是对照有关标准、法规、检查表或依靠分析人员的观察分析能力，借助于经验和判断能力对研究对象的危险、有害因素进行分析的方法。

（2）类比法。类比法是利用相同或相似的工程系统和作业条件的经验，以及劳动安全卫生的统计资料等，来类推、分析研究对象的危险、有害因素。

2. 系统安全分析法

系统安全分析法是应用安全系统工程中危险分析方法，对危险、有害因素进行辨识。系统安全分析法常用于复杂的、没有事故经验的新开发系统。常用的系统安全分析方法有事件树分析、事故树分析等。

五、危险、有害因素识别的内容

尽管所分析的对象因生产性质不同而千差万别，但如果能够通过事先对危险、有害因素的识别，找出可能存在的危险及危害，就能够对所存在的危险、危害采取相应的措施（如修改设计，增加安全设施等），从而大大提高系统的安全性。

在进行危险、有害因素的识别时，要全面有序地进行，防止出现漏项。应从厂址、总平面布置、道路运输、建构筑物、生产工艺、主要设备装置、作业环境、安全管理措施等方面的内容进行。其辨识过程实际上就是系统安全分析的过程。

1. 厂址

从厂址的工程地质、地形地貌、水文、气象条件、周围环境、交通运输条件、自然灾害、消防等方面分析、识别。

2. 总平面布置

从功能分区、防火间距和安全间距、风向、建筑物朝向、危险有害物质贮存设施、动力设施（氧气站、乙炔气站、压缩空气站、锅炉房、液化石油气站等）、道路、贮运设施等方面进行分析、识别。

3. 道路运输

从运输、装卸、消防、疏散、人流、物流、平面交叉运输等方面进行分析、识别。

4. 建构筑物

根据厂房的生产性质，其火灾危险性分类、厂房的耐火等级、结构、层数、占地面积、防火间距、安全疏散等方面进行分析、识别。

从库房贮存物品的火灾危险性分类、耐火等级、结构、层数、占地面积、安全疏散、防火间距等方面进行分析、识别。

5. 工艺过程

（1）对新建、改建、扩建项目设计阶段危险、有害因素的识别。

1）对设计阶段是否通过合理的设计进行考查，尽可能从根本上消除危险、有害因素。

2）当消除危险、有害因素有困难时，对是否采取了预防性技术措施进行考查。

3）在无法消除危险或危险难以预防的情况下，对是否采取了减少危险、危害的措施进行考查。

4）在无法消除、预防、减弱危险、有害因素的情况下，对是否将人员与危险、有害因素隔离等进行考查。

5）当操作者失误或设备运行中一旦达到危险状态时，对是否能通过联锁装置来终止危险、危害的发生进行考查。

6）在易发生故障和危险性较大的地方，对是否设置了醒目的安全色、安全标志和声、光警示装置等进行考查。

（2）针对行业和专业的特点，以及行业和专业制定的安全标准、规程进行分析、识别。

针对行业和专业的特点，可利用各行业和专业制定的安全标准、规程进行分析、识别。例如，如有关部门制定的冶金、电子、化学、机械、石油化工、轻工、塑料、纺织、建筑、水泥、制浆造纸、平板玻璃、电力、石棉、核电站等一系列安全规程、规定，应根据这些规程、规定、要求对被研究对象可能存在的危险、有害因素进行分析和识别。

（3）根据典型的单元过程（单元操作）进行危险、有害因素的识别。典型的单元过程是各行业中具有典型特点的基本过程或基本单元。这些单元过程的危险、有害因素已经归纳总结在许多手册、规范、规程和规定中，通过查阅均能得到。这类方法可以使危险、有害因素的识别比较系统，避免遗漏。

6. 生产设备、装置

对于工艺设备可从高温、低温、高压、腐蚀、振动、关键部位的备用设备、控制、操作、检修和故障、失误时的紧急异常情况等方面进行识别。

对机械设备可从运动零部件和工件、操作条件、检修作业、误运转和误操作等方面进行识别。

对电气设备可从触电、断电、火灾、爆炸、误运转和误操作、静电、雷电等方面进行识别。

另外，还应注意识别高处作业设备、特殊单体设备（如锅炉房、乙炔站、氧气站）等的危险、有害因素。

7. 作业环境

注意识别存在毒物、噪声、振动、高温、低温、辐射、粉尘及其他有害因素的作业部位。

8. 安全管理措施

可以从安全生产管理组织机构、安全生产管理制度、事故应急救援预案、特种作业人员培训、日常安全管理等方面进行识别。

六、危险源辨识举例

以高炉炉前渣铁处理生产过程中造成灼烫事故为例，说明危险源辨识过程。

（1）通过灼烫事故，查出已发生事故的原因事件，找出现实的危险源。见表 10－2。

表 10－2　发生灼烫事故的现实危险源

伤害类型	伤害原因	危险源
灼　烫	打泡飞溅烫伤 吹氧管回火烧伤 喷溅物烫伤 铁水跑大流烫伤	铁沟中的铁水、铁渣 氧气 铁口、风口、渣口喷出的铁水 铁水

（2）通过灼烫事故，查出潜在的原因事件，根据潜在原因事件辨识出潜在危险源。见表 10－3。

表 10－3　灼烫事故的潜在危险源

伤害类型	伤害原因	危险源
灼　烫	铁水流入潮湿的铁水罐 更换风口时回火烫伤 滑入铁水沟 滑入冲渣沟	铁水罐中的铁水 风口空气中的氧气 人的行为能 人的行为能

（3）高炉前渣铁处理危险区域内灼烫伤害的全部危险源确定。将表 10－2 和表 10－3 中所列危险源汇总归纳后得到灼烫事故的全部危险源，见表 10－4。

表 10－4　炉前渣铁处理系统灼烫事故危险源

伤害类型	危险源
灼　烫	铁沟中铁渣 氧气 铁口、风口、渣口喷出的铁水 铁水罐中的铁水 风口空气 人的行为

第三节　工业中常见的危险源辨识

一、按系统中能量存在点识别危险源

以上我们按能量的表现方式将危险源分为固有危险源和人为危险源，在生产实践中，我们也可以系统来进行辨识其危险源。现在我们按系统中能量的存在位置，即所谓的危险源点来划分危险源。

1. 产生、供给能量的装置、设备

产生、供给人们生产、生活活动能量的装置、设备是典型的能量源。它们运转时往往产

生或供给很高的能量。如变电所、供热锅炉等

2. 使人体或物体具有较高的能量的设备、装置、场所

使人体或物体具有较高的能量的设备、装置或场所相当于能量源,本身具有很高的能量,例如,提升机械使物体、人体具有较高的势能;向外抛出物料的机械使物料具有较高的动能;距基准面高差大的场所具有较高的势能。

3. 能量载体

拥有能量的人或物,例如,运动中的车辆、机械的运动部件、带电的导体、吊起的重物、操作中的人等。

4. 一旦失控可能产生巨大能量的装置、设备、场所

这是一些正常情况下按人们的意图进行的能量转换和做功,在意外情况下可能产生巨大能量的装置、设备、场所。例如化工生产中的一些进行强烈放热反应的工艺装置;充满爆炸性气体的空间等。

5. 一旦失控可能发生能量蓄积的装置、设备、场所

正常情况下能量被泄放而处于安全状态,一旦失控时能量大量蓄积,其结果可能导致大量能量的意外释放。例如,各种压力容器、承压设备;容易发生静电蓄积的装置、场所等。

6. 危险物质

除了干扰人体与外界能量交换的有害物质外,也包括具有化学能的危险物质。具有化学能的危险物质分为燃烧爆炸危险物质和有毒有害危险物质两大类。前者泛指能够引起火灾或爆炸的物质,按其物理化学性质分为可燃气体、可燃液体、易燃固体、易燃粉尘、易爆化合物、自燃性物质、忌水性物质和混合危险性物质等。后者系指直接加害于人体,造成人员中毒、致病、致畸、致癌等的化学物质。

7. 生产、加工、贮存危险物质的装置、设备、场所

这些设备、装置、场所在意外情况下可能引起其中的危险物质起火、爆炸或泄漏,如炸药的产生、加工、贮存设施;许多化工、石油生产装置等。

8. 人体一旦与之接触将导致能量释放的物体

锐利的毛刺、棱角等,一旦运动的人体与之接触,人体的动能意外释放而遭受伤害。

二、从伤亡事故识别危险源

事故是危险源与隐患共同作用的结果,从这一点出发,我们可以从事故分析来识别引起事故发生的危险源与能量载体。表 10－5 列出了各类伤亡事故的能量源和能量载体。

表 10－5 伤亡事故类型与危险源

事故类型	能量源	能量载体
物体打击	产生物体落下、抛出、破裂、飞散的场所、设备、操作	落下、抛出、破裂、飞散的物体
车辆伤害	车辆、使车辆移动的牵引设备、坡道	运动的车辆
机械伤害	机械的驱动装置	机械的运动部分、人体
起重、提升机械	起重机械	被吊起的重物
触电	电源装置	带电体、跨步电压区域
灼烫	热源设备、加热设备炉、灶、发热体	高温物体、高温物质

续表 10 - 5

事故类型	能量源	能量载体
火 灾	可燃物	火焰、烟气
高处坠落	高差大的场所	人体
坍 塌	土石方工程边坡、料堆、料仓、建筑物、构筑物	边坡土体、物料、建筑物、构筑物、载荷
冒顶片帮	矿山采掘空间围岩体	顶板、两帮岩体
放炮、火药爆炸	炸药	气体、飞石
瓦斯爆炸	可燃性气体、可燃性粉尘	气体、粉尘
锅炉爆炸	锅炉	蒸汽
压力容器爆炸	压力容器	内盛物质
淹 溺	江、河、湖、海、池、塘、洪水、储水容器	水
中毒和窒息	有毒有害物质产生、储存、聚集的装置、容器、场所	有毒、有害物质

三、引起重大事故的危险源物质限量

重大事故的危险源即是指那些一旦泄露或逸散，可导致火灾、爆炸、中毒等重大事故的危险物质。这些物质一般有其限量。国际上欧共体的赛韦索检查中列出了180种危险物质及其限量。表10-6所示为其中的一部分。

表 10 - 6 欧共体用于重大危险装置辨识的重点物质

物质名称	临界量
（1）一般性易燃物质：	
易燃气体/t	>200
极易燃液体/t	>50000
（2）特殊易燃物质：	
氢气/t	>50
环氧乙烷/t	>50
（3）特殊毒性物质：	
丙烯腈/t	>200
氨气/t	>500
氯气/t	>25
二氧化硫/t	>250
硫化氢/t	>50
氰化物/t	>20
二氧化硫/t	>200
氟化氢/t	>50
氯化氢/t	>250
（4）极毒物质：	
甲基异氰酸盐/kg	>150
光气/kg	>750

国际劳工组织建议按表 10－7 所示的重点危险物质及其限量来确定重大事故危险源。

表 10－7 国际劳工组织建议用以鉴别重大危险装置的重点物资

物质名称	数量
(1) 一般易燃物质：	
易燃气体/t	>200
高易燃液体/t	>50000
(2) 特种易燃物质：	
氢/t	>50
环氧乙烷/t	>50
(3) 特种炸药：	
硝酸铵/t	>2500
硝酸甘油/t	>10
三硝基甲苯/t	>50
(4) 特殊有毒物质：	
丙烯腈/t	>200
氨/t	>500
氯/t	>25
二氧化硫/t	>250
硫化氢/t	>50
氢氰酸/t	>20
二氧化碳/t	>200
氟化氢/t	>50
氯化氢/t	>250
三氧化硫/t	>75
(5) 特种剧毒物质：	
甲基异氰酸盐/kg	>150
光气/kg	>750

四、按物质、能量和环境识别危险源

1. 物质

生产系统中具有有毒、有害、易燃、易爆性质的原料、材料、燃料及工业排放废弃物等，包括：

(1) 污染物质：烟、粉尘、排放气体等大气污染物，水质污染物，排液，工业废弃物等。

(2) 腐蚀性物质。

(3) 毒性物质。

(4) 火灾危险性物质：易爆、自燃、禁水性物质。

(5) 爆炸性物质。

2. 能量

能量主要来自以下几方面：

(1) 电气装置：漏电、电弧、电火花、静电放电、电气着火、触电等。

(2) 加速度：高速、低速、速度变化。

(3) 化学反应。

(4) 冲击、振动：冲撞、冲压、剪切、重物运动。

(5) 压力：高压、低压、压力变化。

(6) 能源故障。

(7) 结构损坏或故障：落盘、倒塌、下沉、坠井。

3. 环境

(1) 温度：高温、低温、温度变化。

(2) 湿度：湿度大或干燥。

(3) 辐射：α、β、γ 射线，红外线，紫外线，射频微波。

(4) 振动波和噪声。

(5) 气候环境：暴风雨、大雪、大风、大雾、干旱、雷电等。

五、主要危险单元及有毒有害因素举例

前面对危险源的组成，从物质、能量和环境三个方面做了扼要的剖析，而各企业在确定危险源时，还必须熟悉工艺流程，掌握事故性质及事故信息，并具有一定的实践经验。以下以冶金企业为例作些介绍。

1. 造成各类事故的危险单元

(1) 原料系统：皮带输送过程中的伤亡事故，耐火生产中的压砖机压手，焦化生产中的中毒事故。

(2) 冶炼生产系统：灼烫伤害、爆炸、中毒、起重事故、坠落伤害等。

(3) 轧钢系统：起重伤害、机具伤害。

(4) 运输系统：道口伤害、摘挂钩调车作业事故等。

(5) 动力系统：漏、触电事故，中毒事故，爆炸事故等。

2. 危险、有害因素

有毒、有害因素，主要指下列危害：

(1) 粉尘危害：包括硅肺、煤尘肺、铁尘肺、石棉尘肺和混合尘肺病。危害程度与工作现场的粉尘浓度有关。有些粉尘如铝粉、矿尘的浓度达到其爆炸极限时，还会引起爆炸。

(2) 毒物危害：钢铁工厂的毒物约有 110 余种，接触较多的物质有一氧化碳、二氧化硫、硫化氢、二氧化碳、锰、铅、汞、苯、氨、沥青、煤焦油及其衍生物。

(3) 物理性危害：高温、振动、噪声、放射线、微波、高频等。其中高温是最常见的危害。

第四节 重大危险源辨识

一、重大危险源的概念

20 世纪 80 年代初,我国开始重视对重大危险源的评价和控制,“重大危险源评价和宏观控制技术研究”列入国家“八五”科技攻关项目。该项研究提出了重大危险源的控制思想和评价方法,为我国开展重大危险源的普查、评价、分级监控和管理提供了良好的技术依托。为将科研成果应用于生产实际,提高我国重大工业事故的预防和控制技术水平等,起到了积极的推动作用。1997 年,劳动部选择北京、上海、天津、青岛、深圳和成都等六个城市开展了重大危险源普查试点工作,取得了良好成效。继上述六个城市实施重大危险源普查之后,重庆市、泰安市,以及南京化学工业集团公司等地方政府和企业也开展重大危险源普查和监控管理工作。

在上述工作的基础上,我国在 2000 年颁布了国家标准《重大危险源辨识》(GB18218—2000)。随后《安全生产法》、《危险化学品安全管理条例》等法律、法规都对重大危险源的安全管理与监控提出了明确要求。

2004 年,国家安全生产监督管理局(国家煤矿安全监察局)在河北、辽宁、江苏、福建、广西、甘肃、浙江、重庆展开重大危险源申报登记试点工作。

1. 重大危险源的定义

20 世纪 70 年代以来,预防重大工业事故已成为各国社会、经济和技术发展的重点研究对象之一,已引起国际社会的广泛重视,随之产生了“重大危害(major hazards)”、“重大危害设施(国内通常称为重大危险源)(major hazards installations)”等概念。1993 年6 月第80 届国际劳工大会通过的《预防重大工业事故公约》将“重大事故”定义为:在重大危害设施内的一项活动过程中出现意外的、突发性的事故,如严重泄漏、火灾或爆炸,其中涉及一种或多种危险物质,并导致对工人、公众或环境造成即刻的或延期的严重危险。对重大危害设施定义为:不论长期地或临时地加工、生产、处理、搬运、使用或储存数量超过临界量的一种或多种危险物质,或多类危险物质的设施(不包括核设施、军事设施以及设施现场之外的非管道的运输)。

我国国家标准《重大危险源辨识》(GB18218—2000)中将重大危险源定义为:长期地或临时地生产、加工、搬运、使用或储存危险物质,且危险物质的数量等于或超过临界量的单元。单元指一个(套)生产装置、设施或场所,或同属于一个工厂的且边缘距离小于 500 m 的几个(套)生产装置、设施或场所。

《中华人民共和国安全生产法》第九十六条规定,重大危险源是指长期地或者临时地生产、搬运、使用或者储存危险物品,且危险物质的数量等于或者超过临界量的单元(包括场所和设施)。

2. 我国关于重大危险源管理的法规要求

《危险化学品安全管理条例》第十条规定:“除运输工具加油站、加气站外,危险化学品的生产装置和储存数量构成重大危险源的储存设施,与下列场所、区域的距离必须符合国家标准或者国家有关规定:

（1）居民区、商业中心、公园等人口密集区域；

（2）学校、医院、影剧院、体育场（馆）等公共设施；

（3）供水水源、水厂及水源保护区；

（4）车站、码头（按照国家规定，经批准，专门从事危险化学品装卸作业的除外）、机场以及公路、铁路、水路交通干线、地铁风亭及出入口；

（5）基本农田保护区、畜牧区、渔业水域和种子、种畜、水产苗种生产基地；

（6）河流、湖泊、风景名胜区和自然保护区；

（7）军事禁区、军事管理区；

（8）法律、行政法规规定予以保护的其他区域。

已建危险化学品的生产装置和储存数量构成重大危险源的储存设施不符合前款规定的，由所在地设区的市级人民政府负责危险化学品安全监督管理综合工作的部门监督其在规定期限内进行整顿；需要转产、停产、搬迁、关闭的，报本级人民政府批准后实施。”

《危险化学品安全管理条例》第二十二条规定：“储存单位应当将储存剧毒化学品以及构成重大危险源的其他危险化学品的数量、地点以及管理人员的情况，报当地公安部门和负责危险化学品安全监督管理综合工作的部门备案。”

《危险化学品安全管理条例》第四十八条规定：“危险化学品生产、贮存企业以及使用剧毒化学品和数量构成重大危险源的其他危险化学品的单位，应当向国务院经济贸易综合管理部门负责危险化学品登记的机构办理危险化学品登记。危险化学品登记的具体办法由国务院经济贸易综合管理部门制定。”

《安全生产法》第三十三条要求：“生产经营单位对重大危险源应当登记建档，进行定期检测、评估、监控，并制订应急预案，告知从业人员和相关人员在紧急情况下应当采取的应急措施。生产经营单位应当按照国家有关规定将本单位重大危险源及有关安全措施、应急措施报有关地方人民政府负责安全生产监督管理的部门和有关部门备案。”

《国务院关于进一步加强安全生产工作的决定》（2004 年 1 月 9 日）要求“搞好重大危险源的普查登记，加强国家、省（区、市）、市（地）、县（市）四级重大危险源监控工作，建立应急救援预案和生产安全预警机制。”

二、重大危险源的辨识标准及方法

国际劳工组织认为，各国应根据具体的工业生产情况制定适合国情的重大危险源辨识标准。标准的定义应能反映出当地急需解决的问题以及一个国家的工业模式，可能需有一个特指的或是一般类别的或的两者兼有的危险物质一览表，并列出每种物质的限额或允许的数量，设施现场的危险物质超过这个数量，就可以定义为重大危险源。任何标准一览表都必须是明确的，以便使雇主能迅速地鉴别出他控制下的哪些设施是在这个标准定义的范围内。要把所有可能会造成伤亡的工业过程都定为重大危险源是不现实的，因为由此得出的一览表会太广泛，现有的资源无法满足要求。标准的定义需要根据经验和对危险物质了解的不断加深进行修改。

关于重大危险源的辨识标准及方法，参考国外同类标准，结合我国工业生产的特点和火灾、爆炸、毒物泄漏重大事故的发生规律，以及 1997 年由原劳动部组织实施的重大危险源普查试点工作中对重大危险源辨识进行试点的情况，原国家经贸委安全科学技术研究中心

(现中国安全生产科学研究院)和中国石油化工股份有限公司青岛安全工程研究院起草提出了国家标准《重大危险源辨识》(GB18218—2000),此标准自2001年4月1日实施。其内容如下。

1. 范围

本标准规定了辨识重大危险源的依据和方法。

本标准适用于危险物质的生产、使用、贮存和经营等各企业或组织。

本标准不适用于:

a) 核设施和加工放射性物质的工厂,但这些设施和工厂中处理非放射性物质的部门除外;

b) 军事设施;

c) 采掘业;

d) 危险物质的运输。

2. 引用标准:

下列标准包含的条文,通过在本标准中引用而构成为本标准的条文。在标准出版时,所示版本均为有效。所有标准都会被修订,使用本标准的各方应探讨使用下列标准最新版本的可能性。

GB12268—1990 危险货物品名表

3. 定义

本标准采用下列定义。

3.1 危险物质 hazardous substance

一种物质或若干种物质的混合物,由于它的化学、物理或毒性特性,使其具有易导致火灾、爆炸或中毒的危险。

3.2 单元 unit

指一个(套)生产装置、设施或场所,或同属一个工厂的且边缘距离小于500 m的几个(套)生产装置、设施或场所。

3.3 临界量 threshold quantity

指对于某种或某类危险物质规定的数量,若单元中的物质数量等于或超过该数量,则该单元定为重大危险源。

3.4 重大事故 major accident

工业活动中发生的重大火灾、爆炸或毒物泄漏事故,并给现场人员或公众带来严重危害,或对财产造成重大损失,对环境造成严重污染。

3.5 重大危险源 major hazard installations

长期地或临时地生产、加工、搬运、使用或贮存危险物质,且危险物质的数量等于或超过临界量的单元。

3.6 生产场所 work site

指危险物质的生产、加工及使用等的场所,包括生产、加工及使用等过程中的中间贮罐存放区及半成品、成品的周转库房。

3.7 贮存区 store area

专门用于贮存危险物质的贮罐或仓库组成的相对独立的区域。

4. 重大危险源辨识

4.1　辨识依据

重大危险源的辨识依据是物质的危险特性及其数量。

4.2　重大危险源的分类

重大危险源分为生产场所重大危险源和贮存区重大危险源两种。

4.2.1　生产场所重大危险源

根据物质不同的特性，生产场所重大危险源按以下四类物质的品名（品名引用GB12268—1990《危险货物品名表》）及其临界量加以确定。

a）爆炸性物质名称及临界量见表1。

表1　爆炸性物质名称及临界量

序　号	物质名称	临界量/t	
		生产场所	贮存区
1	雷(酸)汞	0.1	1
2	硝化丙三醇	0.1	1
3	二硝基重氮酚	0.1	1
4	二乙二醇二硝酸酯	0.1	1
5	脒基亚硝氨基脒基四氮烯	0.1	1
6	迭氮(化)钡	0.1	1
7	迭氮(化)铅	0.1	1
8	三硝基间苯二酚铅	0.1	1
9	六硝基二苯胺	5	50
10	2,4,6-三硝基苯酚	5	50
11	2,4,6-三硝基苯甲硝胺	5	50
12	2,4,6-三硝基苯胺	5	50
13	三硝基苯甲醚	5	50
14	2,4,6-三硝基苯甲酸	5	50
15	二硝基(苯)酚	5	50
16	环三次甲基三硝胺	5	50
17	2,4,6-三硝基甲苯	5	50
18	季戊四醇四硝酸酯	5	50
19	硝化纤维素	10	100
20	硝酸铵	25	250
21	1,3,5-三硝基苯	5	50
22	2,4,6-三硝基氯(化)苯	5	50
23	2,4,6-三硝基间苯二酚	5	50
24	环四次甲基四硝胺	5	50
25	六硝基-1,2-二苯乙烯	5	50
26	硝酸乙酯	5	50

b）易燃物质名称及临界量见表2。

表2　易燃物质名称及临界量

序　号	类　别	物质名称	临界量/t	
			生产场所	贮　存　区
1	闪点＜28℃的液体	乙　烷	2	20
2		正戊烷	2	20
3		石脑油	2	20
4		环戊烷	2	20
5		甲　醇	2	20
6		乙　醇	2	20
7		乙　醚	2	20
8		甲酸甲酯	2	20
9		甲酸乙酯	2	20
10		乙酸甲酯	2	20
11		汽　油	2	20
12		丙　酮	2	20
13		丙　烯	2	20
14	28℃≤闪点＜60℃的液体	煤　油	10	100
15		松节油	10	100
16		2－丁烯－1－醇	10	100
17		3－甲基－1－丁醇	10	100
18		二（正）丁醚	10	100
19		乙酸正丁酯	10	100
20		硝酸正戊酯	10	100
21		2,4－戊二酮	10	100
22		环己胺	10	100
23		乙　酸	10	100
24		樟脑油	10	100
25		甲　酸	10	100
26	爆炸下限≤10%气体	乙　炔	1	10
27		氢	1	10
28		甲　烷	1	10
29		乙　烯	1	10
30		1,3－丁二烯	1	10
31		环氧乙烷	1	10
32		一氧化碳和氢气混合物	1	10
33		石油气	1	10
34		天然气	1	10

c）活性化学物质名称及临界量见表3。

表3 活性化学物质名称及临界量

序号	物质名称	临界量/t	
		生产场所	贮存区
1	氯酸钾	2	20
2	氯酸钠	2	20
3	过氧化钾	2	20
4	过氧化钠	2	20
5	过氧化乙酸叔丁酯(浓度≥70%)	1	10
6	过氧化异丁酸叔丁酯(浓度≥80%)	1	10
7	过氧化顺式丁烯二酸叔丁酯(浓度≥80%)	1	10
8	过氧化异丙基碳酸叔丁酯(浓度≥80%)	1	10
9	过氧化二碳酸二苯甲酯(盐度≥90%)	1	10
10	2,2－双－(过氧化叔丁基)丁烷(浓度≥70%)	1	10
11	1,1－双－(过氧化叔丁基)环己烷(浓度≥80%)	1	10
12	过氧化二碳酸二仲丁酯(浓度≥80%)	1	10
13	2,2－过氧化二氢丙烷(浓度≥30%)	1	10
14	过氧化二碳酸二正丙酯(浓度≥80%)	1	10
15	3,3,6,6,9,9－六甲基－1,2,4,5－四氧环壬烷	1	10
16	过氧化甲乙酮(浓度≥60%)	1	10
17	过氧化异丁基甲基甲酮(浓度≥60%)	1	10
18	过乙酸(浓度≥60%)	1	10
19	过氧化(二)异丁酰(浓度≥50%)	1	10
20	过氧化二碳酸二乙酯(浓度≥30%)	1	10
21	过氧化新戊酸叔丁酯(浓度≥77%)	1	10

d）有毒物质名称及临界量见表4。

表4 有毒物质名称及临界量

序号	物质名称	临界量/t	
		生产场所	贮存区
1	氨	40	100
2	氯	10	25
3	碳酰氯	0.30	0.75
4	一氧化碳	2	5
5	二氧化硫	40	100
6	三氧化硫	30	75
7	硫化氢	2	5
8	羰基硫	2	5

续表 4

序 号	物 质 名 称	临界量/t	
		生 产 场 所	贮 存 区
9	氟化氢	2	5
10	氯化氢	20	50
11	砷化氢	0.4	1
12	锑化氢	0.4	1
13	磷化氢	0.4	1
14	硒化氢	0.4	1
15	六氟化硒	0.4	1
16	六氟化碲	0.4	1
17	氰化氢	8	20
18	氯化氰	8	20
19	乙撑亚胺	8	20
20	二硫化碳	40	100
21	氮氧化物	20	50
22	氟	8	20
23	二氟化氧	0.4	1
24	三氟化氯	8	20
25	三氟化硼	8	20
26	三氯化磷	8	20
27	氧氯化磷	8	20
28	二氯化硫	0.4	1
29	溴	40	100
30	硫酸(二)甲酯	20	50
31	氯甲酸甲酯	8	20
32	八氟异丁烯	0.30	0.75
33	氯乙烯	20	50
34	2-氯-1,3-丁二烯	20	50
35	三氯乙烯	20	50
36	六氟丙烯	20	50
37	3-氯丙烯	20	50
38	甲苯-2,4-二异氰酸酯	40	100
39	异氰酸甲酯	0.30	0.75
40	丙烯腈	40	100
41	乙腈	40	100
42	丙酮氰醇	40	100
43	2-丙烯-1-醇	40	100

续表4

序号	物质名称	临界量/t	
		生产场所	贮存区
44	丙烯醛	40	100
45	3-氨基丙烯	40	100
46	苯	20	50
47	甲基苯	40	100
48	二甲苯	40	100
49	甲醛	20	50
50	烷基铅类	20	50
51	羰基镍	0.4	1
52	乙硼烷	0.4	1
53	戊硼烷	0.4	1
54	3-氯-1,2-环氧丙烷	20	50
55	四氯化碳	20	50
56	氯甲烷	20	50
57	溴甲烷	20	50
58	氯甲基甲醚	20	50
59	一甲胺	20	50
60	二甲胺	20	50
61	N,N-二甲基甲酰胺	20	50

4.2.2 贮存区重大危险源

贮存区重大危险源的确定方法与生产场所重大危险源基本相同,只是因为工艺条件较为稳定,临界量数值较大,具体数值见表1~表4。

4.3 重大危险源的辨识指标

单元内存在危险物质的数量等于或超过表1、表2、表3及表4规定的临界量,即被定为重大危险源。单元内存在危险物质的数量根据处理物质种类的多少区分为以下两种情况:

4.3.1 单元内存在的危险物质为单一品种,则该物质的数量即为单元内危险物质的总量,若等于或超过相应的临界量,则定为重大危险源。

4.3.2 单元内存在的危险物质为多品种时,则按下式计算,若满足下面公式,则定为重大危险源:$\frac{q_1}{Q_1}+\frac{q_2}{Q_2}+\cdots+\frac{q_n}{Q_n}\geqslant 1$

式中 $q_1,q_2,\cdots,q_n$——每种危险物质实际存在量,t。

$Q_1,Q_2,\cdots,Q_n$——与各危险物质相对应的生产场所或储存区的临界量,t。

第十一章　危险性分析方法

危险性分析方法很多，本书主要阐述危险预知活动、鱼刺图分析法、安全检查表（SCL）、预先危险性分析（PHA）、故障类型影响分析（FMEA）、危险和可操作性研究（HAZOP）、事件树分析（ETA）、事故树分析（FTA）等方法。

第一节　系统安全分析方法

一、危险预知活动

危险预知活动（KYT，Kiken Yochi Training）是应用行为科学的方法，研究人的不安全行为，分析事故发生的基本原因及源点，从而制定个人危险预防措施的一种安全活动，危险预知活动也称危险预知训练。下面介绍其基本概念及应用。

1. 危险预知活动的基本概念

（1）危险预知活动的内容包括以下四个方面：

1）摆明问题。明确作业过程中可能的危险（包括作业方法不对引起的危险，以及人或物的危险）。

2）确定问题的重点。将明确的危险源按重要程度排列，确定重点危险。

3）提措施。将确定的重点危险，用遇到什么危险，该怎么办；有什么危险，该怎样做的方式列出其措施。

4）确定目标。制定防止危险发生的行为目标，并确定关键词。

（2）危险预知活动的实施：

1）建立危险预知活动小组。一般以相同工种 5～10 人组成活动小组，其中包括该工程的技术人员、管理人员、熟练工人等、熟练工人应在半数以上。

2）危险预知活动程序。危险预知活动一般分为 4 个阶段，首先由活动小组采用人人发言，启发指导的方式摆出问题，即找出危险源；然后确定重点危险所在；针对重点危险提出相应措施；确认防止危险的行动目标。危险预知活动程序如图 11－1 所示。

2. 危险预知活动举例

以车床加工作业为例，见表 11－1，

在实施过程中，操作人员、安全监察人员只要记住关键词“紧具、件”、“手”、“辫”、“服”、“镜”，就可以防止车床加工作业中的人身伤亡事故。

3. 危险预知活动的特点

（1）提高作业人员的安全素质，增强人们对危险和事故的敏感性、识别能力和预知能力；

（2）降低事故率，特别是降低由人为危险源（不安全行为）引起的事故；

（3）加强班组、同工种作业人员以及工程技术人员、安全管理人员的团结协作精神；

（4）增强作业人员对危险的认识能力，使他们的行为规范化、标准化。

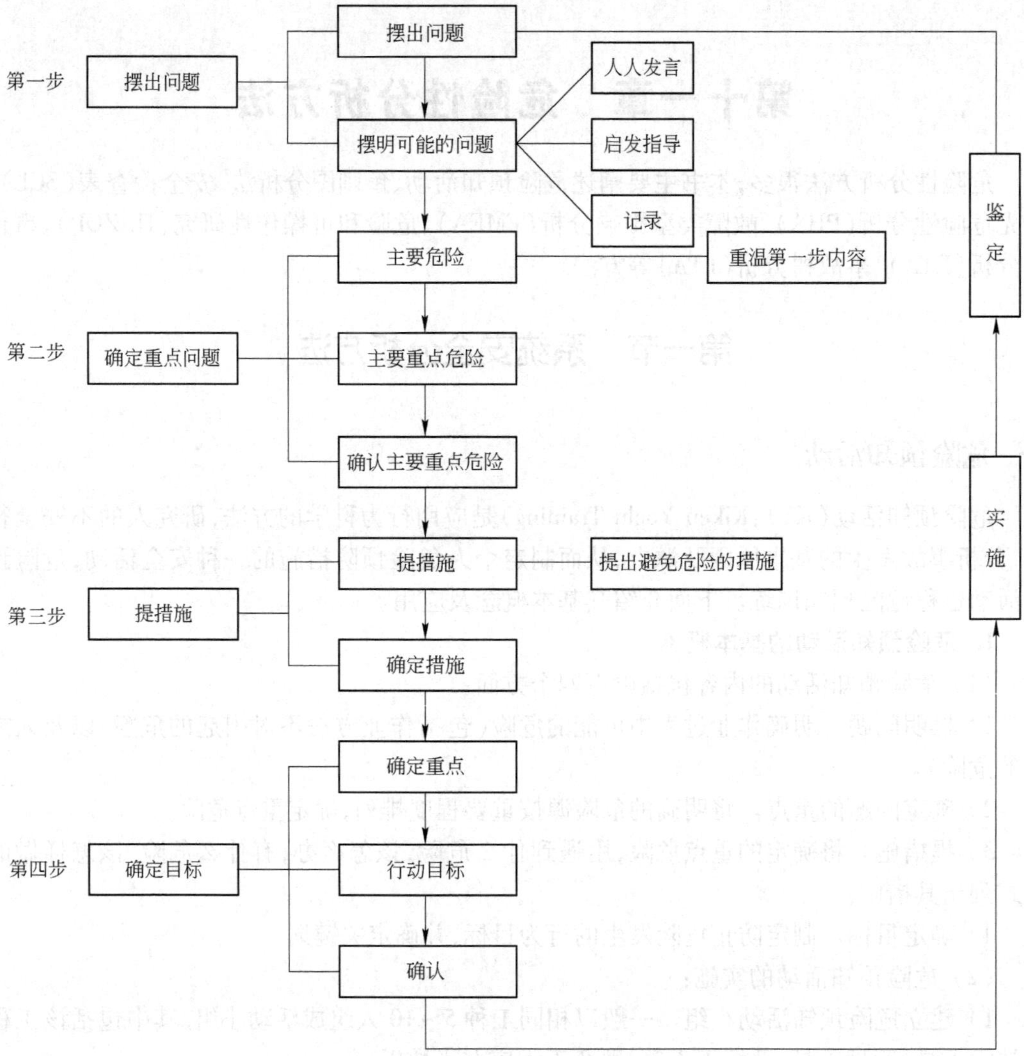

图11-1　危险预知活动程序

表11-1　车床加工作业危险预知活动表

作业名称	车床加工作业	
	评价	危险因素
第一步 摆明问题	0	(1) 刀具、工件未拧牢,加工时甩出伤人
	0	(2) 戴手套、留长辫、穿宽松上衣绞伤
	0	(3) 切削飞出伤人
	1	(4) 未加润滑油,机器发热损坏
	1	(5) 车床超负荷烧坏电机
	1	(6) 保护接地、接零失效
	1	(7) 机体断裂
		…

续表 11 - 1

作业名称	车床加工作业		
第二步 确认重点	上述危险因素中，特别重要的记作 0，一般的记 1		
第三步 提措施	序号	重点危险	措　施
	(1)	刀具、工件甩出伤人	加工前拧紧刀具、工件
	(2)	戴手套、留长辫、穿宽松上衣作业	加工时不戴手套、穿紧身衣、不留长辫
	(3)	切削飞出伤人	戴护目镜
第四步 确认目标	序号	目　标	措施(关键词)
	(1)	拧紧刀具、工件	紧具、件
	(2)	不戴手套、穿紧身衣、不留长辫	手、辫、服
	(3)	护目镜	镜

危险预知活动重点是第一步摆明问题，提出生产中的危险因素，这就要求活动小组全面地、准确地提出问题。

二、鱼刺图分析法(Causality Diagram Analysis)

鱼刺图分析法是将事故的各种原因进行分析和归纳，用简明的文字和线条表示原因和结果的方法，因其形状像一条鱼，有骨有刺，故名鱼刺图，又称因果图、特性图、树枝图等。该方法开始主要用于质量管理，在系统安全分析中把鱼刺图分析法移植过来，目前已成为一种重要的危险辨识与系统安全分析方法。

1. 鱼刺图的结构与内容

鱼刺图结构如图 11 - 2 所示，其中包括三个部分：

(1) 结果。指事故的类别或后果；

(2) 原因。指引起结果的影响因素，根据归纳、分析结论，分门别类分层次列出。其中，对引起事故或结果起主要作用的因素称为要因；把引起要因的原因称为中原因，……。

(3) 支干。把表示结果与原因，原因与小原因之间的箭线称为支干，中央支干称为主干。

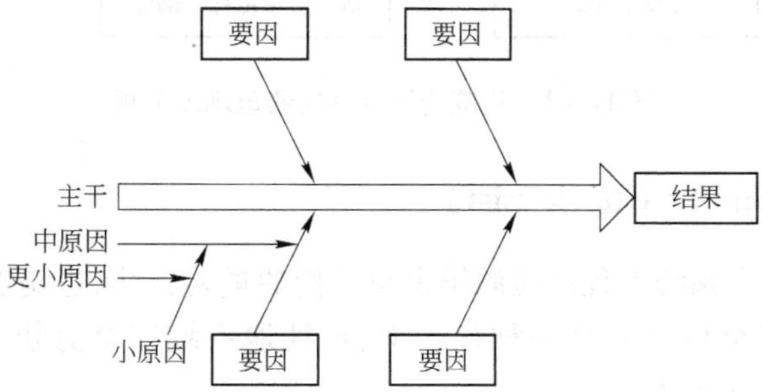

图 11 - 2　鱼刺图结构

2. 鱼刺图分析步骤

(1) 确定对象，将需要分析的事故作为将要研究的“结果”确定下来；

(2) 收集资料,通过调查或其他途径将对与所分析问题有关的设备、设施、工艺、环境、操作、管理等方面的资料尽可能详尽地收集起来;

(3) 原因分析,分析导致"结果"的原因,并根据事故分析的实际情况,采用逻辑推理的方法,归纳出有关原因的层次关系;

(4) 作图,将分析的结果按逻辑关系和规定标在图上。

3. 鱼刺图作图注意事项

鱼刺图分析法要求全面罗列原因,层层剖析,分清主次,按逻辑关系作图,切忌只罗列表面现象。具体分析时应注意如下几方面:

(1) 集思广益,参加讨论的人要尽可能多,把不同意见全部收集起来;

(2) 细致具体,分析原因时,要考虑达到采取切实可行的防范措施的目的;

(3) 确定主次原因,可先画主次图,也可民主讨论决定;

(4) 此方法也可用来对某台设备或某项工艺进行事故预先分析,然后根据生产实际加以改进,以消除潜在的危险。

4. 鱼刺图分析的应用

以某建筑物倒塌事故为例,其分析结果如图 11-3 所示。

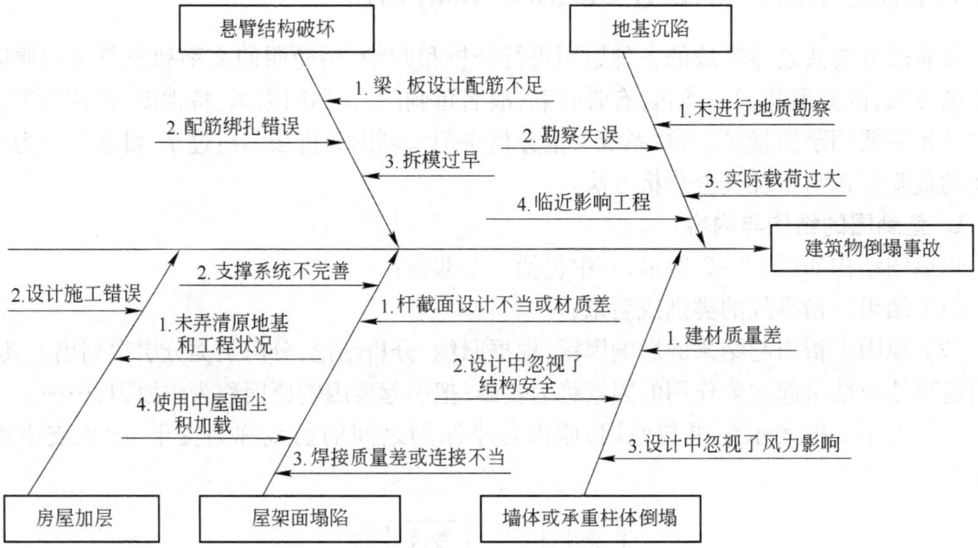

图 11-3 建筑物倒塌事故的鱼刺图分析

三、安全检查表(Safety Check List)

安全检查表是安全系统工程危险源辨识与分析的重要方法,也是安全管理中安全检查的一种常用手段。安全检查表是一种初步地、定性地系统安全分析方法,其英文表达为"Safety Check List"简称 SCL。

1. 安全检查表的基本概念

A 安全检查表的含意与作用

安全检查表是把工程、工艺、设备、操作、环境、管理等方面的不安全因素,以提问的方式列成表格,使用时按所列项目与生产实际情况逐一对照检查,用“是”或“否”符号(通常采用“√“或“×”)回答提问,明确存在问题,提出改进措施。这种表格称为安全检查表。

安全检查表中所列不安全因素通常根据生产情况和经验,以及有关规范、标准、事故教训等,经系统分析得出。在实施中,符合安全要求的检查项目,采用“是”的回答符号,不符合安全要求的检查项目,采用“否”的回答符号。按检查表的类型,实施和填写安全检查表可以是操作工人,班组、工段负责人,也可以是车间安全员,厂安全检查部门或安全检查机构的人员。

安全检查表的作用一般来说有以下几个方面:

(1)可以用于对系统进行安全检查和评价;

(2)可以对职工进行安全教育与提示;

(3)可以用于事故分析和调查;

(4)可为系统设计人员提出清楚明确的安全要求;

(5)为系统运行提供安全操作指南;

(6)为工程设计和验收提供安全审查和安全评价的可靠依据。

B　安全检查表的种类及特点

安全检查表根据检查和分析的目的与对象不同,一般分为以下几种类型:

(1)设计审查、施工验收用的安全检查表。设计审查、施工验收使用的安全检查表是从安全的角度,对某项工程设计、工程验收进行安全分析评价的一种表格,其主要内容是厂区规划、厂址选择(风向、水流、交通、排放物出路)等工艺装置、工艺流程、安全设施与装置、材料运输与贮存、运输道路、消防急救措施等等。它可供设计人员和工程验收人员设计和验收时参考,也是“三同时”设计审查,施工验收、安全评价的依据。

(2)厂级(矿、公司)用安全检查表。这类安全检查表是全厂(矿、公司)进行安全检查、安全分析与评价,危险源辨识时采用的检查表。其主要内容包括厂区各个产品的工艺和装置的安全性,要害部位、主要安全装置与设施、危险物品的贮存与使用,有毒有害物质的治理、作业环境、消防通道及设施、操作管理及规章制度的落实、应急措施等。

(3)车间用安全检查表。这类安全检查表是在车间内进行安全检查、安全分析与评价时用的一种检查表,其主要内容包括,车间的设备布置、通道、进出口、通风、照明、噪声振动,应急、消防设施与措施、操作管理、岗位责任制实施等。

(4)专门机构、专门人员用的安全检查表。这类安全检查表是对重点设备、设施,要害部位、特殊工种、专业操作人员进行安全检查时采用的一种检查表,如锅炉、受压容器、起重机具、车辆、配变电装置、炸药库、爆破作业人员、电工、司机等。其内容是对设备或装置的不安全因素或隐患的检查,人的不安全行为和管理问题的检查,不安全环境条件的检查。

(5)生产工序或岗位的安全检查表。这类检查表是供某一工序或某一岗位进行自查,互查或进行安全教育及注意要点提示的一种检查表,如物料输送、车床加工等,其主要内容包括工序或岗位的设备,环境、操作人员等方面的不安全因素。

(6)事故分析预测用安全检查表。这种检查表是借鉴同类事故的经验教训,根据有关规程、标准等编制,在分析事故时对照检查,找出事故原因,在预测事故时,按检查项目逐条加以控制,防止事故发生,例如触电死亡事故分析检查表、高空坠落死亡事故预测检查表等。

安全检查表之所以得到广泛地使用,是因为安全检查表具有以下几个方面的特性:

(1) 全面性,安全检查表可以将分析对象中所有可能的不安全因素和事故隐患列出来,并可以系统地、完整地表达在提问项目中,这就是全面性。

(2) 直观性,安全检查表采用表格的形式及提问和回答的方式,并对提问项目进行了系统地归类,条理清楚、简单明了,这就是直观性。

(3) 广泛性,对各行各业,各种岗位操作,设备,设计、各工种及各类系统,安全检查表具有广泛的适应性,对不同层次的人员,都可以掌握和使用安全检查表,这就是广泛性。

(4) 灵活性,安全检查表,可以补充新发现的潜在危险因素,可以不断修改,反复补充完善,使其成为完整的预测、预防事故的手段。另外安全检查表的使用可以灵活多变,可以在日常检查中使用,也可以在定期检查中使用,可以分析事故,也可以预测、预防事故等等,这就是灵活性。

2. 安全检查表的编制

安全检查表的编制包括编制内容、格式以及编制方法。安全检查表的编制好坏,直接关系到其使用的有效性。

(1) 安全检查表的编制内容。安全检查表的编制内容即检查项目提出的问题既要全面、系统,又要简洁明了,切实可行。一般来说,检查内容应从"人、机、环境、管理"四个方面考虑(即4M问题)。但根据检查与分析对象不同,其内容有所侧重。因此,各种安全检查表的内容既不完全一样,也非截然不同,一般按表11－2划分。

表11－2 安全检查表的内容划分

检查内容 / 检查类别	设备		人的因素	管理因素	环境条件	检查周期	执行者
	重点设备	小型设备					
岗位检查	√	√	√		√	班	操作者
班组检查	√		√		√	班	班组长
工段检查	√		√			周	工段长
车间检查	√		√	√	√	半月	主任、安全员
厂级检查	√		√	√	√	月	厂长、安全科
专业检查	√		√			年	专业部门
定期检查	√		√	√	√	半年或季	安全部门 专业部门
群众性检查	√	√	√	√	√	半年或年	职工

注:"√"表示检查表中应列入的内容。

明确了各类安全检查表的内容划分以后,在编制其具体内容时,还必须从以下几个方面着手。

1) 总体要求:包括建厂条件、工厂设置、平面布置、建筑标准、交通运输、道路等。

2) 生产工艺:原材料、燃料、生产过程、工艺流程、物料输送及贮存等。

3) 机械设备:机械设备的安全状态、可靠性、防护装置、保安设备、监控仪表等。

4）操作管理：管理体制、规章制度、安全教育及培训、人的行为等。

5）人机工程：工作环境、工业卫生、人机配合等。

6）应急措施：急救、消防、安全出口、事故处理计划等。

以上六个方面的内容，在各类安全检查表中，根据具体情况进行筛选，以突出其重点。

（2）安全检查表的格式

1）序号：根据具体要求，统一编号；

2）检查项目：安全检查表的编制内容以提问的方式列出；

3）检查结果：即在实施检查表时回答检查项目提问的栏目。用“是”、“否”或用“√”、“×”符号表示；

4）检查标准：检查项目的要求、所依据的有关规定、标准；

5）检查时间、检查人；检查表的实施时间、检查人员签名；

6）备注，填写以上栏目以外的其他内容。如评分、对检查出的重点问题的提示等。

安全检查表的格式见表 11－3。

表 11－3　安全检查表的格式

序　号	检查项目（提问）	检 查 标 准	检 查 结 果	备　注

检查人：　　　　　　检查时间：

（3）安全检查表的编法。为了使编制的安全检查表既全面，又重点突出，既系统，又简单，既有效，又实用，在编制时，应考虑以下几点：

1）要组织由安全干部，专业技术人员，有经验的岗位操作工人参加的三结合编写班子共同编写，也可先按内容分工编写，再集中讨论，集思广益，使编写内容全面、系统、可行。

2）根据工程实践经验。列举所有存在于编制对象中的不安全因素，供编写时参考。

3）根据有关规程、规范、标准、法令、有依据的提问，避免随心所欲。

4）要充分了解安全动态，掌握多方面的信息，搜集同类或类似系统的事故教训，使编写的内容更加全面，更有针对性。

3. 安全检查表的实施

为了真正发挥安全检查表的作用，必须有一套完善的实施办法。安全检查表在实施过程中可能会遇到各种各样的问题，但从实践中我们了解到，只要解决两个方面的主要问题，就可以保证安全检查表在实施过程中的有效性。

（1）安全检查表检查结果的填写。安全检查表检查结果的填写是一项十分重要的工作，它关系到是否真实地反映检查和分析对象的安全性和危险性因素所在，是否能迅速地获取安全信息，因此，必须做好这一工作。

对填写安全检查表的人员来说，一方面要求要实事求是，认真负责；另一方面还要求懂得检查内容的基本安全知识和要求，各类安全检查表的执行者一般按表 11－4 安排。

表 11 – 4　各类安全检查表分级执行划分

安全检查表种类	实施执行者
(1) 工序或岗位安全检查表	操作工人、班组长、工段长
(2) 专门机构专门人员用安全检查表	专门机构负责人、专业技术人员、安全专业干部
(3) 车间安全检查表	车间主任、安全员、安全部门人员
(4) 厂级安全检查表	厂（矿、公司）长、安全技术人员、安全检查人员
(5) 设计审查施工验收安全检查表	工程技术人员、安全专业人员、工程负责人
(6) 事故分析预测安全检查表	安全技术人员、企业主管、劳动、公安、卫生部门专业人员

为保证安全检查表的认真贯彻执行，还必须采取有效地奖惩制度，对于认真负责，检查准确及时的执行者，应给予奖励和表彰。对于不负责任的要给予罚款和批评，以保证检查结果的真实性、准确性和及时性。

(2) 信息反馈与隐患整改。处理问题的方法就是发现问题解决问题。我们把检查结果中回答“否”或“×”的项目即存在的问题称为隐患，信息反馈与隐患整改就是解决问题。为使查出的隐患得到真正的反馈与整改，一般有如下原则：

1）对隐患的整改“四定，五不推”。即定负责人、定整改措施、定整改期限、定资金；本岗位能处理的隐患不推给班组，班组能处理的不推给工段，工段能处理的不推给车间，车间能处理的不推给厂里，厂里能处理的不推给主管部门。

2）厂安全部门、安全员应在安全检查表的信息反馈与整改中起协调、监督作用，以保证隐患件件有反馈，条条有落实。

3）隐患整改往往需要得到多方面的支持和协作，因此，必须发动群众增强各级领导对隐患整改的积极性。

4）若检查中发现的隐患较多，则应归类，按危险性大小分级，对危险性大、随时可引起事故发生的隐患，则应优先尽快解决。

5）隐患信息反馈与整改一般按检查对象处理能力进行。

4. 安全检查表举例

(1) 班组安全检查表

班组日常安全检查表从班组安全管理、操作人员、设备设施及环境条件等内容予以考虑。见表 11 – 5。

表 11 – 5　班组安全检查

序　号	检 查 项 目	检查结果	备　注
1	本班组人员“两穿一戴”是否按规定执行		
2	本班组是否执行了交接班制度和安全值日制度		
3	特种作业人员是否经过培训		
4	作业人员有无互保对子		
5	本班组人员是否熟悉本岗位安全操作规程		
6	本班组是否无人生病		
7	班组人员是否无违章作业行为		

续表 11－5

序　号	检 查 项 目	检查结果	备　注
8	班组人员是否无擅自离岗行为		
9	高空作业时,作业人员是否佩戴安全带		
10	危险品是否按规定保存和运输		
11	班组设备运行情况是否良好		
12	危险地段有无栏杆、标志		
13	安全装置、护罩是否起作用		
14	显示控制装置是否符合人的特性		
15	作业区内是否无其他危险因素存在		
16	作业区内是否无积水、油和其他障碍物		
17	作业者是否了解周围环境条件		
18	作业场所的照明、粉尘、温湿度、噪声是否符合规定标准		

检查人:　　　　　　　检查时间:

(2) 冶金矿山安全检查表。根据冶金矿山安全规程,以及多年来事故教训,制定了冶金地下矿山安全检查表,本表属矿级安全检查表,对冶金地下矿山的设备,要害部位、安全设施、操作管理等作了较系统地阐述。见表 11－6。

表 11－6　冶金地下矿山安全检查

序　号	检 查 项 目	检查结果	备　注
1	各车间是否有专人安全值班		
2	安全机构、安全人员是否按规定设置		
3	各工种是否有安全操作规程		
4	特殊工种是否操作合格证		
5	新工人上岗前是否进行了三级安全教育		
6	前次检查出的隐患是否整改		
7	提升运输设备是否完好、无隐患		
8	电机车架空线是否符合规定要求		
9	电气线路是否完好,闸无缺盖、裸露现象		
10	电气设备保护接零、接地是否完好		
11	供配电是否符合安全要求		
12	电气线路、设备是否定期检查维修		
13	空压机、乙炔发生器是否按要求设置		
14	乙炔发生器的操作是否符合安全要求		
15	工作场地(巷道)工作地面、坑、沟是否加盖或护栏		
16	照明、电话、信号是否完好		
17	通风系统是否完好		
18	局部通风温设施是否起作用		

续表 11-6

序 号	检 查 项 目	检查结果	备 注
19	井下作业点空气粉尘浓度是否达标		
20	有毒、有害物质、水、气是否进行处理		
21	噪声、振动是否采取控制措施		
22	炸药库炸药存放是否符合规程要求		
23	天井、溜井和漏斗处是否有标志、照明、格筛、护栏或盖板		
24	井巷、井筒支护是否完好		
25	井巷危岩、悬岩是否及时观察和处理		
26	井下泵房是否能及时排泄地下涌水		
27	有无地面防水设施		
28	是否有有效措施防止内因火灾		
29	是否配置安全防火设施		
30	安全出口在应急时是否有效		
31	爆破作业后是否按规定时间进入现场		
32	是否有应急、救护、消防等措施计划		

检查人： 检查时间：

四、故障类型影响分析(Failure Modes Effects Analysis)

故障类型影响分析是对系统的各个组成部分进行分析，寻求各组成部分中可能产生的故障、故障因素，以及可能出现的事故，可能造成的人员伤亡的事故后果，查明各种故障类型对整个系统的影响，并提出防止或消除事故的措施。故障类型影响分析英文缩写形式为FMEA。

FMEA 分析方法能够对系统或设备部件可能发生的故障模式、危险因素，对系统的影响、危险程度、发生可能性大小或概率等进行全面的、系统的定性或定量分析，并可针对故障情况提出相应的检测方法和预防措施，因而具有较强的系统性、全面性和科学性。实践证明，用 FMEA 分析法进行工业系统中的潜在危险辨识和分析，具有良好的效果。

1. FMEA 的步骤

(1) 调查所分析系统的情况，收集整理资料。将所分析的系统或设备部件的工艺、生产组织、管理和人员素质、设备等情况，以及投产或运行以来的设备故障和伤亡事故情况进行全面调查分析，收集整理伤亡事故，设备故障等方面的有关数据和资料。

(2) 危险源初步辨识。组织与该系统或设备部件有关的工人、技术人员和安全管理人员开展危险预知活动，摆明问题，从操作行为、设备、工艺、环境因素、管理状态等方面进行危险源辨识和分析。

(3) 故障类型，影响及组成因素分析。危险源列出后，即根据收集整理的设备故障、伤亡事故情况等资料进行故障模式、影响及组成因素分析。

(4) 故障危险程度和发生概率分析。通过危险源辨识，故障类型及组成因素的分析，对系统中危险因素的基本情况有了初步了解，此时需要给出故障危险等级及其发生概率。

故障危险程度等级见表 11 －7。

表 11 －7　故障危险程度等级

级　别	危害程度	危害后果
一级	可忽略	不会造成人员伤害和系统损坏
二级	临界的	可能会造成人员伤害和系统损坏，但可排除和控制
三级	危险的	会造成人员伤害和系统损坏，需立即采取控制措施
四级	破坏性的	会造成人员伤害和系统严重损坏

故障概率一般按统计时间内的实际故障次数除以统计区间内实际工作小时数进行计算。若实际统计有困难则按表 11 －8 进行半定量分析。

表 11 －8　故障概率等级表

级　别	故障出现可能性	故障概率
A	非常容易发生	10^{-1}
B	容易发生	10^{-2}
C	较容易发生	10^{-3}
D	不容易发生	10^{-4}
E	难以发生	10^{-5}
F	极难发生	10^{-6}

（5）检测方法与预防措施。检测方法主要是采用常规或专门的方法测定故障和危险因素。

预防措施是对故障因素和危险源的控制措施。

（6）按故障危险程度与概率大小，分先后次序，轻重缓急地逐项采取预防措施。

2. FMEA 的格式

故障类型影响分析一般按表 11 －9 进行分析。

表 11 －9　故障类型影响分析（FMEA）

子系统或设备部件	故障类型	故障因素	故障影响	过去事故次数				危险等级	故障概率	检测方法	预防措施	备注
				死亡	重伤	轻伤	险肇					

表中内容一般应按以下要求填写：

（1）系统：指所分析的对象、研究的问题等，例如，生产系统、设备、组织、工序等。

（2）子系统或设备部件：指系统的组成部分。例如，生产系统的组成部分、设备的组成部件等。

（3）故障类型：即故障现象或事故的表现形式，例如，人的失误、制动失灵等。

（4）故障因素：指引起事故发生的主要原因或事故隐患。

（5）故障影响：发生故障而引起的事故后果对本系统或外系统的影响。

（6）过去事故：指以前故障引起的事故。即填写死亡、重伤、轻伤人次和险肇事故（包括设备事故）次数。

（7）危险等级：根据故障类型及影响和过去事故次数按表 11－7 确定危险程度等级。

（8）故障概率：按步骤 FMEA 的步骤（4）进行统计计算得出，或根据实际情况按表 11－8取值。

（9）检测方法：即采用一般常规检测方法或特殊检测措施测定故障和危险因素。如噪声的测定、空气中粉尘浓度的测定等一般采用常规检测方法，而行车吊具断裂的测定往往采用如超声波、射线、声发射等专门的方法检测。

（10）预防措施：按以上分析结果，提出控制危险源的方法，以防止此类故障引起的事故。

（11）备注：一般填写以上各栏目不能填写的事项。

3. FMEA 举例

以某金属井下开采矿山为例，将矿山生产工艺划分为：对凿岩爆破、充填支护、铲装运输、破碎、提升等系统进行 FMEA 分析，见表 11－10。

表 11－10　某矿 FMEA

编号	子系统或设备部件	故障类型	故障因素	故障影响	严重程度				危险等级	事故频率	检测方法	安全措施
					死亡	重伤	轻伤	设备				
1	凿岩爆破	打干眼	（1）钎杆水路故障； （2）未先开水后开钻； （3）泥土岩粉浸入冲击器	钻头、钎杆损坏；作业点粉尘浓度高					Ⅱ		常规	（1）检查水路； （2）先开水后开钻
		钎杆折断	（1）钎杆套管有裂纹或磨损严重； （2）打偏眼； （3）夹钎时，猛打钎杆； （4）水孔堵塞，突然全开风； （5）液压密封圈老化时卸压	钎杆伤人					Ⅲ		常规	（1）凿岩前检查钻机； （2）操作时严格按照规程执行
		风、水跑漏	（1）风、水绳脱落； （2）风、水管破损； （3）拆卸风、水绳时余风未放尽； （4）更换钎头时，风、水门未关好	风、水伤人					Ⅱ		常规	（1）凿岩前检查风水路； （2）凿岩后应关好风水门或放尽余风； （3）避免岩石或其他工具将风、水管砸破
		早爆	（1）装药机无保护接地； （2）装药与雷管安装顺序不当； （3）导火索长度不够燃速高； （4）掉落岩石砸响雷管引起早爆； （5）粉状炸药压风装药时压力过大	伤人					Ⅲ		常规	（1）装药器输药管应有防静电措施； （2）装药时风压控制在额定压力以内； （3）检查爆破器材及起爆网路

续表 11－10

编号	子系统或设备部件	故障类型	故障因素	故障影响	严重程度				危险等级	事故频率	检测方法	安全措施
					死亡	重伤	轻伤	设备				
1	凿岩爆破	火药爆炸	（1）运送爆破器材时，炸药与雷管或其他物资混装；（2）用细石或炸药堵已装好的炮孔；（3）打残眼，违章处理盲炮；（4）未采用一次点火起爆系统	伤害					Ⅲ		常规	（1）采用非电导爆管起爆系统；（2）运输时炸药单独装车；（3）采用聚能诱爆法处理盲炮
		岩石顶板冒落	（1）作业前未问顶撬毛；（2）照明不良，检查不周；（3）岩体破碎或充填体质量差；（4）支护不牢，强度不够	伤害					Ⅲ		常规	（1）顶板浮石应及时发现及时处理；（2）充填体应保证质量；（3）支护架牢固，一般应采用锚喷支护
2	支护充填	支护塌落	（1）支护强度不够；（2）支护架设不牢，维修不及时；（3）地压活动；（4）缺乏检查	伤害					Ⅲ		常规	（1）尽可能采用锚喷支护，并随时检查支护情况；（2）采用听、看、敲等手段检查巷道顶板
		工作平台倒塌	（1）平台架设不牢；（2）采用其他物体作平台；（3）工作前未检查	坠落					Ⅲ		常规	（1）充填或支护时架设工作平台；（2）工作平台应架设牢固并仔细检查；
		喷浆机	（1）喷料质量差；（2）喷浆机故障	伤害					Ⅲ		常规	（1）保证喷料质量；（2）喷浆机应经常检查维修
		充填体跑漏	（1）充填体配比不当；（2）充填管堵塞处理时大量进水；（3）充填时合子板塌落；（4）充膜隔墙不牢	充填料串入巷道或采场					Ⅲ		常规	（1）采用高压风输送充填料；（2）充填料、水、砂、水泥配比适当；（3）模板隔墙架设牢固
		充填管堵塞	（1）充填料浓度大；（2）充填管路故障	生产					Ⅱ			（1）充填料质量要保证；（2）经常检查维修充填管路
3	铲装运输	电耙钢丝绳断裂	（1）钢丝绳更换不及时；（2）电耙负荷大；（3）作业前未检查	伤人					Ⅲ		常规	（1）定期检查和更换钢丝绳；（2）电耙负荷大时应停车处理
		绞车卷筒与操作台之间未设栏杆	（1）设计不当；（2）栏杆损坏或拆除	伤害					Ⅲ		常规	增设护栏，并维护好护栏
		人进耙道	（1）耙道口未有警戒信号；（2）违章进入	伤害					Ⅲ		常规	电耙作业时应禁止人员进入

续表 11－10

编号	子系统或设备部件	故障类型	故障因素	故障影响	严重程度				危险等级	事故频率	检测方法	安全措施
					死亡	重伤	轻伤	设备				
3	铲装运输	绞车失灵	(1) 制动用力不均冲击过大； (2) 同时制动两个制动轮； (3) 作业前未检查制动	不能及时停车					Ⅱ		常规	(1) 绞车制动应定期检查； (2) 作业时应尽可能减少制动
		铲运机制动不好	(1) 制动磨损； (2) 维修不及时； (3) 操作不当	坠井或撞人					Ⅲ		常规	(1) 铲运设备应定期检查和维修； (2) 操作刹车时不应用力过大
		溜井放空	(1) 放矿漏斗板失灵； (2) 违章放矿	矿石冲坏闸板伤人					Ⅱ		常规	(1) 经常检查漏斗及其闸板； (2) 放矿操作人员应熟悉操作规程； (3) 采用压风或电动控制放矿，且操作灵活省力
		溜井堵塞	(1) 矿石大块或夹有长木料等杂物； (2) 溜井倾角太小	伤害					Ⅲ		常规	(1) 在溜井口上拴好保险带，用长杆捅； (2) 利用火箭弹处理； (3) 溜井倾角大于45°
		坠井	(1) 溜井口无防护装置，无信号标志； (2) 井口照明不良； (3) 违章通过溜井； (4) 井口作业未系安全带； (5) 上下天井时梯子不牢或人未注意	伤害					Ⅲ		常规	(1) 井口应有良好照明和防护警告标志； (2) 井口作业时应系安全带，并小心仔细； (3) 井口杂物清理干净、保持干燥
		矿车翻倒	(1) 轨道不平； (2) 矿车脱轨； (3) 翻斗车卸车装置损坏	伤害					Ⅲ		常规	(1) 电机车轨道应经常清理，保持道面干净； (2) 轨道应经常检查维修； (3) 翻斗车应保持良好的卸车装置
		运输巷道狭窄	(1) 设计缺陷； (2) 施工质量差； (3) 地压活动	挤伤人					Ⅲ		常规	(1) 运输巷道应有人行道； (2) 无人行道时应有禁止行人通过的标志
		触电	(1) 电气设备质量差漏电； (2) 井下电炉； (3) 电气布线不合理； (4) 违章操作电气设备	伤害					Ⅲ		常规	(1) 电气布线要按规定布置； (2) 设备应经过检查方可使用，井下电气设备应经常检查和更换； (3) 禁止井下烧电炉

续表 11－10

编号	子系统或设备部件	故障类型	故 障 因 素	故障影响	严重程度				危险等级	事故频率	检测方法	安 全 措 施
					死亡	重伤	轻伤	设备				
4	破碎系统	板式给料机链板跑偏和链松	（1）托滚螺丝松动； （2）矿石夹在链板之间； （3）检查不周； （4）齿轮咬合不正常	伤害					Ⅱ		常规	（1）开机前应检验有无妨碍运输的杂物，各部位螺丝有否松动； （2）经常进行检修
		破碎机压力表失灵	（1）压力表故障； （2）压力表连接故障； （3）保养维修不善	烧坏电机					Ⅱ		常规	压力表应经常检查维修和保养
		颚板皮带、飞轮固定螺丝松动	（1）大块过多； （2）未经常检查颚式破碎机	伤害					Ⅲ		常规	（1）矿石应符合块度要求； （2）经常检查各部件螺丝
		烧瓦	（1）润滑不良； （2）冷却水压超过 0.1 MPa； （3）操作不当	机器损坏					Ⅰ		常规	（1）先开润滑油泵，后开机； （2）先停车后停润滑油； （3）润滑油泵应保持良好状态； （4）油杯应经常保持一定油量
		排矿口堵塞	（1）颚板间遗有矿石或夹有大块； （2）放矿漏斗不畅	飞石伤人					Ⅲ		常规	经常清理颚板和漏斗
		拉杆装置及附件断裂或擦卡	（1）更换修理不及时； （2）检查不周； （3）装置本身强度不够	机器损坏					Ⅱ		常规	（1）更换修理； （2）作业前应检查
5	提升系统	过卷	（1）操作失误； （2）过卷保护失灵	损失伤害					Ⅱ		常规	（1）操作人员应有操作证； （2）操作时应集中注意力； （3）定期检查过卷保护装置； （4）应有过卷预警信号； （5）应设断绳保护器
		罐笼箕斗坠井	（1）钢绳断开； （2）无断绳保护器； （3）无极限深度控制器； （4）操作失误	伤害					Ⅳ		专业检查	（1）钢绳安全系数应符合规程要求； （2）断绳保护器应保持良好性能； （3）极限深度控制器完好； （4）操作人员应集中注意力
		罐笼箕斗不到位	（1）无定位装置； （2）联络信号失误； （3）操作不当						Ⅱ		常规	（1）定位装置应保持良好； （2）信号联络应准确及时； （3）操作应精力集中
		闸皮磨损	（1）检查更换不及时； （2）操作不当						Ⅱ		常规	（1）应经常检查刹闸； （2）刹车是不能用力过猛

五、预先危险分析(Priliminary Hazard Analysis)

预先危险分析简称 PHA,它是在一项工程活动(包括设计、施工建设、生产等)中,对所分析系统的危险性类别、转化条件、导致的后果进行预先分析、以求防止危险发生的措施,确保系统安全性的一种危险辨识和分析方法。

1. PHA 的步骤

(1) 调查危险源。对所分析系统的危险源进行辨识,并按其所在系统进行分类。

(2) 危险性转化条件的分析。转化条件包括两个方面:1)危险因素转化为危险状态的转化条件;2)危险状态转化为事故的转化条件。转化条件也称为触发因素。

(3) 危险性分级。按危险导致的事故后果,确定其危险等级。一般按表 11 - 7 确定其危险等级。

(4) 事故预防。根据分析结果,作出判断,采取相应的措施。

2. PHA 的格式

预先危险分析一般也用表格进行分析,见表 11 - 11。

表 11 - 11 PHA 的格式

1	2	3	4	5	6	7	8	9	10	11	12
序号	子系统或功能元件	形式	危险因素	触发因素	危险状态	触发事件	事故或灾害	影响或后果	危险等级	预防措施	确认(措施的落实)

表 11 - 11 中各项一般按以下要求填写:

(1) 序号,按危险因素所在系统的顺序编号。

(2) 子系统或功能元件,所分析系统的组成部分或性能因素。

(3) 形式,指系统的运行阶段或运行形式。

(4) 危险因素,指设备或系统本质方面的因素,它是导致事故的潜在危险源。

(5) 触发因素,引起危险因素转化为危险状态的事件或条件。

(6) 危险状态,各种不安全因素(危险因素)作用的结果。

(7) 触发事件,引起危险状态转变为事故的事件或条件。

(8) 事故或灾害,由危险状态转变为事故情况,即事故或灾害的表现形式或类型。

(9) 影响,事故产生的后果。

(10) 危险等级,按事故产生的后果,确定其危险等级,按表 11 - 7 故障危险程度等级确定。

(11) 预防措施,考虑预防此类事故的措施。

(12) 确认,措施的实施。

3. PHA 实例

图 11 - 4 所示为一煤气热水器系统,在正常情况下,泄放安全阀、温度比较器调节装置可发挥作用。现用 PHA 对此系统进行分析,将煤气热水器运行过程中的水压高、水温高、煤气、毒气、燃烧不完全、火嘴着火、排气口高温等列入危险因素栏内,对其可能造成的事故及其触发因素和转化条件等进行分析,确定危险等级,提出控制措施。煤气热水器系统 PHA

结果见表 11－12。

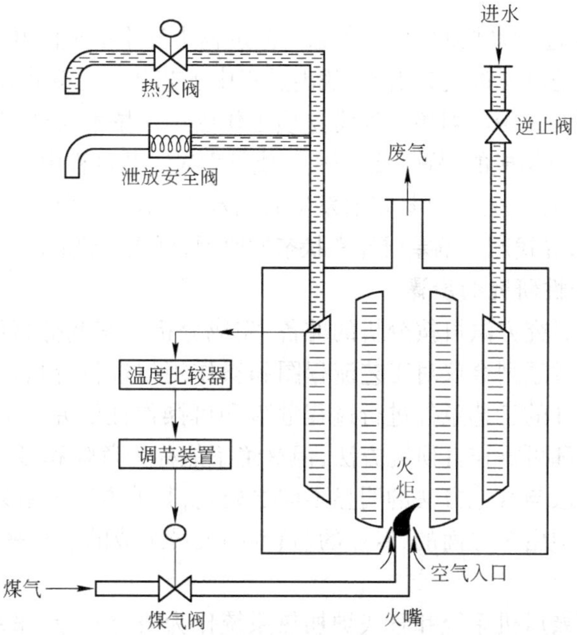

图 11－4　煤气热水器系统

表 11－12　煤气热水器 PHA

序号	危险因素	触发因素	危险状态	触发事件	事　故	结　果	危险等级	措　施
1	水压高	煤气连续燃烧	有气泡产生	安全阀不动作	热水器爆炸	伤亡损失	Ⅲ	装爆破板、定期检查安全阀
2	水温高	煤气连续燃烧	有气泡产生	安全阀不动作	水过热	烫　伤	Ⅱ	装爆破板、定期检查安全阀
3	煤　气	火嘴熄灭煤气阀开	充满煤气	火花	爆　炸	伤亡损失	Ⅲ	火嘴和煤气阀装联锁
4	毒　气	火嘴熄灭煤气阀开	充满煤气	人在室内	煤气中毒	伤　亡	Ⅱ	火嘴和煤气阀装联锁气体检测
5	燃烧不完全	排气口关闭	充满 CO	人在室内	煤气中毒	伤　亡	Ⅱ	CO 检测警报器、通风
6	火嘴着火	火嘴附近有可燃物	火嘴附近着火	火嘴引燃	火　灾	伤亡损失	Ⅲ	火嘴附近构筑物应耐火
7	排气口高温	排气口关闭	排气口附近着火	火嘴连续燃烧	火　灾	伤　亡	Ⅱ	排气口装联锁装置

六、危险与可操作性研究(Hazard And Operability Studies)

危险和可操作性研究(HAZOP)是一种定性的系统安全分析方法。它是英国帝国化学工业公司(ICI)研究开发的,作为对新建和改造项目的设计进行危险源辨识、分析与评价的一个有效手段。目前,已在国内外,特别是在化学工业上得到广泛的应用。

危险和可操作性研究(HAZOP)方法所基于的原理是,背景各异的专家们若在一起工作,就能够在创造性、系统性和风格上互相影响和启发,能够发现和鉴别更多的问题,这样做要比他们独立工作并分别提供结果更为有效。

1. 基本原理与方法

HAZOP 方法是通过对事故的预测，考虑工艺过程中发生的危险和可能产生故障的所有途径。它的基本过程是以关键词为引导，找出过程中工艺状态的变化（即偏差），然后分析找出偏差的原因、后果及可采取的对策。通常这项工作由工程技术人员、熟悉工艺的管理人员、操作人员、课题研究人员组成的课题小组完成。成员们对工艺过程中可能出现的异常情况，即工艺参数（流量、温度、压力）与设计规定值发生的偏差，用“多”、“少”、“无”、“部分”、“泄漏”、“其他”等关键词提问，寻找产生偏差或异常状态的原因，可能导致的后果及改进措施。

2. 危险和可操作性研究的步骤

危险和可操作性研究方法可按分析的准备、完成分析和编制分析结果报告三个步骤来完成。其本质就是通过系列会议对工艺流程图和操作规程进行分析，由各种专业人员按照规定的方法对偏离设计的工艺条件进行过程危险和可操作性研究。鉴于此，虽然某一个人也可能单独使用危险和可操作性研究方法，但这绝不能称为危险和可操作性研究。所以，危险和可操作性研究方法与其他方法的明显不同之处是，其他方法可由某人单独使用，而危险和可操作性分析则必须由多方面的、专业的、熟练的人员组成的小组来完成。

3. 应用实例

下面以某焦化厂鼓风机系统和管式炉加热系统作为研究对象，采用 HAZOP 进行分析，其结果见表 11－13 和 11－14。

表 11－13 鼓风机系统 HAZOP 分析

关键词	异常状况	可能原因	后果	改进措施
多	蒸汽压力、流量上升	（1）蒸汽厂调节失误； （2）阀门开的过大； （3）压力、流量表失效	（1）风机转速加快，可能“飞车”； （2）加大抽风风压	（1）及时与蒸汽厂联系，万不得已时停炉； （2）标准化作业训练； （3）岗位人员随时观察压力、流量表状况
	煤气温度高	（1）初冷器水量不足； （2）煤气流量大； （3）初冷器水垢多	部分焦油、萘等被抽入鼓风机系统造成系统动平衡破坏	（1）水量检测报警； （2）按煤气量检测水量； （3）加强水质检测
	轴温高	（1）润滑油油压低； （2）冷却水不足	轴温过高，烧轴承，甚至系统燃烧、爆炸	检测并严格控制润滑油油压及冷却水量
少	压力、流量下降	（1）蒸汽厂调节失误； （2）阀门开的过小； （3）压力、流量表失效	（1）风机转速降低焦炉冒烟； （2）抽风压力过小	检测并严格控制润滑油油压及冷却水量
	煤气量少	（1）焦炉故障或停产； （2）翻板关闭或控制不当； （3）初冷气液分离器液位不足	（1）鼓风机负荷减少飞车； （2）煤气从焦油槽漏出引发事故	（1）根据煤气量自动调节鼓风机转速； （2）检查及监测气液分离器的液位
	冷却水不足	（1）供水系统故障； （2）水泵损坏； （3）停电	（1）煤气温度高； （2）轴温升高	（1）改双回路供水； （2）定期检查，保持泵等完好

续表 11－13

关键词	异常状况	可能原因	后果	改进措施
少	水封缺水	(1) 供水故障; (2) 检查补水不及时	煤气泄漏造成中毒或火灾爆炸	定期检查及时补水
无	蒸汽中断	(1) 蒸汽厂发生故障; (2) 操作失误; (3) 蒸汽管道破裂	(1) 风机停转; (2) 鼓风机室内煤气泄漏,发生事故	(1) 紧急切换电动鼓风机; (2) 标准化作业
	停电	供电系统故障	(1) 冷却水供应停止; (2) 电动鼓风机无法工作	(1) 双回路供电; (2) 冷却系统供应应有保证
其他	蒸汽含杂质	(1) 管道锈蚀; (2) 蒸汽质量有问题	损坏风机	(1) 加强蒸汽管道维护; (2) 保证蒸汽质量
	煤气中含氧超限	(1) 管道有泄漏; (2) 焦油盒液位不够; (3) 清扫孔未关好	遇激发能源发生爆炸	(1) 设氧含量检测装置; (2) 保持负压系统密封完好
	水质差	处理不当	产生水垢,冷却不良	按要求处理水
反向	鼓风机停,煤气逆流	水封高度不够	煤气泄漏中毒,甚至燃烧爆炸	设置水封并保持高度
	蒸汽或冷却水系统进入煤气	冷却水管漏,且水或蒸汽压力低	造成中毒或动火时发生爆炸	定期检查

表 11－14 管式炉加热蒸汽系统 HAZOP 分析

关键词	偏差	可能原因	后果	改进措施
低或否	煤气量少或中断	(1) 鼓风机停机或故障; (2) 焦炉事故停车或故障减产; (3) 误开闭阀门	煤气熄火后,未净煤气若突然发生爆炸	设置煤气压力检测报警及联锁控制装置
低或否	富油量少或中断	(1) 泵停或故障; (2) 误开闭阀门	炉内管道干烧炸裂漏油,可能发生爆炸	设置富油压力检测报警
多	出口温度、压力高	(1) 煤气压力大; (2) 富油流量小; (3) 炉管泄漏	烧坏设备、发生冒塔,甚至压力失控发生爆炸	(1) 设置检测设备; (2) 加强检查,发现问题及时处理
其他	富油内含水及轻组分过多	(1) 脱水塔失效; (2) 终冷塔水量过大	在管式炉内沸腾,压力上升造成冒塔。甚至压力失控爆炸	保证并控制脱水塔效果及终冷塔水量
其他	煤气中含杂质	(1) 洗萘效果不佳; (2) 初冷效果不良; (3) 氨水浓度不合要求	杂质堵管造成熄火发生爆炸	(1) 保证初冷、终冷水量及冷却效果; (2) 控制氨水浓度及氨水量
其他	操作失误	(1) 先送煤气后点火; (2) 点燃前未净炉; (3) 风门开闭不当	炉内发生爆炸	(1) 先点火,后送煤气; (2) 点火前净炉合格; (3) 按要求开闭风门,保证燃烧空气量
反向	煤气、原油反向进入蒸汽或水管	(1) 蒸汽或水压力低; (2) 未设逆止装置	煤气或洗油逆向进入蒸汽或水管造成中毒火灾或爆炸	(1) 保持蒸汽或水压; (2) 设置逆止阀

七、事件树分析(Event Tree Analysis)

1. 事件树分析法及其理论基础

(1) 事件树分析法。事件树分析是一种时序逻辑分析方法,它是按事件的发生发展顺序,分成阶段,一步一步地进行分析,直至最终结果。对这一动态过程或随机过程的分析和控制用树枝图形表示的方法称作事件树分析法,简称 ETA。

事件树分析法可用于分析和预测事故,根据分析结果提出预防措施,它既可定性分析也可定量分析。

(2) 事件树分析法的理论基础。事件树分析法的理论基础是马尔柯夫(Malcove)随机过程中的马尔柯夫链。马尔柯夫链的意义为:若一连串的状态,在一个有限的状态空间中发生,而每一种状态的出现,完全是由前一种状态决定的话,那么,这一连串的状态称为“马尔柯夫链”,其定义为:

设$\{x_n,n\geqslant 0\}$是随机序列,状态空间 E 至多可列,若对任何 $i_0,i_1,\cdots,i_n\in E$,只要 $P(x_0=i_0,x_1=i_1,\cdots,x_n=i_n)\neq 0$,

则有 $P[(x_n=i_n)/(x_0=i_0,x_1=i_1,\cdots,x_n=i_n)]=P[(x_n=i_n)/(x_{n-1}=i_{n-1})]$,

则称$\{x_n,n\geqslant 0\}$为马尔柯夫链,简称马氏链。

马尔柯夫链表明,后一种状态的发生完全是由前种状态决定的,与其他状态无关,这是我们借助事件树分析时最基本的依据。

2. 事件树分析法步骤

事件树分析一般按以下步骤进行:

(1) 从分析事件的初始原因事件开始,按时序逻辑与马尔柯夫链的原则,分析至最终结果,并画出事件树。

以煤气中毒事故为例,说明事件树的作图。从事故的最初原因事件开始,按马尔柯夫链和时序逻辑关系,进行各阶段的分析,分析结果如图 11－5 所示。

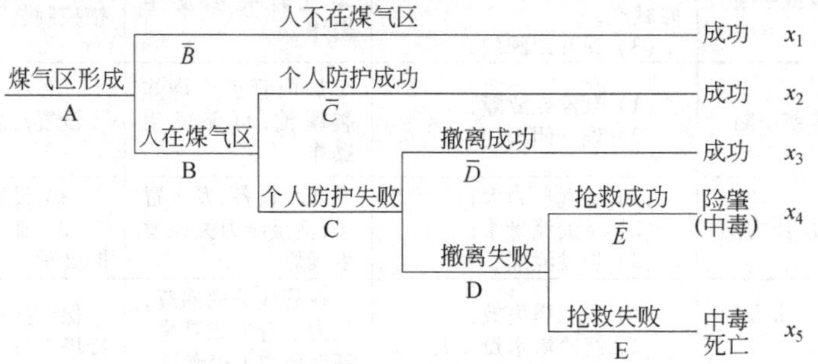

图 11－5　煤气中毒事件树

从图 11－5 中可以看出,要考虑煤气中毒,最基本原因是有煤气存在,在考虑煤气存在(A)后,这时 A 就决定了下一个状态有没有人在煤气区,若有人在场 B 存在,就决定了要考虑人有防护没有,如果没有防护,则考虑撤离问题等,这样一直到最终结果 E。

(2) 若已知各阶段随机事件的概率,计算出结果事件的概率。概率计算是将各阶段之间事件看成是独立的,按初始事件到达结果所经过阶段各事件概率相乘的原则求积,得到每一结果的概率。若计算成功或失败的概率，则将结果事件看成是不相容事件，将各成功结果概率相加，得成功的概率，将失败结果的概率相加得失败的概率，若求出成功的概率后，用1减去之，得失败的概率。

例如上例，煤气中的中毒事故设 $P(B)=0.1, P(C)=0.2, P(D)=0.3, P(E)=0.4$，相应的 $P(\overline{B})=0.9, P(\overline{C})=0.8, P(\overline{D})=0.7, P(\overline{E})=0.6$，那么

$P(x_1)=P(\overline{B})=0.9$

$P(x_2)=P(B)\times P(\overline{C})=0.1\times0.8=0.08$

$P(x_3)=P(B)\times P(C)\times P(\overline{D})=0.1\times0.2\times0.7=0.014$

$P(x_4)=P(B)\times P(C)\times P(D)\times P(\overline{E})=0.1\times0.2\times0.3\times0.6=3.6\times10^{-3}$

$P(x_5)=P(B)\times P(C)\times P(D)\times P(E)=0.1\times0.2\times0.3\times0.4=2.4\times10^{-3}$

求出各结果状态概率后，求中毒事故的概率：

$P(Z)=P(x_4)+P(x_5)=3.6\times10^{-3}+2.4\times10^{-3}=6\times10^{-3}$；

而成功（未生产中毒）的概率为：

$P(\overline{Z})=P(x_1)+P(x_2)+P(x_3)=0.9+0.08+0.014=0.994$

或 $P(\overline{Z})=1-(P(Z))=1-6\times10^{-3}=0.994$

(3) 分析造成失败前的各阶段事件，寻求防止失败发生的对策。

事件树中，控制造成失败前的各阶段事件都是防止事故的对策，比较这些对策中，哪一个是最优办法。如煤气中毒是由于没有撤离煤气区，无防护用具，人进入煤气区和煤气区形成这四个事件联锁造成的，采取措施的办法就从以上四个方面着手，切断其中之一就可以防止煤气中毒事故发生。

(4) 根据概率计算，得到失败的概率，可与其他类型失败概率比较，以分先后重点予以控制。

(5) 将防止失败发生的方案进行比较、取最优方案，并予以实施。例如煤气中毒的预防方案最可靠的、最根本的办法是防止煤气区的形成。当然，如果技术、资金不允许，则可从人的角度，采用教育、管理和控制等手段解决这一问题。

3. 事件树分析的作用

(1) 事件树分析可用于对已发生事故的分析，也可用于对未发生事故的预测。

(2) 在对事故分析和预测时，事件树分析方法比较方便明确，寻求事故对策时比较直观。

(3) 事件树分析可用于管理上对重大问题的决策。

(4) 分析资料可作为安全教育材料。

(5) 对复杂的问题，可以用此方法进行简捷推理和归纳。

第二节　事故树分析

一、事故树分析及其步骤

事故树就是从结果到原因描绘事件发生的有向逻辑树，对这种逻辑树进行演绎分析，寻求

防止结果事件发生的对策,这种方法就称为事故树分析法(Fault Tree Analysis),简称 FTA。

从以上事故树分析的定义来看,事故树分析是从结果开始,寻求影响结果事件(通常称顶上事件)发生的原因事件,是一种逆时序的分析方法,这与事件树分析(ETA)方法相反。另外,事故树分析是一种演绎的逻辑分析法,将结果演绎成构成这一结果的多种原因,再按逻辑关系构建,寻求防止结果发生的措施。事故树分析是系统分析中应用最广泛的方法之一。

事故树分析法主要有以下步骤:

(1) 画事故树图。画事故树图时,必须首先确定所分析的对象(或称结果事件、顶上事件),即所谓"确定目标",然后调查、收集和分析与结果有关的所有原因事件,即所谓"调查情况",最后按原因与结果、原因与原因之间的逻辑关系画出事故树,即所谓"建立模型"。

(2) 定性分析。在画出事故树以后,寻求其逻辑关系式,即布尔表达式,并化简布尔表达式,求出事故树的最小割集与最小径集,求基本事件的结构重要度,并做出定性分析结论。

(3) 定量分析。定量分析必须首先确定各基本事件的概率,并求出顶上事件的概率,然后求取基本事件的概率重要度和临界重要度,最后做出定量分析结论。

二、事故树符号及其意义

事故树的符号是作图和分析的基本记号,下面仅以常见的符号予以介绍和说明。

1. 事件符号

表达树图中各类事件的符号,主要有以下几种:

(1) 矩形符号,表示项上事件或中间事件的符号。如图 11-6*a* 所示,顶上事件是分析的对象或结果事件,中间事件则是上一事件的原因,又是下一事件的结果。

(2) 圆形符号,表示基本原因事件,如图 11-6*b* 所示。基本原因事件是不能再分析下去的事件,即没有原因引起它发生的事件。

(3) 房子形符号,表示正常事件,如图 11-6*c* 所示。在分析中,有些原因事件发生是一种正常的事件。如车床加工时绞辫子事故分析中,车床运转(因为加工生产)这一事件就是正常事件,此时用房子形符号表示。

(4) 菱形符号,表示省略事件。如图 11-6*d* 所示。有些事件由于技术原因或其他原因无法分析或无必要再分析时,采用菱形符号表示。

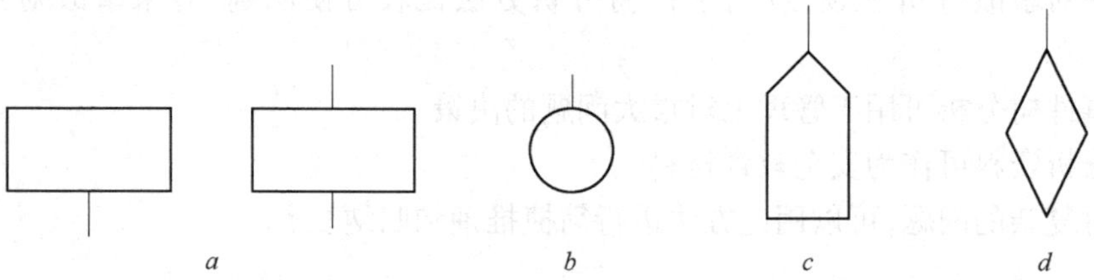

图 11-6 事件符号

2. 逻辑符号

逻辑符号是表示原因与结果之间逻辑关系的符号,主要有以下几种:

(1)"与门"符号 表示原因事件同时发生,结果事件才发生。如图 11-7*a* 所示,x_1,x_2,x_3 同时发生,T 才能发生,即 $T = x_1 \cdot x_2 \cdot x_3 = x_1 \cap x_2 \cap x_3$。

（2）“或门”符号　表示原因事件至少有一个发生，结果事件才发生。如图 11－7b 所示，或门符号表示 x_1, x_2, x_3 至少有一个发生，T 就发生，即 $T = x_1 + x_2 + x_3 = x_1 \cup x_2 \cup x_3$。

（3）条件“与门”符号　表示当原因事件同时发生时，还必须满足某一条件 α，才能使 T 发生，如图 11－7c 所示，当 x_1, x_2, x_3 同时发生，且满足条件 α，T 才会发生。

即 $T = x_1 \cap x_2 \cap x_3 \cap \alpha = x_1 \cdot x_2 \cdot x_3 \cdot \alpha$。

（4）条件“或门”符号 表示事件 x_1, x_2, x_3 至少有一个发生，且满足条件 α，T 才发生。如图 14－7d 所示，当 x_1, x_2, x_3 至少有一个发生，且条件 α 也发生，此时 T 就会发生。即 $T = (x_1 \cup x_2 \cup x_3) \cap \alpha = (x_1 + x_2 + x_3) \cdot \alpha$。

（5）“限制门”符号　表示当输入某一事件时 A，如果满足某一限制条件 α，就会使得输出结果 T 发生。如图 11－7e 所示，$T = A \cap \alpha = A \cdot \alpha$。

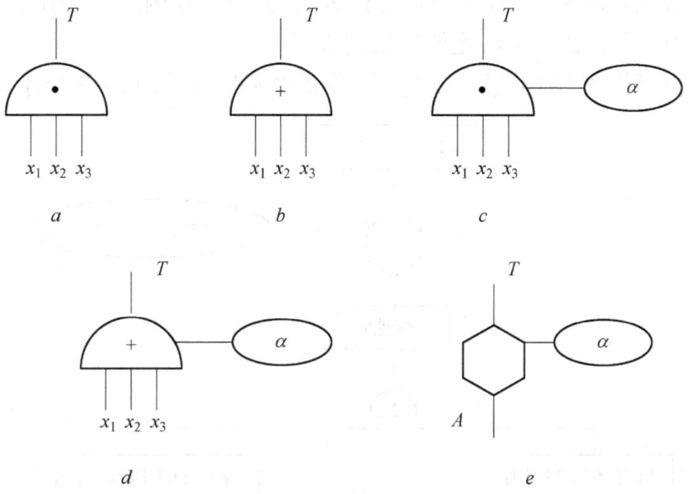

图 11－7　逻辑符号

3. 转移符号

当事故树很大，包含的基本事件很多，不能在一张图纸上完成，或当一事故树中多处包含同样原因事件时，用转移符号进行简化事故树。

（1）转出符号　转出符号表示其连接的部分树图为总树的一部分，并由此转出，三角形内标出向何处转移，见图 11－8a。

（2）转入符号　转入符号表示其连接的地方是转出的内容所在，即由此转入。三角形内标出从何处转来，如图 11－8b 所示。

值得注意的是，在一个事故树中，转出符号与转入符号需对应使用。

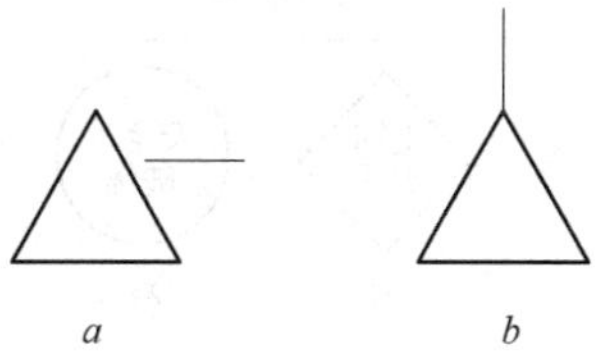

图 11－8　转移符号

三、事故树的作图

1. 作图过程

下面以“脚手架上坠落死亡”事故为顶上事件说明事故树的作图过程。

我们按逆时序和因果逻辑关系的原则，从顶事件开始作事故树图。由于死亡之前是坠落地面事件发生，若要导致死亡发生则需满足一个限制条件：高度、地面状况、受伤部位等，所以“死亡”下面应是坠落地面和限制条件作用的结果。注意，这里的坠落地面是指从脚手架上掉下来的落点，也可能是地面，也可能是安全网或其他建筑物。

坠落地面之前应是未落地时的情况。根据因果逻辑关系，引起坠落于地面的原因应是身体离开脚手架（或称不慎坠落）与安全带未起作用共同所致，故此处用与门表示。

身体离开脚手架是由于脚手架上滑倒，且身体重心超出脚手架或身体失去平衡后，重心超出脚手架而引起的，故此处应用条件或门表示。

安全带不起作用有两种可能。作业时没有用安全带或安全带产生机械破坏所致，故此处用或门表示。

机械破坏有两种可能。一个是安全带本身破坏，另一可能是系安全带的支撑破坏，故此处用或门符号表示。

没有用安全带也有两种可能，一个是忘记戴用，另一个是因从一个作业点至另一作业点时取下安全带（此处是正常事件），此处用或门表示。

根据以上分析可作出“脚手架上坠落死亡”事故树图，如图 11－9 所示。

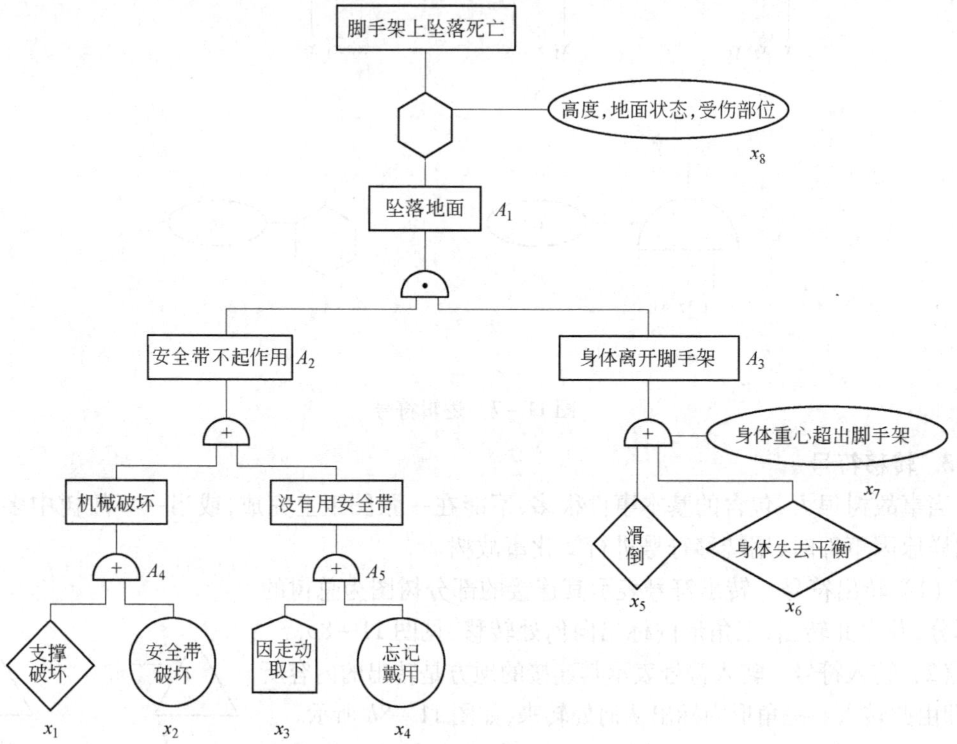

图 11－9　脚手架上坠落死亡事故树

将事故树中各事件以英文符号代替，见图 11－9，写出其逻辑表达式（或称布尔表达式）。

$$T = A_1 \cdot x_8 = A_2 \cdot A_3 \cdot x_8 = (A_4 + A_5) \cdot A_3 \cdot x_8$$
$$= (x_1 + x_2 + x_3 + x_4) \cdot (x_5 + x_6) \cdot x_7 \cdot x_8$$

布尔表达式的写法还可以从下至上一次写出。

2. 作图注意事项

作事故树图时要注意以下几点：

（1）从顶上事件开始，按事件发生、发展层次全面找出事故的原因事件。

（2）分析时应按逆时序和因果逻辑关系进行分析原因。

（3）要充分注意原因和结果之间的逻辑关系。

（4）要正确使用各种符号。

（5）事故树中相同事件使用同一英文符号表示。

（6）复杂的 FT 采用转移方法，用分解形式进行分析。

四、布尔代数化简事故树

1. 布尔代数运算定律

在化简事故树时，要用到布尔代数的有关运算定律，为简便起见，我们只列出布尔运算定律公式，不予以证明。

设 A、B、C 为某一集合 I 的三个子集，O 为空集合，则有

（1）集合与空集合

$A \cdot I = A \quad A \cdot O = O$

$A + I = I \quad A + O = A$

（2）结合律

$(A + B) + C = A + (B + C)$

$(A \cdot B) \cdot C = A \cdot (B \cdot C)$

（3）交换律

$A + B = B + A$

$A \cdot B = B \cdot A$

（4）分配律

$A \cdot (B + C) = A \cdot B + A \cdot C$

$A + B \cdot C = (A + B)(A + C)$

（5）互补律

$A + \overline{A} = 1$ （$A = 1 - \overline{A}$或$\overline{A} = 1 - A$）

$A \cdot \overline{A} = 0$

（6）对合律

$\overline{\overline{A}} = A$

（7）等幂律

$A + A = A$

$A \cdot A = A$

（8）吸收律

$A + AB = A$

$A(A + B) = A$

（9）重叠律

$A + \overline{A}B = A + B = B + \overline{B}A$

$A \cdot (\overline{A} + B) = A \cdot B = B \cdot (\overline{B} + A)$

（10）摩根定律

$\overline{A+B}=\overline{A}\cdot\overline{B}$

$\overline{A\cdot B}=\overline{A}+\overline{B}$

2. 利用布尔运算定律化简事故树

在事故树作成之后，若树中存在着相同基本事件时，要用布尔运算定律进行化简。例如有一事故树如图 11－10 所示。

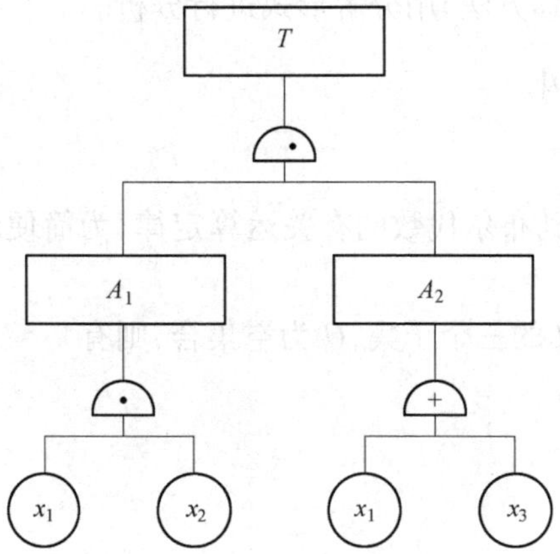

图 11－10　事故树图

已知 $T=x_1x_2(x_1+x_3)$，此时事故树中有两个 x_1，用布尔代数运算定律化简得：

$T=x_1x_2(x_1+x_3)$

$=x_2x_1(x_1+x_3)$　　（交换律）

$=x_2x_1$　　（吸收律）

$T=x_2x_1$ 是 $T=x_1x_2(x_1+x_3)$ 的等效式，由 $T=x_2x_1$ 作出的事故树为其等效事故树。如图 11－11 所示。

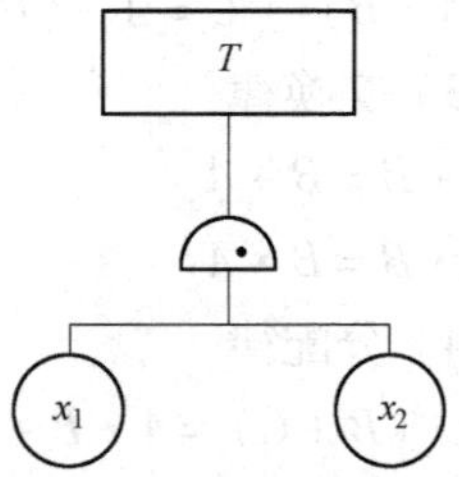

图 11－11　等效事故树

3. 事故树概率计算

设图 11－10 中 x_1, x_2, x_3 的概率分别为 $P(x_1)=0.1$，$P(x_2)=0.2$，$P(x_3)=0.3$。那么，该事故树化简前 $T=x_1x_2(x_1+x_3)$ 的概率为：

$P(T)=P[x_1x_2(x_1+x_3)]$

$=P(x_1)P(x_2)\ P(x_1+x_3)$

$=P(x_1)P(x_2)\{1-([1-P(x_1)][1-P(x_3)])\}$

$=0.1\times0.2\{1-(1-0.1)(1-0.3)\}$

$=7.4\times10^{-3}$

而化简以后事故树 $T=x_1x_2$ 的概率则为：

$P(T)=P(x_1x_2)$

$=P(x_1)P(x_2)$

$=0.1\times0.2$

$=0.02$

显然，化简前后的概率计算结果相差较大，所以，事故树在概率计算时，需先考虑化简后再计算。

五、最小割集和最小径集及其求法

1. 最小割集和最小径集的概念

所谓最小割集，就是导致顶上事件发生所必需的、最低限度的基本事件的集合。即在事件树中，某一组基本事件（不多也不少）发生，导致顶上事件发生，这组基本事件就为该事故树的一组最小割集。如图 11－9 中 x_1, x_5, x_7, x_8 这 4 个基本事件发生，则可导致顶上事件发生。若 4 个事件中只有三个（即有一个不发生）发生，则 T 不发生，又若多一个事件如 x_1, x_2, x_5, x_7, x_8 发生，虽然 T 发生，但不是定义所要求的。

所谓最小径集，就是使顶上事件不发生所必需的、最低限度的基本事件的集合。即在事故树中，某一组基本事件（不多不少）不发生，则可控制顶上事件发生，这组基本事件就为该事故树的一组最小径集。如图 11－9 中，x_1, x_2, x_3, x_4 这 4 个事件组合为该事故树的一组最小径集。

最小割集也称最小截止集或最小截集，它表示系统的缺陷，每一组最小割集为一条使顶上事件发生的通道，最小割集组数越多，表示顶上事件发生的通道越多，顶上事件发生的可能性也就越大。最小割集在安全教育、事故预防、安全评价和定量计算等中有较广泛的用途。

最小径集也称最小通集或最小路集，它是控制顶上事件发生的措施，每一组最小径集就是一个控制办法。最小径集组越多，表示控制措施越多，可将这些措施进行比较选优后，决策控制方案。最小径集在事故防止，安全评价，进行定量计算中有较广泛的应用。

有了最小割集与最小径集的概念后，我们介绍最小割集与最小径集的求算方法。

2. 布尔代数变换法求最小割集和最小径集

（1）求最小割集。布尔代数变换法求最小割集是将布尔表达式变换成几项相加，每一项就是最小割集中的一组，一起就是最小割集。

图 11－9 所示脚手架上坠落死亡事故中：

$$T=(x_1+x_2+x_3+x_4)(x_5+x_6)x_7x_8$$

$$=x_1x_5x_7x_8+x_1x_6x_7x_8+x_2x_5x_7x_8+x_2x_6x_7x_8+x_3x_5x_7x_8+x_3x_6x_7x_8+x_4x_5x_7x_8+x_4x_6x_7x_8$$

上式变成 8 项相加，我们可得 8 组最小割集即：

$$\text{最小割集}\begin{cases}x_1x_5x_7x_8\\x_1x_6x_7x_8\\x_2x_5x_7x_8\\x_2x_6x_7x_8\\x_3x_5x_7x_8\\x_3x_6x_7x_8\\x_4x_5x_7x_8\\x_4x_6x_7x_8\end{cases}$$

（2）求最小径集。布尔代数变换法求最小径集是将布尔表达式变换成几项相乘，每一项就是最小径集中的一组，一起就是最小径集。如上例：

$$T=(x_1+x_2+x_3+x_4)(x_5+x_6)x_7x_8$$

此式即为 4 项相乘，则有 4 组最小径集：

$$\text{最小径集}\begin{cases} x_1x_2x_3x_4 \\ x_5x_6 \\ x_7 \\ x_8 \end{cases}$$

注意在求最小径集时布尔代数中括号内只能允许有加法，不允许有乘法，如有乘法存在，则需进行变换成括号内无乘法的多项式。如：

$T=(x_1+x_2\times x_3)(x_5+x_6)x_4$

此时应用 $A+B\times C=(A+B)(A+C)$ 变换 $(x_1+x_2\times x_3)$

即 $T=(x_1+x_2\times x_3)(x_5+x_6)x_4$

$=(x_1+x_2)(x_1+x_3)(x_5+x_6)x_4$

$$\text{最小径集}\begin{cases} x_1x_2 \\ x_1x_3 \\ x_5x_6 \\ x_4 \end{cases}$$

无论求最小割集还是最小径集，首先应对布尔表达式进行化简后再进行变换。

3. Fussell 法

Fussell 法也称行列法，这种方法是 J. B. Fussell 和 W. E. Vssely 于 1972 年提出的一种求算方法。其基本思路是，或门使割集数量增加，但不改变割集的容量（每组割集中包含的基本事件数）；与门使割集容量增加，但不改变其数量。Fussell 法求最小割集和最小径集的具体方法如下：

(1) 求最小割集。从 T 开始，与门横排，或门竖列，至最终 x，则为最小割集。如图 11－9所示脚手架上坠落死亡事故的中最小割集可从以下推算得到。

T

↓

A_1x_8

↓

$A_2A_3x_8$

↓

$A_4A_3x_8$　（注意：竖增加，前后带上）

$A_5A_3x_8$

↓

$x_1A_3x_8$

$x_2A_3x_8$

$x_3A_3x_8$

$x_4A_3x_8$

↓

$$
\text{最小割集}\begin{cases}x_1x_5x_7x_8\\x_1x_6x_7x_8\\x_2x_5x_7x_8\\x_2x_6x_7x_8\\x_3x_5x_7x_8\\x_3x_6x_7x_8\\x_4x_5x_7x_8\\x_4x_6x_7x_8\end{cases}
$$

（2）求最小径集。从 T 开始，与门竖列，或门横排，至最终 x，则为最小径集。如图 11－9 所示脚手架上坠落死亡事故的最小径集可从以下推算得到。

T

↓

x_8

A_1

↓

x_8

A_2

A_3

↓

x_8

A_5A_6

x_5x_6　（注意：横增加，上下不带）

x_7

↓

x_8

$x_1x_2A_6$

x_5x_6

x_7

↓

x_8

$x_1x_2x_3x_4$

x_5x_6

x_7

↓

$$
\text{最小径集}\begin{cases}x_1x_2x_3x_4\\x_5x_6\\x_7\\x_8\end{cases}
$$

用 Fussell 法时，最后结果应考虑化简的问题。

（1）x_1, x_2, x_3, x_4 使这 4 个事件不发生，即使安全带有效，包括安全带的及时更换，系带的支撑要牢固，且无利角，要监督检查佩戴情况等，以保证安全带在作业过程中有效性。

（2）x_5, x_6 使 x_5, x_6 不发生，即避免滑倒和失去平衡，须考虑脚手架踏跳质量，鞋的老化和动作差错引起非正常行为等，主要从安全教育和检查等方面着手。

（3）x_7 使 x_7 不发生，即避免重心超出脚手架，须考虑脚手架的栏杆的高度、质量和设置的合理性等。

（4）x_8 使 x_8 不发生，主要考虑地面情况，此时应从安全网入手，设置安全网，并使网安全内保持无杂乱物、还须考虑急救等措施。

从以上推算结果来看，我们防止脚手架上坠落死亡事故发生有 4 种方法。以上 4 条措施中，经过比较，结合企业施工具体情况，选出最优的一种方案予以实施，可控制坠落死亡事故发生。

4. 最小割集和最小径集的计算机求解

通常情况下，对于简单的事故树计算最小割集和最小径集，一般采用布尔变换法或福赛尔行列法进行人工计算即可求得。但当事故树在实际应用中的基本事件几十、几百个，甚至更多时，人工计算求解就非常烦琐，且容易出现差错。因此，求事故树最小割集和最小径集的计算程序，是我们在解决事故树分析中的重要手段。运用计算机程序求解事故树最小割集和最小径集，可参考有关资料。

六、基本事件的结构重要度分析

结构重要度分析是从事故树的结构上分析各基本事件发生对顶上事件发生所产生的影响程度（不考虑基本事件发生的概率，即认为基本事件发生与不发生的可能性相同），并将各基本事件对顶上事件影响程度的大小排序，以便决策时参考。

求算各基本事件结构重要度有两种方法，一种是求重要度大小并排序；另一种是求重要度比较值并排序。

1. 结构重要度的求算

（1）公式法：

公式法的思路是考虑基本事件 x_i 有两种状态，一是 x_i 发生，即 $x_i=1$；二是 x_i 不发生，即 $x_i=0$，各基本事件不同状态的组合，又构成了顶上事件 T 的两种状态，$T=1$（T 发生）$T=0$（T 不发生）。在其他基本事件保持一定状态时，顶上事件 T 有以下几种状态：

1）x_i 发生，T 发生，即 $T(x_i=1, x)=1$

x_i 不发生 T 也不发生，即 $T(x_i=0, x)=0$

2）x_i 发生或不发生，T 都要发生，即

$T(x_i=0, x)=1$

$T(x_i=1, x)=1$

3）x_i 发生或不发生，T 都不发生，即

$T(x_i=0, x)=0$

$T(x_i=1, x)=0$

以上 2）、3）两种情况说明：无论怎样变化，对顶上事件都无影响，我们要考虑的是第 1）

种情况，即当 $x_i=1,T=1$ 的状态数与 $x_i=0,T=1$ 的状态数之差占整个组合状态数的比例，就是我们所要求的结构重要度。事件 x_i 的结构重要度计算公式如下：

$$I_T(x_i)=\frac{\sum T_1(x_i=1,x)-\sum T_1(x_i=0,x)}{2^{n-1}}$$

式中　$I_T(x_i)$——x_i 事件的结构重要度；

$\sum T_1(x_i=1,x)$——当 $x_i=1$ 时，$T=1$ 的组合状态数；

$\sum T_1(x_i=0,x)$——当 $x_i=0$ 时，$T=1$ 的组合状态数；

2^{n-1}——$n-1$ 个事件的两种状态的组合数。

例如图 11－12 所示，为一事故树 $T=x_1+x_2x_3$，试求 $I_T(x_1)$，$I_T(x_2)$，$I_T(x_3)$。

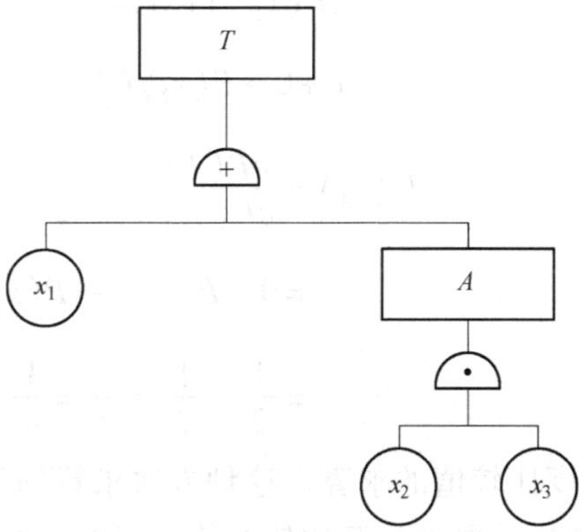

图 11－12　事故树图

应用公式法计算时，应借助事故树真值表进行，该事故树真值表见表 11－15。

根据表 11－15，我们可计算：

$$I_T(x_1)=\frac{4-1}{2^{3-1}}=\frac{3}{4}$$

$$I_T(x_2)=\frac{3-2}{2^{3-1}}=\frac{1}{4}$$

$$I_T(x_3)=\frac{1}{4}$$

表 11－15　事故树真值

x_1	x_2	x_3	T
0	0	0	0
1	0	0	1
0	1	0	0
0	0	1	0
1	1	0	1
1	0	1	1
0	1	1	1
1	1	1	1

因此有 $I_T(x_1) > I_T(x_2) = I_T(x_3)$,说明 x_1 对 T 的影响程度最大,x_2,x_3 对 T 有相同的影响程度。故首先考虑控制 x_1。

(2) 对事故树概率函数求偏导后,各基本事件的概率都以 $\frac{1}{2}$ 代入,计算其结构重要度。即:

$$I_T(x_i) = \frac{\partial P(T)}{\partial P(x_i)}\bigg|_{P(x)=\frac{1}{2}}$$

如上例:$T = x_1 + (x_2 \times x_3)$

$$P(T) = P(x_1) + P(x_2)P(x_3) - P(x_1)P(x_2)P(x_3)$$

$$I_T(x_1) = \frac{\partial P(T)}{\partial P(x_1)}\bigg|_{P(x)=\frac{1}{2}}$$

$$= 1 + 0 - P(x_2)P(x_3)\bigg|_{P(x)=\frac{1}{2}} = 1 - \frac{1}{2} \times \frac{1}{2} = \frac{3}{4}$$

$$I_T(x_2) = I_T(x_3) = \frac{\partial P(T)}{\partial P(x_2)}\bigg|_{P(x)=\frac{1}{2}}$$

$$= 0 - P(x_3) - P(x_1)P(x_3)\bigg|_{P(x)=\frac{1}{2}}$$

$$= \frac{1}{2} - \frac{1}{2} \times \frac{1}{2} = \frac{1}{4}$$

(3) 基本事件结构重要度比较值的求算。这种方法求算的值不是其真正的结构重要度值,而是一种可供基本事件结构重要度相互比较的值,故称为比较值。这种方法主要是利用事故树的最小割集或最小径集来估算,其估算公式如下:

$$I_T(i) = \frac{1}{n}\sum_{x_i \in K_r} \frac{1}{2^{n_i-1}}$$

式中 $I_T(i)$——基本事件 x_i 的结构重要度比较值;

$x_i \in K_r$——基本事件 x_i 属于最小割集组 K_r;

n_i——x_i 所在最小割集组中的基本事件个数;

n——事故树中基本事件个数。

例如:脚手架上坠落死亡事故最小割集组为 8 组,基本事件为 8 个。

$$\begin{cases} x_1x_5x_7x_8 \\ x_1x_6x_7x_8 \\ x_2x_5x_7x_8 \\ x_2x_6x_7x_8 \\ x_3x_5x_7x_8 \\ x_3x_6x_7x_8 \\ x_4x_5x_7x_8 \\ x_4x_6x_7x_8 \end{cases}$$

根据公式 $I_T(i) = \frac{1}{n}\sum_{x_i \in K_r} \frac{1}{2^{n_i-1}}$,可求得:

$$I_T(1)=\frac{1}{8}\left(\frac{1}{2^{4-1}}+\frac{1}{2^{4-1}}\right)=\frac{1}{32}$$

$$I_T(2)=\frac{1}{8}\left(\frac{1}{2^{4-1}}+\frac{1}{2^{4-1}}\right)=\frac{1}{32}$$

$$I_T(3)=I_T(4)=\frac{1}{32}$$

$$I_T(5)=I_T(6)=\frac{1}{8}\left(\frac{1}{2^{4-1}}\times 4\right)=\frac{1}{16}$$

$$I_T(7)=I_T(8)=\frac{1}{8}\left(\frac{1}{2^{4-1}}\times 8\right)=\frac{1}{8}$$

故有 $I_T(7)=I_T(8)>I_T(6)=I_T(5)>I_T(4)=I_T(3)=I_T(2)=I_T(1)$

七、概率重要度与临界重要分析

1. 概率重要度

概率重要度是指基本事件概率变化对顶上事件概率的影响程度。用 $I_{P(T)}(x_i)$ 表示 x_i 事件的概率重要度。则有求算公式：

$$I_{P(T)}(x_i)=\frac{\partial P(T)}{\partial P(x_i)}$$

例如某事故树结构函数为 $T=x_1(x_2+x_3)$ 设 $P(x_1)=0.1$，$P(x_2)=0.2$，$P(x_3)=0.3$，求 x_1，x_2，x_3 概率重要度。

因为 $T=x_1(x_2+x_3)$ 的概率函数为：

$$\begin{aligned}P(T)&=P(x_1)\{1-[1-P(x_2)][1-P(x_3)]\}\\&=P(x_1)P(x_2)+P(x_1)P(x_3)-P(x_1)P(x_2)P(x_3)\end{aligned}$$

所以：

$$\begin{aligned}I_{P(T)}(x_1)&=\frac{\partial P(T)}{\partial P(x_1)}\\&=P(x_2)+P(x_3)-P(x_2)P(x_3)\\&=0.2+0.3-0.2\times 0.3\\&=0.44\end{aligned}$$

$$\begin{aligned}I_{P(T)}(x_2)&=\frac{\partial P(T)}{\partial P(x_2)}\\&=P(x_1)-P(x_1)P(x_3)\\&=0.1-0.1\times 0.3\\&=0.07\end{aligned}$$

$$\begin{aligned}I_{P(T)}(x_3)&=\frac{\partial P(T)}{\partial P(x_3)}\\&=P(x_1)-P(x_1)P(x_2)\\&=0.1-0.1\times 0.2\\&=0.08\end{aligned}$$

则有 $I_{P(T)}(x_1)>I_{P(T)}(x_2)>I_{P(T)}(x_3)$。

2. 临界重要度

临界重要度是指基本事件的概率相对变化对顶上事件概率相对变化的影响程度。用 C_{x_i} 表示 x_i 的临界重要度,则有求算公式:

$$C_{x_i} = \frac{\dfrac{\partial P(T)}{P(T)}}{\dfrac{\partial P(x_i)}{P(x_i)}} = \frac{\partial P(x_i)}{\partial P(T)} \times \frac{P(x_i)}{P(T)} = I_{P(T)}(x_i)\frac{P(x_i)}{P(T)}$$

由上例可得: $C_{x_1} = I_{P(T)}(x_1)\dfrac{P(x_1)}{P(T)} = 0.44 \times \dfrac{0.1}{0.044} = 1$

这里 $P(T) = 0.044$

$$C_{x_2} = I_{P(T)}(x_2)\frac{P(x_2)}{P(T)} = 0.07 \times \frac{0.2}{0.044} = 0.318$$

$$C_{x_3} = I_{P(T)}(x_3)\frac{P(x_3)}{P(T)} = 0.08 \times \frac{0.3}{0.044} = 0.545$$

则有 $C_{x_1} > C_{x_3} > C_{x_2}$。

第十二章 危险源分级、控制与管理

第一节 危险源分级

危险源分级实质上是对危险源的评价。危险源分级一般按危险源在触发因素作用下转化为事故的可能性大小与危险源引起事故后果的严重程度来划分。

一、按危险源转化为事故可能性大小划分危险等级

按发生事故的可能性大小将危险源划分为六级，见表 12－1。

表 12－1 按发生事故的可能性大小划分危险源等级

级 别	事故出现可能性	危 险 概 率
A	非常容易发生	10^{-1}
B	容易发生	10^{-2}
C	较容易发生	10^{-3}
D	不容易发生	10^{-4}
E	难以发生	10^{-5}
F	极难以发生	10^{-6}

二、按事故危险程度划分危险源等级

从危险源转化为事故后果的严重性来划分危险源等级，见表 12－2。

表 12－2 按事故后果的严重程度划分危险源等级

级 别	危害程度	危 害 后 果
一级	可忽略	不会造成人员伤害和系统破坏
二级	临界的	可能造成人员伤害和主要系统损坏，但可排除和控制
三级	危险的	会造成人员伤害和主要系统损坏，须立即采取控制措施
四级	破坏性的	造成人员伤害以及系统严重破坏

三、我国国标或行业标准规定的一些危险源等级

在国家标准或行业标准中规定了一些危险源的危险等级，以下就是其中的几例。

1. 国标 GB33608—1983 按坠落高度（即与基准面的高差）把高处作业（坠落事故危险源）划分为四级：

一级：2 ~ 5 m；

二级：5 ~ 15 m；

三级:15 ~ 30 m;

四级:30 m 以上。

2.《煤矿安全规程》按平均日产 1 t 煤涌出的瓦斯量和瓦斯涌出形式,把矿井瓦斯(瓦斯爆炸危险源)划分为三级:

低瓦斯矿井:涌出 10 m^3 以下;

高瓦斯矿井:涌出 10 m^3 以上;

煤与瓦斯突出矿井。

3. 按压力容器所承受压力的大小把压力容器分为四类:

低压容器:承受压力 $0.1 \leqslant p < 1.6$ MPa;

中压容器:承受压力 $1.6 \leqslant p < 10$ MPa;

高压容器:承受压力 $10 \leqslant p < 100$ MPa;

超高压容器:承受压力 $p \geqslant 100$ MPa。

4. 冶金系统危险源等级划分标准

原冶金部(1993)冶安环第 264 号文颁布的《冶金企业危险源(点)分级、控制和管理暂行办法》中规定了危险源(点)划分的等级。根据发生事故可能性和事故后果严重性的程度,一般分为四级。

一级危险源(A 级):事故发生潜在危险性很大,并难以控制,一旦发生事故将会造成多人伤亡的重大事故地方。

二级危险源(B 级):事故发生潜在危险性较大,并较难控制,容易发生伤亡或多人伤害的地方。

三级危险源(C 级):虽然导致重大事故风险较小,但事故经常发生或潜伏有发生事故可能性较大的地方。

四级危险源(D 级):具有一定的危险性,有可能发生一般伤害事故的地方。

第二节 危险源控制

一、固有危险源控制

对固有危险源一般采用消除、控制、防护、隔离、保留和转移等手段,具体做法如下:

1. 限制能量或采用安全能源代替

限制能量一般采用隔离和控制方法,具体措施如下:

(1) 把不能共存的物质分开存放,如把燃烧三要素中任何一种要素与其余要素分开,防止火灾;把相互接触或混合后可能发生燃烧爆炸的物质分开贮存,如炸药与雷管要分开存放等。

(2) 安全防护设施,如皮带运输机安全防护装置、隔声间、栏杆等。

(3) 危险物质的屏蔽,如高温热源的屏蔽;放射线或辐射的防护屏蔽等。

采用安全能源代替危险性较大的能源主要是采用转移的手段。

(1) 采用不燃烧性材料代替可燃性材料防止火灾;

(2) 采用安全电压防止触电和电气火灾;

(3) 采用液压系统代替电力系统或压气系统,防止电气事故或避免压力管路破裂造成冲击波。

应该注意的是,安全能源代替危险性较大的能源又可能产生新的危险。

2. 防止能量积蓄

能量积蓄会使危险源具有的能量增加,从而发生事故的可能性及造成事故的损失和伤害更严重。一般采用控制手段防止能量积蓄。

(1) 调节装置,如锅炉的温度比较器、泄压阀等调节装置;

(2) 气体检测装置、报警装置,如煤气、一氧化碳检测、报警装置等;

(3) 稀释,如通风、除尘装置防止粉尘、有毒有害气体积蓄;

(4) 尽量采用地面装卸作业,避免势能增加;

(5) 利用液位控制装置,防止液位过高或过低。

3. 防止能量逸散

防止能量逸散主要是局限、约束能量和危险物质。

(1) 在带电体外部加上绝缘;安装漏电保护装置等;

(2) 高空作业佩戴安全带;

(3) 用坚固的密闭容器盛放危险物质;

(4) 工业管道的接头、阀门的密封材料要可靠。

4. 缓冲能量

缓冲能量主要是使能量减少其破坏作用。主要采用保留的手段来进行。但这种保留手段是在能量达到一定程度时的应急措施。

(1) 安全缓冲装置,如高压容器的爆破板、安全阀等;

(2) 能量吸收缓解装置,如冲击吸收装置、天车的缓冲器、高空作业的安全网等;

(3) 电气设备的保险装置,如保险丝、保险盒等

(4) 设施、建构筑物的避雷装置。

5. 防护能量

防护能量主要采取防护手段,如防护罩、灭火、隔火装置、过滤装置、防噪声装置、爆破作业的掩体、防行车钩头脱落、防钢丝绳断裂的安全装置、联锁装置、隔墙装置等。

6. 在能量通道上采取措施

(1) 设立安全通道,防止人进入能量通道上;

(2) 道路上设立人行天桥、人车分道,防止人与车相撞;

(3) 火车、汽车、人行交叉路口设安全栏杆、警示灯等;

(4) 在危险区域设栏杆、标志,如井下溜井、天井口设置警灯、护栏等。

7. 安装联锁装置

联锁装置是一种堵截能量释放的措施,使能量不能按事故通道释放出来。联锁装置一般有以下两种情况:

(1) 安全防护装置与设备之间的联锁。如果不利用安全装置,则设备不能运转而处于最低能量状态,防止事故发生。例如:矿井口的安全栅、摇台与卷扬机启动电路联锁,可以防止误启动卷扬机。

(2) 防止由于操作错误或设备故障而发生事故。例如:

防止操作顺序错误而设置联锁；

利用限位开关防止设备运转超出规定范围；

当人体或人体的一部分进入危险区域时，联锁装置使设备停止运转；

在电气设备上最容易实现联锁，因而电气联锁最为常见。

联锁装置的类型非常多，工业生产上常见的联锁装置类型如下：

限位开关　当限位开关被触动时打开或关闭电路；

擒纵机构　利用擒纵装置，如棘爪机构、自动离合器机构等，锁住或放开运动部分；

运动联锁　当安全防护装置失去效能时设备不能运转；

顺序控制　不按规定的次序操作则不能运转；

定时或延时　利用定时或延时开关在一定时刻或一定时间间隔后开始运转设备；

参数检测装置　根据压力、温度、流量等工艺参数控制设备运转；

安全监控装置　利用光电、红外线等装置打开或关闭电路；

双手控制　只有双手同时操作才能运转设备，防止把手伸入危险区域；

分离通路　把电路或机械的一部分移开，防止误运转。

8. 个体防护

个体防护实际上也是一种隔离和缓冲能量的措施。个体防护用品主要用于下列场合：

(1) 有危险性的作业场所；

(2) 为调查或消除危险而进入作业区；

(3) 事故发生时的应急情况。

个体防护是在危险源不能消除，但发生事故时就会危及人身安全的情况下必须使用个体防护用具。值得注意的是，应避免用个体防护用品代替消除或控制危险源。

个体防护用品有：安全鞋、安全头盔、工作服、安全带、呼吸器、绝缘用具，其他防护用品等。

9. 降低损害程度

降低损害程度的措施实际上是一种应急措施。事故发生后，如何防止事故蔓延和扩大，以减少损失。

(1) 工厂、车间的灭火器、沙袋、消火栓等是防止火灾发生后，能及时补救，避免事故扩大的应急措施；

(2) 矿山救护队救护是矿山发生事故后及时抢救受害者及财产的应急措施；

(3) 矿山避难硐室、安全出口、撤退路线等；

(4) 救护、应急措施，如急救、防护方法的训练和实习、医疗急救设施及急救室等；

(5) 预警、报警措施。

二、人为危险源的控制措施

人的行为表现形式多种多样，产生的原因也非常复杂，防止人的行为失控是一件非常困难的事情。一般来说，防止人的行为失控可以从以下几方面考虑：

1. 防止人的行为失控的技术措施

(1) 用机器代替人操作。在生产作业过程中，一切可用机器操作的设备、工具，尽可能不用人来进行作业，这样可以减少人的行为失控的频率。

（2）人机环境的匹配。人和机器之间，环境之间应有良好的匹配关系。一方面要人适应机器的操作要求，这就要求人要熟悉、熟练掌握机器的性能，适应机器的显示器的表达方式，适应机器控制器的操纵要求。另一方面，机器、环境要适应人的生理、心理特征。显示器要表达准确、简单、一致和合理，控制器要适宜人的生理能力和作业范围，一般应使人操作起来方便、省力、安全、可靠。环境条件适应人的生理、心理要求，如照明、温湿度、噪声及振动、粉尘、风速、色彩、车间布置等要适宜。一般来说，环境条件要使人感到舒适，能激发人的情绪，从而减少行为失控。

（3）冗余技术。冗余技术是提高可靠性的有效措施，也是提高人的行为可靠性，防止人的行为失控的有效途径。一般的，冗余技术有以下几种形式：

1）二人操作。由二人操作同一台设备，组成核对系统，一人操作，一人监视。如果一人发生行为失控，另一人可以纠正。如飞机的正副驾驶员，行车操作人员和指挥人员同时作业等。

2）人机并联。由作业人员和机器共同操作的人机并联系统。当人员作业失误时，机器自动纠正错误，进行操作，当机器发生错误时，人员可以纠正错误，这样人机并联可大大提高系统的可靠性。一般自动控制系统都为人与机器共同作业的人机并联系统。

3）检查与审查。对作业人员的行为的检查、设计审查等都是防止人的行为失控的冗余技术。

4）联锁。联锁是指人一旦失误，其作业过程则不能进行的措施。如提升设备的防过卷装置、防坠装置、漏电保护、光电控制等联锁装置。

2. 防止人的行为失误的管理措施

（1）警告。如光、色、旗、标志和标记、电铃、蜂鸣器、喇叭等。

（2）教育训练。对作业人员的安全意识、安全知识、安全技术的教育，对作业人员岗位技能培训等，使作业者行为规范化，避免差错。

（3）标准化作业。标准化作业可以使作业者按正确的方法进行作业，知道该干什么，不该干什么，怎么干。使作业者知道作业程序，先干什么，后干什么，使作业者克服不正确的习惯性违章作业。

（4）管理失误的控制

1）作业人员的选择和安排要适当；

2）作业的审批和作业者的资格要认定；

3）安全确认，开展危险预知活动；

4）制度的健全和执行。

第三节　危险源管理

一、危险源管理的基本原则

（1）危险源管理要“四定”、“五不推”

四定：定负责人、定整改措施、定整改期限、定整改资金。

五不推：岗位不推班组、班组不推工段、工段不推车间、车间不推厂部、厂部不推主管部门。

(2) 安全管理人员在危险源管理中起协调、监督作用,以确保危险源件件有反馈、条条有控制。

(3) 发动群众,增强各级领导对危险源控制和管理的积极性。

(4) 对危险源应归类分级,按危险性大小及频率高低分先后次序解决和控制。

(5) 按对危险源的控制能力进行分级管理。

二、危险源确认与建档

A 级危险源(一级):由二级单位呈报,公司组织有关专业人员讨论审核,经公司安委会确认后,安全处建立档案。

B 级危险源(二级):车间组成领导小组讨论审核呈报,经厂安委会确认后由厂安全科建立档案,并报公司安全处备案。

C 级危险源(三级):车间、工段领导小组讨论审核,厂安委会确认后,车间建立档案,报安全科备案。

D 级危险源(四级):由班组车间工段领导小组确认,安全科备案。

三、危险源管理制度

1. 危险源管理原则

根据安全生产责任制谁管理谁负责的原则,各级危险源(点)均由所属单位、部门负责日常管理工作,安全部门负责监督。

2. 分级管理制度

A 级:由厂和车间严格控制管理,日常工作由公司业务部门专人负责,定期检查、测定、鉴定和评价,并定期向公司安委会汇报,安全处负责定期的监察和复查。

B 级:由厂矿负责组织工艺、设备、安全专业人员等进行定期检查、测定和评价,日常工作由厂责成车间或指定专人负责,定期报厂安全科,安全科负责定期进行监察和复查,并汇报安全处。

C 级:车间负责组织工艺、设备、专业人员等定期检查、测定和评价。日常工作由车间主管部门及专人负责,定期报安全科备案。

D 级:由班组长具体负责,定期检查评价,报车间备案。

四、按处理能力对危险源进行分级管理

一般来说,企业安全生产委员会是安全决策的权威机构,而安全部门则是执行机构,执行机构将已辨识的危险源按重要程度及企业内部各级控制危险的能力进行分类,由安全生产委员会按从易到难,从低到高下达控制指令,使危险源得以控制。

企业内各系统的危险源一般由本系统内部解决,若本系统无能力解决,则交上一级系统解决,若上一级也不能解决,则提交再上一级,直至企业最高安全决策机构。对企业内部解决不了的危险源,则可提交业务主管部门或科研单位解决。这样就形成了一个从下至上,从内到外的危险源管理网络。如图 12-1 所示。

对危险程度较大的危险源,应及时组织治理,联合技术部门、生产部门、安全部门、机械

动力部门进行综合治理。

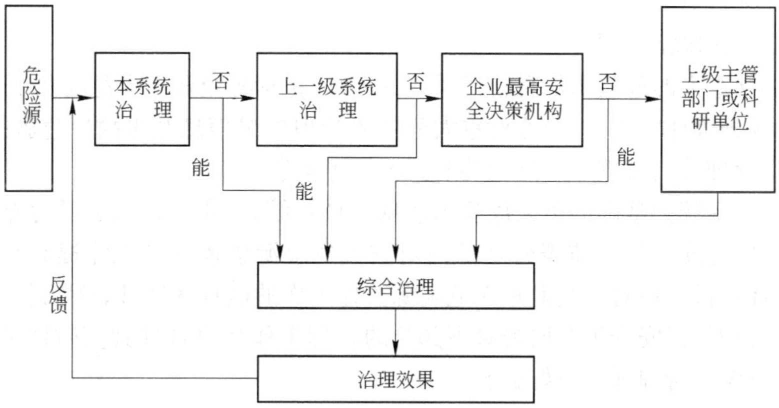

图 12－1 危险分级管理网络

多层分级管理是对大系统复杂结构的简化和最优控制，特别适用于电子计算机进行管理，从而能更准确地按危险程度制定技术可行、操作方便、安全可靠的措施。

第四节 重大危险源监控

建立重大危险源监控信息网络，实施重大危险源的监控与管理，最终建立和健全重大危险源的管理制度和监控手段，是安全监督管理部门建立重大危险源分级监督管理体系的基础。

应用系统论、控制论、信息论的原理与方法，结合自动检测技术、计算机仿真、现代通信技术等，对系统或生产过程中危险源进行实时监控，对危险源转化为事故的危险状态的各种参数变化及趋势，及时发出预警信息和应急控制指令，把事故隐患消灭在萌芽状态。

一、重大危险源监控系统

1. 重大危险源监控的基本思想

在对重大危险源进行辨识、分级，以及通过制定有关重大危险源监督管理法规的基础上，使企业明确对重大危险源管理责任、管理要求（包括组织制度、报告制度、监控管理制度及措施、隐患整改方案、应急措施方案等），建立重大危险源控制机制，确保安全生产。

安全生产监督管理部门依据有关法规，对存在重大危险源的企业实施分级管理，针对不同级别的企业确定规范的现场监督方法，督促企业执行有关法规，建立预警、监控机制，并督促对其隐患进行整改。建立健全重大危险源申报和分级制度，使重大危险源管理规范化、制度化。

安全技术中介机构也可根据企业的行业特点、生产规模等具体情况，为企业提供对重大危险源监控的管理及技术方面的指导。在各地开展工作的基础上，逐步建立全国范围内的重大危险源信息系统，以便各级安全生产监督管理部门及时了解、掌握重大危险源状况，从而建立企业负责、安全生产监督管理部门监督的重大危险源监控体系。

重大危险源的安全生产监督管理工作主要由区县一级安全生产监督管理部门进行。信息网络建成之后，市级安全生产监督管理部门可以通过网络了解一、二级危险源的情况和监察信息，有重点地进行现场监察；国家安全监督管理部门可以通过网络对各城市的一级危险源的监察情况进行监督。

2. 监控系统的设计思想

各城市建立重大的危险源信息管理系统，一般应包括各企业重大危险源的普查、分类申报信息、危险源分级评价信息、企业对重大危险源管理情况信息及事故应急救援预案，以及安全生产监督管理部门对重大危险源的监察记录等信息。

以地理信息系统为基础的重大危险源信息管理系统，使重大危险源的分布情况更加直观。该系统可以把安全生产监督管理部门对重大危险源监控管理工作提高到一个新的层次，直接通过计算机实现对各企业重大危险源监控工作的监督管理，以及跟踪企业重大危险源的分布变化情况，使安全生产监督管理部门的管理工作从直观性到实时性都有很大的提高，为安全生产监督管理部门更好的服务。

为了便于信息的传递与更新，各城市应建立各区县安全生产监督管理部门与市安全生产监督管理部门的信息网络系统，以拨号连接方式建立网络，定期进行数据的更新。

设立国家重大危险源监控中心，建立以地理信息系统为基础的重大危险源监控系统，并搜集各城市重大危险源的分布管理情况，可以将城市重大危险源的分布、状况信息和管理情况直接在总系统的电子地图上显示出来，为国家安全生产监督管理部门决策所用。待条件成熟之后，最终达到可以把重大危险源监控总系统、各城市的监控子系统以及企业的计算机监控系统通过网络相连的目的。

3. 监控系统网络设计方案

各子系统要求采集城市所辖的重大危险源信息，在各城市的地理信息系统（电子地图）上进行危险源信息的统计、报表以及多媒体信息显示，并将危险源信息和监察企业执行重大危险源安全管理有关规定的情况及时发送给监控总系统。

监控总系统要求上国际互联网（Internet），建立自己的网络主页（Home Page），以便子系统和其他授权用户可以在网上访问总系统的主页，子系统将危险源信息和监察企业执行重大危险源安全管理有关规定的情况通过 Internet 及时发送给监控总系统。

重大危险源宏观监控系统的网络组成结构框图如图 12－2 所示。

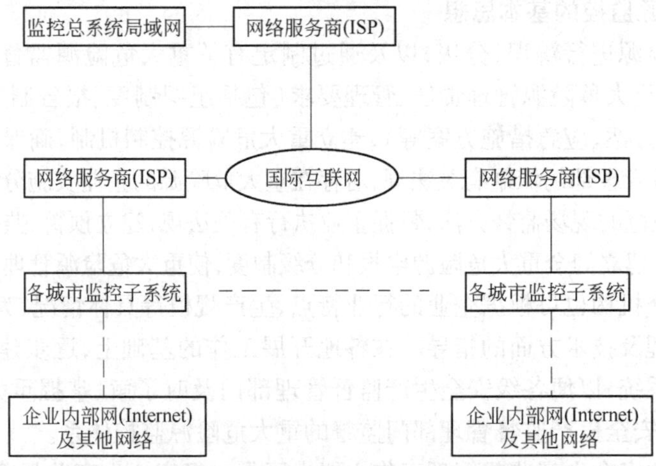

图 12－2　重大危险源宏观监控系统的网络组成结构框图

4. 城市重大危险源信息管理系统

城市重大危险源信息管理系统集计算机数据管理、多媒体、地理信息系统于一体，能够为领导和有关部门及时、直观、形象地提供重大危险源信息，以及发生事故后抢险、救援信息，有利于有关领导及时、准确的决策，最大限度地减少重大事故发生的可能性及事故造成的损失。

城市重大危险源信息管理系统，提高城市重大危险源的管理工作的现代化水平。目前，北京、青岛等城市已在此方面作出了有益的尝试。

城市重大危险源信息管理系统的目标和任务主要包括：

（1）重大危险源信息（包括多媒体及地理信息）的管理；

（2）重大危险源危险程度评估的计算机辅助分析；

（3）重大危险源事故应急救援预案的形象表述；

（4）为政府部门宏观管理和政府决策提供准确、全面、形象的信息、依据和手段，提高政府部门安全生产管理水平，促进重大事故隐患及重大危险源管理的规范化和科学化。

图 12－3 说明了城市重大危险源信息管理系统各功能的关系。

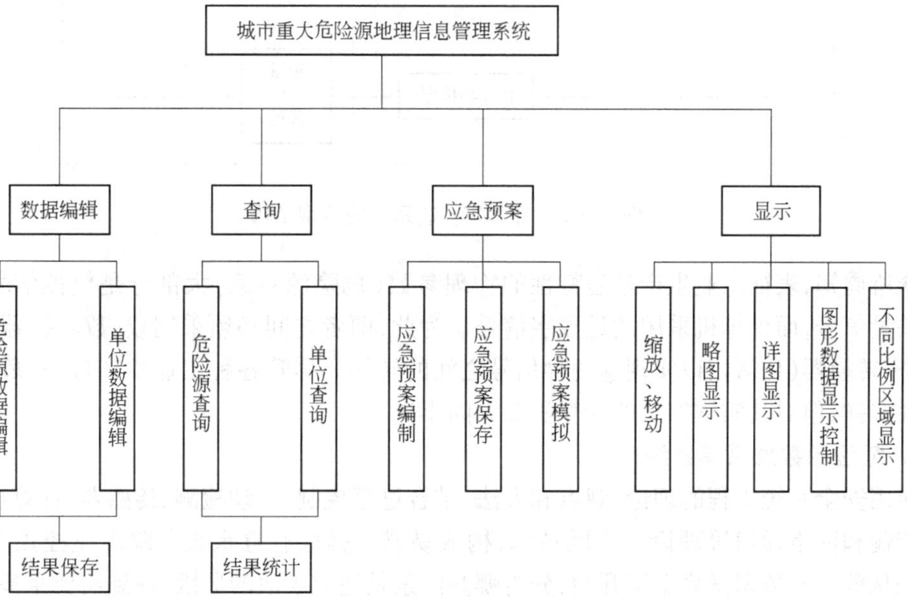

图 12－3　城市重大危险源信息系统各功能关系

二、重大危险源实时监控预警机制

1. 计算机控制系统的组成原理

重大危险源计算机实时监控预警系统的主题框架如图 12－4 所示。

图 12－4 中危险源对象是指工业生产过程中所需的，以及各种生产场所所拥有的设施或设备，如储罐、库区、生产场所等对象。这些对象有各种易燃、易爆、毒性等危险物质，对安全生产构成了极大的威胁。它们的特性参数是重大危险源监控预警系统所要关注的主要参

数,将这些参数进行数据采集,转换成计算机所能识别的信号,利用计算机对重大危险源进行检测、监视、预警和控制,预防重大事故的发生,实现安全生产。

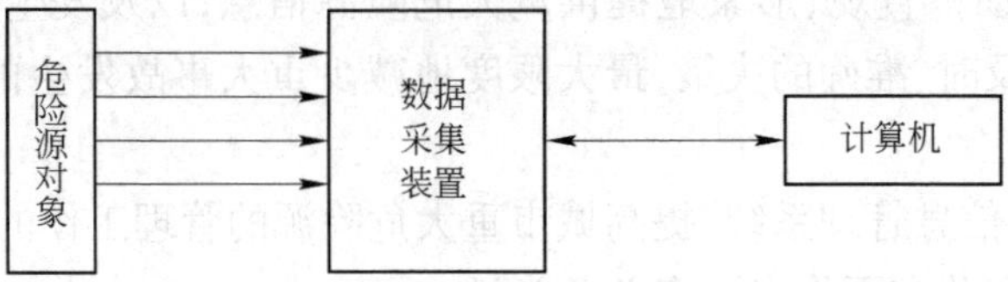

图 12-4 重大危险源监控预警系统框架

要达到重大危险源的计算机自动检测和自动控制的目的,还应将计算机所计算出的结果动态反馈到危险源对象上去,由执行机构对危险源对象的各种参数进行控制,使之运行在安全范围以内。计算机控制系统的典型结构如图 12-5 所示。

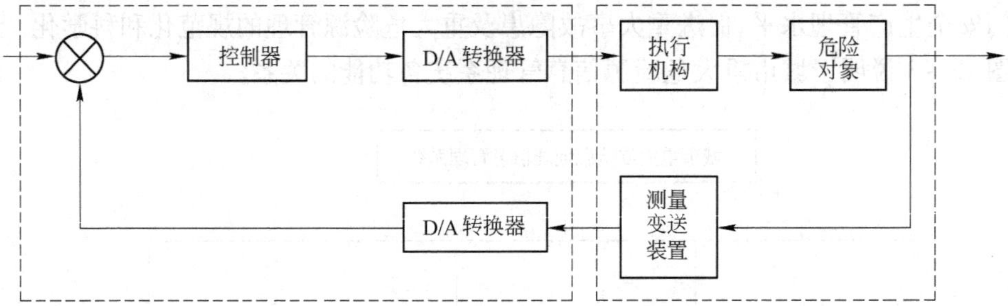

图 12-5 计算机控制系统的典型结构

众所周知,表征工业生产过程特性的物理参数(危险源对象)大部分是模拟信号,或者是开关量信号,而计算机采用的是数字信号。为此,两者之间必须采用模/数转换器(A/D)和数/模转换器(D/A),以实现这两种信号之间的转换。尽管各种工业生产过程、危险源对象多种多样,但对其实施控制的计算机却大同小异。

2. 危险源数据采集系统

应用安全系统工程的理论、观点和方法,结合过程控制、自动检测、传感器、计算机仿真、数据传输和网络通信等理论与实践技术,构成易燃、易爆、有毒重大危险源监控预警系统。应首先从危险源数据采集系统开始,分析哪些因素是造成事故的原因,找到需要采集的危险源对象和参数。

将标准信号通过数据采集装置,转换成计算机能够识别的数字信号,用于控制或预警系统的后处理。数据采集装置可以是数据采集卡、单片机或 PLC,它往往可以同时采集多路标准信号。如果需采集的标准信号很多,也可以选用多个数据采集装置。

有的系统需要采用数据采集装置所采集来的数据,且监控计算机可能与数据采集装置相距很远,因而需要采用远距离通信技术将数据采集装置采集的数据信号,转送到较远的监控计算机上。必要的时候,还要采用网络技术,将其连成局域网。整个数据采集系统采取分布式层级结构,其结构框图如图 12-6 所示。

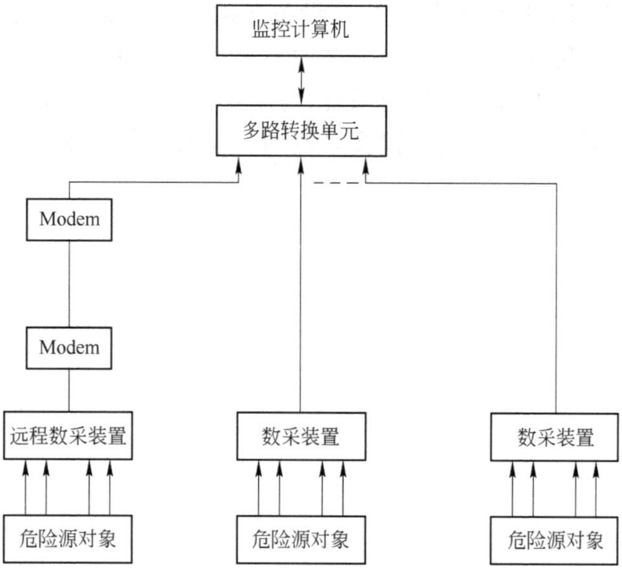

图 12－6 数据采集系统结构框图

3. 计算机监控预警系统

重大危险源对象大多数时间在安全状态下运行。监控预警系统的目的主要是监视其正常情况下危险源对象的运行情况及状态，并对其实时和历史趋势作一个整体评价，对系统的下一时刻做出一种超前（或提前）的预警行为。因而，在正常工况下和非正常工况下应该有对危险源对象及参数的记录显示、报表等功能。

（1）正常运行阶段。正常工况下，危险源运行模拟流程，进行主要参数（温度、压力、浓度、油/水界面、泄漏检测传感器输出等）的数据显示、报表、超限报警，并根据临界状态数据，自动判断是否转入应急控制程序。

（2）事故临界状态。当被实时监测的危险源对象的各种参数超出正常值的界限时，如不采取应急控制措施，就会引发火灾、爆炸及重大毒物泄漏事故。在这种状态下，监控系统一方面给出声、光或语言报警信息，由应急决策系统显示排除故障系统的操作步骤，指导操作人员正确、迅速恢复正常工况，另一方面发出应急控制指令（例如，可自动开启喷淋装置，使危险源对象降温，自动开启泄放阀降压，关闭进料阀制止液位上升等）；或者当可燃气体传感器检测到危险源对象周围空气中的可燃气体浓度达到阈值时，监控预警系统将及时报警，同时还能根据检测的可燃气体的浓度及气象参数（风速、风和、气温、气压、温度等）传感器的输出信息，快速绘制出混合气云团在电子地图上的覆盖区域、浓度预测值，以便采取相应的措施，防止火灾、毒物的进一步扩大。

（3）事故初始阶段。如果上述预防措施全部失效，或因其他原因致使危险源及周边空间起火，为及时控制火势，应与消防措施相结合，可从两个方面采取补救措施：1）应用“早期火灾智能探测与空间定位系统”及时报告火灾发生的准确位置，以便迅速扑救；2）自动启动应急控制系统，将事故抑制在萌芽状态。

在重大危险源控制领域，我国虽然取得了一些进展，开发了一些实用新技术，对促进企业安全管理、减少和防止伤亡事故起到了良好作用，为重大事故的预防和控制奠定了一定基础。但由于我国工业基础薄弱，生产设备老化日益严重，超期服役、超负荷运行的设备大量存在，形成了我国工业生产中众多的事故隐患，而我国重大危险源控制的有关研究和应用起步较晚，尚未形成完整的系统，与欧洲国家以及美国等工业发达国家的差距较大。因此，加强重大危险源监测预警系统的科学研究与技术开发，是安全工作者的历史使命。

第十三章　固有危险源引起的事故及其控制

第一节　机械能引起的事故及控制

一、机械能引起的事故

由机械能危险源引起的事故几乎占整个事故的绝大部分，若按事故过程起始的能量状态，大致可将这种事故分为如下两类：

（1）势能引起的事故；

（2）动能引起的事故。

势能一般也称位能，它与物体的质量及其位置高度成正比。但是，从视觉的角度看，这种能量是静态的、潜在的，所以人们对这种危险性的认识往往不如对动能所引起的危险性来得敏感。然而，由于某种原因，当势能转换为动能时，这种事故的强度急剧增强的可能性就大，事故的后果就会越严重。

由动能引起的事故是通过碰撞而造成的，如果从其作用方向来看，可以分为如下三种情况：

（1）人是静止的，人被运动物体所碰撞；

（2）人和处于客观条件的物体相互运动而发生碰撞；

（3）机械、装置等客观条件是静止的，人与之发生碰撞。

情况（1）是人被运动的物体所碰撞，当物体具有人所难以躲避的速度时，这种情况容易发生；（2）是在人操作机械等运动的物体时容易发生的情况；（3）是人碰撞静止的物体所发生的事故，这种事故当然不是人有意识的碰撞静止的物体，而是在进行其他有目的的行动时遭到失败，迫不得已的行为而造成的事故。例如，用力进行拔、拉、转动物体时，由于误动作而引起物体反弹或姿势不对、用力过猛等造成人的行为能与静止的物体剧烈碰撞而发生事故，此种情况为人的行为能失控。

二、势能所引起的事故及控制

势能是在事故发生之前处于静止状态的物体所具有的能量，由于某种原因，势能转化为动能而发生的事故，发生这种事故的根本原因是由于地球重力作用而引起的。由势能引起的事故，从现象上加以分类，有“落体”、“坠落”、“倒塌”、“崩垮”等表现形式，由势能引起的事故后果可能造成较为严重的损失或伤亡事故。

1. 防止落体

落体是位于操作人员上方的物体，由于某些原因落下而发生的事故。例如，忘了放在上方机械、装置上的工具、部件等物体，由于机械运转而产生的振动，逐渐滑移和松动，终于脱落而下。尤其是起重机之类的装置容易发生这种情况。要防止落体，就要做到在进行检查、修理后，不要忘了把工具、部件等物品拿下来，对于螺栓紧固的部分，要检查它是否松动。另外,设备的磨损、龟裂等也可能导致部件的破损而产生落体的情况,所以对机械、装置需要经常进行检查,特别是易磨损的部件,应重点加强检查。

2. 防止坠落

坠落现象一般是人在离地面高的地方进行作业时容易发生;或者即使作业面在地面上,甚至于在地面作业面之下(地面以下)进行作业时,也往往容易发生坠落事故。

在比地面高的地方作业时,要防止坠落,就要使用安全带,这样即使人体失误而坠落,也会被安全带系住。值得注意的是,如果高处作业的活动范围较大,安全带太长,即使系上了安全带,结果因坠落距离变长,发生坠落时的冲击也会导致人体较严重的伤害。另外,在建设工地,应按要求设置安全网,以缓冲落下的冲击。对于高处作业的建筑脚手架等,对其结构和强度也必须充分考虑到它的安全性。

载重汽车装卸货物,用力勒紧系强货物时,因系绳磨损断裂而发生坠落的情况也时有发生,这种作业场合因不能使用安全带,所以需要切实戴好防止坠落事故的结实的安全帽。

在可以移动的工具中,坠落事故最多的是梯子,梯子必须防止滑动。由于梯子踏脚的横条破损而使人体生产坠落事故是常见的,所以在使用梯子时应检查其横条的可靠性。另外,在固定的梯子上边,为防止升降时坠落,一般应安装间隔适当的圆形框架。

对于工作面比地面低的情况,为防止坠落,可以设置边缘栅栏等。对于货物专用电梯,要防止其在出入口处发生坠落,当电梯不在时,应随电梯的下降,栅栏自动落下,使出入口关闭,以防止坠落事故的发生。

3. 防止倒塌

用棒状材料建造的设施有下列几种倒塌情况:例如井架、烟囱等由于强度不够因强风而倒塌;井架因支柱强度不够被压弯而倒塌;由于吊装操作不良而引起倒塌等。因此,在设计上对这些设施要确保有足够强度的安全系数,同时,还要做到在吊装时不发生冲击。桁架结构的塔式设施,在操作中有承受异常应力的危险,这种情况除了进行正确的设计外,还必须进行经常维修和检查。

4. 防止崩垮

作业现场内的原材料、半成品或产品等堆垛较高,或靠墙立起来的物料等,都有崩垮的危险性。所以,作为具有稳定性的堆垒方法是不要使堆垒高度太高,如立起来不稳定的物料要平放。另外,如果装载的货物不采用正确而稳定的装载方法,在一定条件下也有发生崩垮事故的危险性。

土建工程在地基开挖、凿岩时,坡面要有足够的安全倾斜度以防止崩垮。由于作业对象是静止的,在崩垮发生之前,人们往往对其危险性感觉不够敏锐。所以,对地基、结构、物料等的稳定性要予以充分考虑。

在隧道、坑道掘进作业中,往往会产生塌方现象。除了要考虑地质、地基、地层断裂等因素外,还需经常检查地质情况及其变化状态,防止土石的塌方。

从事故发生的作业场所来看,崩垮事故中由于"货物的装卸和搬运"引起的事故占整个事故的三分之一。装、搬运的货物,其种类、形状、大小、重量各不相同,因此搬运方法也不相同,难以确定标准的操作方法,再加上它是一种静止的能量,所以在感觉上对其危险性的认识不够。因此,重量过重的物体由于支撑强度不够而崩垮,砸伤人体;或搬运过重物体时姿势不正确,把腰扭伤;或者在不正确的姿势下急于背起过重物体而改变方向时引起扭伤。

此外，在共同作业中搬运较大的货物时，会因全体操作人员的动作不协调，操作不一致而引起事故。因此，对由一个人搬不动的特别重的物体，应按物体的种类、包装方式、重量等确定搬运方式，要选择适当的搬运工具，如采用叉车或其他机械来搬运物体；为防止脚部容易发生伤害，要穿好安全靴。

三、动能引起的事故控制

动能是提供生产设备、各种机械进行生产的能量。由动能引起的事故大致有如下两类：

(1) 机械设计不良，没有足够的强度。

(2) 机械所具有的运动机构本身具有危险性。

随着机械的使用而产生磨损、腐蚀、龟裂，因而不能承受过重负荷而遭到破坏时，会给操作人员造成伤害。在机械具有(1)类缺陷时，容易产生这种伤害。对于这种情况，机械设计要充分考虑作业条件使之具有足够的强度。同时，制作时要做到不采用有缺陷的材料和加工方法，尤其是在使用过程中，要进行仔细的检查，尽可能在早期发现缺陷而加以维修。

当机械的运动机构在本质上存在着(2)类缺陷的危险性时，必须考虑使用这种机构时预防事故的方法。一般来说，机械运动大致可以分为如下三种：

(1) 旋转运动；

(2) 直线运动；

(3) 包含旋转和直线运动的运动。

机械的运动机构绝大多数的组成部分是旋转体，旋转体具有从外部卷入所接触的一切物体的性质。特别是旋转轴有突出部分时，有被它钩住而卷入的危险。因此，在转动轴、皮带轮、皮带以及齿轮和齿轮固定键、固定螺钉和轮缘接口等处都具有这种危险性。而在使用车床的麻花钻、螺旋铣刀等刀具时，也潜藏着和旋转轴同样的危险。

由此可见，如果旋转体存在突出部分，就有由此而被卷入的危险，或即使没有突出部分，但有相对接触的旋转滚筒，例如混炼橡胶轧机、干燥滚筒等，在这些滚筒之间都有被卷入的危险性。

虽然在机器上进行直线运动的部件比旋转部分少，但龙门刨床、牛头刨床、压砖机、冲床等都是进行往复运动的机械，特别是这种机械装上刀具或模具时危险性更大。在作业现场，当人在操作过程中或在作业通道上行走时，这些机械部分突然飞出与人碰撞就容易引起事故。

要排除由动能引起的这些危险性，一般可采用如下的方法：

(1) 将有危险性的部件与人隔离；

(2) 手不靠近正在进行作业的加工点；

(3) 产生危险性时，机械本身能自动报警；

(4) 联锁方式；

(5) 安装自动停车装置；

(6) 远距离操作；

(7) 自动控制方式。

为了控制机械能所引起的事故，应按生产方式、作业种类及其规模，分别采用如下各种合适的方式。

1. 危险性部件与人隔离

在构成旋转机械的部件上,在传送能量的旋转部件和操作人员之间设置安全罩,做到即使操作上发生差错,触碰到安全罩上,也不致被卷入。

2. 手不靠近作业点

对一部机器来说,最危险的部分就是消耗能量特别大的加工点,在手工操作中,可能出现由于一点点差错,或者动作节奏的紊乱,动能就可能传给人体而产生伤害。

要防止这种事故,应在人和被加工物件之间设置有一定宽度的区域,当人体的一部分进入这一区域时,不管人本身的意志如何,都能自动排除这种情况,即能自动切断这一区域的能量供应,使机械自动停车。如冲压设备的光电保护、红外保护等。另外,在给压机供料时,为了使手不卷进压辊之间,应在人体与压辊之间设置使手不能通过的防护装置,即使因为疏忽使手伸进去了,也达不到压辊之间。这种方式也应用于剪切机,虽然它有一供给铁板进去的间隙,因为设置有手指进不去的防护装置,就不会发生被刀刃切断的事故,

防止这类事故的根本办法是,不用手来给机器送料,而是根据被加工物件的种类,在机器上安装自动供料装置,这就是本质安全的方式。这种方式不仅安全,还能节省人力,提高生产效率。

3. 警告方式

操作人员在作业现场的行为,有时是因为人处于无意识的心理状态,而进行的一种习惯性的行动;有的则是由于无知和不熟练而产生的错误,还有的则是在当时根本没有意识到危险性而继续进行操作。

这时,需要由第三者或外界给操作人员一些刺激,或发出危险警告。为此,一般采用的是"警告指示灯"、"警告蜂鸣器"。利用这种警告装置使操作人员明确操作行动或客观条件的危险状态,从而纠正人的错误行动,并通过控制使机械和装置恢复到正常的安全状态。

就是说,机械和装置能自动检查出本身的危险性,当人进入危险区时,操作联动的开关闭合,使警告指示灯或蜂鸣器工作,对人的无意识行动发出警告,由此使人的意识完全恢复并使他离开危险区。

这种方式的原理是利用电、油压、空气压力系统的作用,当机械超出正常状态时,它能立即检测出来并发出警告。

4. 联锁方式

将能量供给机械时,要有 A 系统和 B 系统同时作用,因为在它们独立工作时有发生事故的危险性,所以为了确立一安全的操作程序,必须设计出这样一种结构,即当系统 A 接通后,如果不接通系统 B,机械就不会开动;或者反过来,即使先接通系统 B,机械也不运转。这种按一定程序控制的机构就是联动机构,我们把它称为联锁。它是大型设备装置运转中常用的一种方式,也应用于压力机、纺织机械等中、小型设备装置中。

5. 自动停车方式

通过警告方式,如果操作人员的无意识性仍然存在的话,就必须立刻采取行动使操作恢复正常,接着采取的步骤就是机械和装置本身就能自动停车。

这种方式适用于大规模的机械装置,例如火车自动刹车装置就是属于这种方式的装置。而对于小型机械,也可以运用这一原理来实现自动停车,如在压力机上采用光电保护装

置等。

6. 远距离操纵方式

生产是由人和机械共同进行的，但一般是由人直接控制机械来完成的。这时，因为机械系统和人在操作活动中都存在危险性。所以不让人进入这种危险区，而在远处来操纵机械，这就是远距离操纵方式。

对于有毒气体、蒸汽和粉尘等容易泄漏的作业环境条件，采用远距离操纵方式是最为有效的。另外，当一个人操纵几台机器时，采用远距离操纵方式也非常适用。这种方式也应用于立式车床、铣床、镗床等大型机械。当采用这种方式时，如果机械出现异常，必须利用闪光等方式给操作人员发出警告信号，确保生产过程的安全性。

7. 自动控制方式

自动控制方式是更有效地进行远距离操纵的一种方式。在一系列机械组成的系统中，即使是应该由人来进行的有关操作，也可以采用这种方式，即把应当由人进行的操作，改由机器本身进行控制。

采用自动控制方式，操作人员不需要进入存在着危险性的区域作业，所以作业人员的安全性大大增强。因为在生产过程中，减少了人直接介入危险的机会，所以能确实保障人们作业活动的安全与健康。这种方式就是要最大限度地发挥人的主观能动作用，提高生产效率，而且还能提高对生产效果预测的准确性。

因为利用电能、油压、空气压力来作驱动动力，代替了人为操作，所以人也从事故中解放了出来。为使采用这种方式的生产顺利进行，机械的正常状态遭到破坏时，其警告指示灯方式和自动停车方式必须同时并用。如汽车制造厂中的自动生产线就是其例。

采用这种方式的机械和装置，无论从色彩工艺学方面来看，还是从环境学方面来看，在使操作行动正确无误，确保安全等方面都是大有前途的。

第二节 化学能引起的事故及控制

一、化学能引起的伤害

由化学能引起的伤害，按发现受害的时间长短，大致可以分为如下两种：

（1）急性伤害；

（2）慢性伤害。

属于(1)类的伤害有许多种，例如，强酸、强碱性液体，以及一氧化碳、二氧化硫等许多气体，它们与人体直接接触时，就会马上对人的生理机能造成伤害。对于急性伤害，因为能立刻认识到引起伤害的物质的危险性，人们会对它采取预防措施。但是对于慢性伤害，需要经过长时间的积累，对人体的机能伤害的症状才表现出来。所以，由于无知而进行没有安全性保障的作业活动，遭受伤害的危险性往往会更大。

从另一个角度来看，如果按化学能引起的伤害发生情况来分类，则可以分为如下两类：

（1）由于直接接触化学物质而发生伤害；

（2）由于接触媒介物所具有的能量而发生的伤害。

（1）是由于人体直接接触有毒气体、蒸汽、粉尘或强酸、强碱之类的液体而发生的伤害；

第(2)类伤害是可燃性气体或粉状物质和适量的空气混合,当存在引火源而发生爆炸使人体受到伤害。这类可燃性物质中,包括乙炔、氢气等许多气体,以及硫黄、砂糖、萘、胶木、面粉等各种物质。此外,由自燃着火的化学物质而引起的火灾,由此而引起的人体的伤害也属于第(2)类伤害。

二、化学能引起的事故及控制

由化学能引起的伤害有直接接触和间接接触两种,即一种是通过直接接触,使化学能转化为热能而发生的伤害;另一种是通过介质的作用,使之发生化学反应,由于化学反应释放出大量的热能而发生的伤害。

无论是通过接触而发生的伤害,还是物质自然放置过程中,由于化学反应而自燃着火,如果不特别提供两者接触的机会,就不会引起化学能的释放,也就不会引起事故发生。

自燃着火的物质,除了蘸有不饱和油脂的破布、过滤布、脱脂油脂等之外,还有炭粉、金属粉末、胶木粉末、油烟、硫化钠、橡胶屑、硫化矿粉等。因为它们都是粉末或多孔物质,和空气的接触面积大,所以容易氧化。同时由氧化反应放出的热,由于空气的隔热作用而把热贮存起来,使物质的温度升高,达到自燃着火的程度。发生这种情况的外界条件是:一方面要有一定程度的湿度;另一方面要有阳光或来自其他方面的热辐射与热传导,同时这些热量不会散失且容易积聚起来,这些就是引起着火的条件。

自燃着火的物质可以分为两类,一类如上所述要达到自燃着火的程度,需要相当的时间,另一类是只要与空气接触就立即着火的速燃性物质,如黄磷、还原铁、还原镍之类的物质就是这种危险性非常大的速燃性物质。

对于容易引起自燃着火的物质,要在和空气的接触面不大的状态下贮存,使其不满足其着火条件。即使在贮存过程中发热,只要进行通风,热量便容易失散而不会积聚。另一个条件就是要避免直射阳光和辐射热、淋雨等。此外,还有这样一类自燃着火的物质,这类物质和湿气、水分一接触就会发生化学反应,由于这种化学反应热,又进一步加速反应进行,产生可燃气体,引起自燃着火。这种物质有金属钠粉末、碳化钙粉末、磷化钾等。储存这些物质时,要把它们放入密闭的没有湿气的容器中。

自燃着火时,虽不产生可燃气体,但由于湿气和水分的作用而发生化学反应,放出热量,如果有可燃物与它接触时,便将这些热量传递给可燃性物质,这类引火物质有生石灰、苛性钠、五氯化磷、三氯化磷、发烟硫酸、氯化铝等。

有的物质由于水分的存在,就释放出化学能,虽然这种物质本身并不燃烧,但接触可燃物时,就使它产生燃烧反应而成为引火物质。这类物质有磷化钙等。另外,作为媒介物的物质也有这种情况,即使长时间放置也不会自燃着火,同时也不会变为引火源,但由于某些原因,当给予的热量达到某一限度时,就以它作为热源,于是化学反应向其他方向移动、扩展而成为事故。这样的物质有纸、棉花、破布、木材、煤、树脂、生橡胶、石蜡等。另外,可燃物的燃烧速度随其物理形态,即是粉末状还是块状而有显著的差别,其着火温度也随物质而异。

对液态物质来说,也有为数很多的引火性材料,它们的闪点很低,只要稍微受热,就会立即引起燃烧反应。

这些化学反应是通过可燃物与空气中的氧化合,并产生高温而进行的。关于这些特定的反应,只要有一定的热量和温度为媒介就能发生。通过这种氧化反应使化学能转变为热能，这种热能的传播进一步促进了氧化反应的发生，因此使化学能转变为热能的速度迅速增加，最终发展成为事故，要防止这种事故，就要对提供反应所需的热量的点火源进行控制。生产过程中，作业人员必须严格遵守操作规程，防止点火源引起物质的化学能转变为热能。

此外，与氧化反应无关，能引起爆炸现象的化学物质，有赛璐珞、硝化纤维、硝化甘油之类的能够自行分解的硝酸酯类物质。因为这些物质极不稳定，只要有一点点热量就会引起自行分解，所以即使一些微小的摩擦和冲击引起的火花，也有引起它们自行分解的危险。

要防止由于微小的能量而引起物质的自行分解带来的危险性，就要彻底消除冲击、异常的摩擦发热、静电作用、金属撞击等发生的机会。同时，在这些物质的生产过程中，要在设备上安装防护挡板，以便在万一发生事故的情况下也不至波及人员或周围其他地方。另外，要减少每批生产的数量，并对生产设备经常进行细致的检查与维修，在操作上做到完全不产生引起事故的热能。

此外，还有这样一类化学物质，即它们单独存在时是稳定的，如果使两种这样的化学物质混合和接触时，就能发生剧烈的化学反应，由此而引起重大的事故。这类物质有如下几种：

（1）与氯酸钾混合而发生剧烈化学反应的有强酸、硫黄、碘、还原铁、次亚硫酸盐、氧化亚铁、石炭酸、亚硝酸盐、水杨酸、丹宁酸、丙三醇、醇类、淀粉类、砂糖、木材、纸、稻草、棉花、树脂及其他有机物和还原性物质；

（2）与高锰酸钾混合发生剧烈化学反应的有硫黄、磷、锑、炭粉、单宁酸、甲醛及其他可燃性物质；

（3）重铬酸钾与木炭粉末及其他可燃性物质混合时；

（4）碘与浓氨水混合时；

（5）盐酸或次亚硫酸盐与氨、氯化铵浓溶液混合时。

这些化学物质相互接触时，因为化学反应过于剧烈，释放出大量化学能，如果这种反应在一瞬间进行，就会引起爆炸而造成重大的事故。值得注意的是，当将热量传递给具有化学能的物质时，不仅会造成物质损失，还会引起人的伤害。

三、爆炸事故的控制

1. 气体和粉尘爆炸及其原因

产生气体和粉尘爆炸，一般来说，这种物质必须是可燃物。这样的物质即使和空气（氧）接触，也不会仅仅由于接触而产生化学反应。但是，如果有超过允许限度的热量存在，就会以此为媒介，使物质发生化学反应，这种化学能会作为引火源传递给存在于周围的气体、蒸汽和粉尘，其传播速度可达每秒数千米，在极短的时间内产生巨大的能量，这时体积显著增大并伴随热和光的发出，这就是爆炸现象。由于这种现象在一瞬间将化学能转化为热能或机械能，并向四周传播，结果，这种巨大能量的瞬间释放，就会给人和物造成损伤。

要引起爆炸，一般需同时满足下列条件：

（1）使可燃气体、蒸汽、粉尘与空气相互接触和混合，而且对不同的气体、蒸汽、粉尘要以一定的浓度比例（爆炸极限范围内）充分混合；

（2）混合的上述气体、蒸汽、粉尘必须充满它们所在的区域或容器的整个空间；

(3) 这种混合气的一部分存在引火源，或者给它们施加了超过规定限度的能量作为媒介。

2. 气体爆炸极限和点火源

(1) 可燃气体的爆炸极限。可燃气体和蒸汽与空气或氧以任意比例混合，即使存在点火源，也不一定产生爆炸。要引起爆炸，必须根据气体和蒸汽的种类，达到它们各自独有的混合比例范围。

爆炸下限浓度是火焰能够传播的最低浓度，是陆续地供给爆炸所需热能量的最低值。另外，对于混合气体，当可燃气体和蒸汽的量超过某一限度时也不会爆炸，这种最高浓度称为爆炸上限。表 13－1 所示是某些可燃气体的爆炸上限和下限浓度。

表 13－1 混合气体的爆炸极限

混合气体		爆炸下限①/%	爆鸣		爆炸上限/%
可燃气体	空气或氧		下限	上限	
氢	空气	4.0	18.3	59.0	75.0
氢	氧	4.7	15.0	90.0	93.9
一氧化碳	氧	15.5	38.0	90.0	94.0
氨	氧	13.5	25.4	75.0	79.0
乙炔	空气	2.5	4.2	50.0	81.0
乙炔	氧	2.5	3.5	92.0	—
丙烷	氧	2.3	3.2	37.0	55.0
乙醚	空气	1.85	2.8	4.5	48.0
乙醚	氧	2.1	2.6	>40.0	82.0

① 爆炸下限包括燃烧；爆鸣就是所谓爆炸。

对爆炸极限产生影响的因素有压力和温度。随着温度的上升，爆炸极限增大，若压力升高，则爆炸下限下降，上限上升。若温度和压力同时增加，对爆炸极限的影响并不以它们单独增加时的影响的乘积而增加，但对爆炸上限则有显著的影响。

一般来说，操作现场的可燃气体，往往是各种气体混合而成的。这时，爆炸极限可用于如下公式计算：

$$L_0 = \frac{100}{\dfrac{V_1}{L_1} + \dfrac{V_2}{L_2} + \dfrac{V_3}{L_3} + \cdots + \dfrac{V_n}{L_n}} \tag{13-1}$$

式中 L_0——混合气体的爆炸极限（体积分数，%）；

$L_1, L_2, L_3, \cdots, L_n$——各单个成分的爆炸极限（体积分数，%）；

$V_1, V_2, V_3, \cdots, V_n$——各成分的混合比（体积分数，%）；

$$V_1 + V_2 + V_3 + \cdots + V_n = 100\%$$

(2) 引火源。因为生产现场有各种机械，当这些机械转轴的轴承部分处于不良状态时，就会释放出很多的摩擦热，有时这种摩擦热会成为引火源。另外，机器构件由于冲击而发生的火花也能成为引火源。由电气开关发生的火花，或由导体的电阻产生的热量等也可以变成引火源。

此外，电动机的火花、过热也能成为引火源，还有在照明系统中的荧光灯、电灯等由于某些原因也可成为引火源。静电、雷电和人为明火等都会成为引火源。

3. 气体爆炸事故的控制

要控制气体爆炸事故，必须设法做到使可燃气体、蒸汽和空气的混合比例处于爆炸极限以外，同时要从生产设备中彻底排除可能成为引火源的因素，还要控制由于管理或操作行为不当而产生机械过热或发生火花。

现将具体的控制方法列举如下：

（1）利用仪器来监测可燃气体和蒸汽是否从生产设备的某些地方泄漏或在某个地方积聚，测定它们的状态，并进行检查和维修，使它们不产生泄漏，不达到爆炸极限浓度。

（2）对气体、蒸汽等容易泄漏的地方，或有积聚危险物质的地方，利用通风设备，排除其危险性。

（3）对于在装置或容器内生成的可燃混合气体，或有生成这种可燃混合气体的危险性的地方，送进惰性气体，以改变其爆炸极限；另外，在装置内进行修理时，因为会产生引火源，所以要预先彻底排出这种混合气体之后，再进行修理。

（4）对能发生电火花而成为引火源的开关设备、电动机、照明灯具等，一定要使用防爆专用装置。对有产生静电危险的地方，要接地以便使静电不能积聚，对机械的摩擦部分要防止产生过热。另外，对作业中产生的冲击和火花，都要采取措施，使它们不会成为引火源。

（5）为了防止爆炸事故的发生，要在工艺装置内或管道内有爆炸危险的地方，安装防爆装置或隔断器，将事故危害限制在最小限度内。值得注意的是，这些装置对火焰的传播速度非常快的各种气体效果不佳。

4. 粉尘爆炸事故的控制

（1）粉尘爆炸的过程分析。粉碎可燃物的颗粒时，则每个颗粒的体积会不断的减小。因为颗粒每被粉碎一次，就会出现新的表面，结果整个表面积就会相应的增大。

要使可燃性物质燃烧，可燃物必须达到着火温度以上，同时必须和燃烧所需的空气相接触。只要具备了这种条件，且微粒悬浮在空气中为雾状时，即使微小的热量，它也会使其着火燃烧，燃烧放出的热量会传递给邻近的粒子而引起连锁反应，而且可燃物以微粒状存在，故燃烧在一瞬间进行时，就会产生所谓粉尘爆炸现象。

可燃物微粒在一瞬间燃烧，发出光和热，同时因热能的作用，使分子运动速度迅速增大，以至达到破坏装置、容器、管道和其他设备的程度。粉尘爆炸与气体爆炸相比，粉尘颗粒大，而且其大小是不均匀的，若在粉尘爆炸中，如果先在一部分地方发生小爆炸，则堆积在它周围的粉体就会飞旋而上，并由此产生二次爆炸，由于扩大了爆炸范围，就会产生更大破坏。因此，粉尘爆炸要达到最大的爆炸压力，比气体爆炸所需更多的时间，同时所需能量也大。

（2）粉尘爆炸事故的控制。要控制粉尘爆炸事故，就必须采取下列三个重要措施：

1）可燃粉尘的浓度要经常保持在爆炸极限以下；

2）设法从粉尘区域内消除引火源，以便不给微粒提供着火能量；

3）安装防爆装置和隔断器，当万一发生爆炸时，将其限制在最小范围内。

按可燃物粒子的种类，首先设法使之不达到爆炸下限是很重要的，日本安全工程师青岛贤司在“安全管理学”中提出按粉尘种类，将它们分为表 13－2 所示的四个等级。

表 13－2 粉尘分类

① 1 级——爆炸下限质量浓度在 15 g/m^3 以下。

粉尘种类	质量浓度/$g \cdot m^{-3}$	粉尘种类	质量浓度/$g \cdot m^{-3}$
硫　黄	2.3	萘	2.5
树　脂	5.0	胶　木	7.6
葡萄糖	8.9	面　粉	10.1
泥　煤	10.1		

② 2 级——爆炸下限质量浓度在 16～65 g/m^3 以下。

粉尘种类	质量浓度/$g \cdot m^{-3}$	粉尘种类	质量浓度/$g \cdot m^{-3}$
铝	53.0	马铃薯淀粉	40.3
木质素	30.2	亚麻布	16.7
干　草	2.02～70.5	茶	32.8
谷　粉	30.2～63.0		

③ 3 级 ——爆炸下限质量浓度在 65 g/m^3 以上，堆积状态的着火温度在 250℃以下。例如香烟粉末。

④ 4 级——爆炸下限质量浓度在 65 g/m^3 以上，堆积状态的着火温度在 250℃以上。例如锯木屑粉末。

1 级、2 级为爆炸性粉末；3 级、4 级为可燃性粉末。

因为粉尘爆炸是一种激烈的燃烧过程，当周围气体是氧气而不是空气时，因其爆炸下限浓度降低，所以危险性增大。反之，若混入惰性粉尘或惰性气体时，则爆炸下限上升，危险性减小。

（3）防止粉尘爆炸的安全装置。万一发生粉尘爆炸时，为使其爆炸作用局限在最小限度，一般可采用防爆器和爆炸口。粉尘一般是在着火之后才达到最大爆炸压力的，因为它比气体爆炸需要更多的时间，所以即使着火，如果能够在 40 μs 以内抑制爆炸，就几乎不会造成破坏作用。

防爆器就是为这一目的而采用的装置，它在爆炸开始的一瞬间就能探测出危险信号，将这种信号经放大器放大，使防爆器动作，喷出灭火剂，抑制爆炸事故的发生。

爆炸口是在装置、建筑物、容器内万一发生爆炸事故时，将其破坏作用抑制在最小限度的一种装置。若将爆炸口的最大承受压力设计为某一范围内（如 7 kPa）时，如果装置、建筑物、容器内产生大于 7 kPa 的压力，爆炸口就遭到破坏，它就起到了一种安全阀的作用，从放出孔将火焰和未燃烧的粉尘、空气混合物排放到大气中，将破坏作用抑制在最小限度。但是，对于压力上升率比 29 ms 快的粉尘，爆炸口的作用是无效的，所以需要充分考虑所处理的粉尘的种类和性质。

第三节 电能引起事故及控制

一、电能引起的事故

电能所引起的事故可分为如下两类：

（1）电能流过所接触的物体而发生的事故；

（2）以电能作为媒介所发生的事故；

属于(1)类的事故按接触物体分类又可进一步分为如下两种：

（1）接触的对象是物，电能在可燃性物体中传导，由于电能转换成热能，而发生的火灾事故；

（2）接触的对象是人，由于电流通过人体而发生的触电事故。

二、电能引起的火灾

木材组成成分中含有固定炭和可燃性挥发物质，如果木材因电能作用而过热，则水分和挥发性组分首先挥发而炭化，残留物为固定炭和灰分。已炭化的木材中的固定炭呈渣滓状。一般的木材虽然在220～270℃左右才着火，但这种已炭化的木材在约180℃左右就能着火。

若电能通过连接的木质部分的电阻而漏电，则其表面的水分、挥发组分因热能而挥发，随着时间的推移，木材就逐渐炭化。因这种炭化了的部分着火温度低，只要这部分一着火，其范围就会逐渐扩大，直至引起火灾事故。一般认为，特别是潮湿木材和高压电之间，即使没有直接接触，也会因绝缘破坏而发生着火现象。

电能与可燃性物质接触时，就可能产生漏电。要防止由电能转换成热能而发生的火灾事故，必须使导体具有良好的绝缘性，同时与可燃性物质要保持一定的距离。

三、电能引起的触电事故

触电事故是由电流及其转换成的其他形式的能量造成的事故。触电事故分为电击和电伤。电击是电流直接作用于人体所造成的伤害。电伤是电流转换成热能、机械能等其他形式的能量作用于人体造成的伤害。

1. 电击

通常所说的触电指的是电击。电击分为直接接触电击和间接接触电击。前者是触及正常状态下带电的带电体时发生的电击，也称为正常状态下的电击；后者是触击的正常状态下不带电，而在故障状态下意外带电的带电体时发生的电击，也称为故障状态下的电击。

2. 电伤

电伤分为电弧烧伤、电流灼伤、皮肤金属化、电烙印、机械性损伤、电光眼等伤害。其中，电弧烧伤是由弧光放电造成的烧伤，是最危险的电伤，电弧温度高达8000℃，可造成大面积、大深度的烧伤。

3. 影响触电伤害程度的因素

影响触电伤害程度主要与下列因素有关：

（1）电流通过人体的流经途径；

（2）电流的种类——直流、交流、频率、波形等；

（3）通过人体的电流大小；

（4）通电时间；

（5）人体的电阻。

4. 安全电压

电流对人体的安全性极限是由心室颤动现象决定的。产生心室颤动的电流值标准已由许多学者进行了研究,多数学者认为在 100 mA 左右。由电击给人体带来的危险,在本质上是由通过人体的电流值所决定的,但也可用电压来表示。各国所采用的安全电压极限,虽然不同的国家各不相同,但大多定为 20 ~ 35 V,荷兰、法国则定为 50 V,我国标准规定工频安全电压有效值的限值为 50 V,工频电压有效值的额定值有:42 V、36 V、24 V、12 V 和 6 V。凡在特别危险环境使用的携带式电动工具应采用 42 V 安全电压;凡有电击危险环境使用的手持照明灯和局部照明灯应采用 36 V 或 24 V 安全电压;金属容器内、隧道内、水井内,以及周围有大面积接地导体等工作地点狭窄、行动不便的环境应采用 12 V 安全电压;水上作业等特殊场所应采用 6 V 安全电压。

四、防止人体触电的措施

因为电能传递给人体是通过电与人体接触而引起的,故要对人体进行安全防护。其防护一般有以下两种方式:

(1) 为了消除与人体接触的机会,在操作人员的活动范围内,可采用人体与电隔离的方式;

(2) 万一人体与带电体相接触,应使通过人体的电流处于安全极限以内。

1. 隔离方式

隔离方式是通过对电气设备设置栅栏或防护罩而实现的。但是,在必需要进入隔离区进行调整,检查,维修时,也常有与电气设备接触的机会,这时,在打开栅栏或防护罩而进入危险区之前,要断开电源,保持设备设施不带电的安全状态。另外,可在有危险的主电路以外设置一安全电路,如果利用这一电路间接地进行远距离控制,就可避免人体与电直接接触的危险。

2. 将通过人体的电流值控制在安全极限以下的方式

在隔离方式对设备不合适的地方,在操作人员万一发生错误行动的过程中,即使电与人体相接触,若设法使通过人体而流到大地的电流处于安全限度内,则人就能避免遭受电击伤害的危险。为此,一般有如下四种方式:

(1) 提高接触电阻,使电流不流入人体;

(2) 降低电路电压,使通过人体的电流减小;

(3) 采用间接的远距离操作方式;

(4) 良好的保护接地。

为了在人体接触电能时也能确保安全,首先假设在带电体和人体之间的接触电阻为 R_t,人体电阻为 R_b,人体和大地的接触电阻为 R_g,如果人体与电路的一部分接触而构成回路,这时,根据欧姆定律,通过人体的电流 I_b,采用式(13 - 2)表示:

$$I_b = \frac{E_b}{R_z + R_t + R_b + R_g} \tag{13-2}$$

式中　R_z——变压器低压侧一根导线上的接地电阻;

　　　E_b——低压电路的电压。

在式(13－2)中,由于 R_z 和 R_b 几乎接近于一定值,如果通过绝缘使 R_t、R_g 的值增大,则其数值越大,通过人体的电流 I_b 就越小。因此,必须增大 R_t、R_g,使 I_b 处于安全限度内。要增大 R_t、R_g 的电阻,可以用有绝缘性的保护管把导体包起来,或戴上绝缘橡胶手套来增大 R_t,使用绝缘性好的靴子,或绝缘台、绝缘垫等就能使 R_g 增大。

传导电流的导线把电能转化为机械能或热能的机器,在使用过程中,会由于磨损和损坏而使绝缘性能逐渐降低。因此,当它们与人体接触时,就存在着电流通过人体而流到大地的危险。要防止这种危险,需要对这些机器经常进行检查,保证其绝缘性能良好。同时,必须使机器的接地电阻尽量减小。

五、电能引火源引起的爆炸事故及控制

在有可燃气体、粉尘、蒸汽的生产作业场所,有以电能作动力的电动机之类的电气设备,同时也安装有照明灯具等。而这些设备产生的火花或放出的热量,有可能成为可燃物的引火源。

一般来讲,对于电动机、变压器、开关设备、控制器、保险装置、电热器、白炽灯、荧光灯、插座式连接器、管线附属部件等电气设备,都能够成为引火源的可能性。对于这些电气设备,一般采用防爆结构,防止爆炸事故的发生。

1. 耐压防爆结构

耐压防爆结构是一种全封闭式结构,这种结构即使在容器内部发生爆炸,也能承受其爆炸压力,而不会涉及外部的爆炸性气体,也没有引火的危险。为此应根据可燃气体的危险程度,保证容器有足够的强度,并严格控制容器缝隙的大小及深度。

2. 内压防爆结构

这种结构是在容器内部封入空气或不燃性气体,因而在运转中外部的可燃性气体也不会进入容器内部。

3. 油浸防爆结构

这种结构是把发生火花或引起高温(可能成为引火源)的危险部分,用油遮断,浸入油中,使外部的可燃性气体不致引火造成事故。

4. 增进安全的防爆结构

这是一种不允许产生火花或热量的结构,为了防止火花或热量的产生而采用的增进安全程度的结构。

5. 特殊安全防爆结构

这是一种利用电路特性来防止因火花或过热引起爆炸危险的结构。

此外,即使是采用这些结构,在使用过程中,其性能也会降低或损失,所以应经常检查和维修。

因为由电气设备引起爆炸的几率,等于可燃性气体与蒸汽浓度达到爆炸极限的几率和电气设备可能成为引火源的几率的乘积,所以首先应考虑防止泄漏,并控制其泄漏的物质与空气混合后达到其爆炸极限,另一方面应考虑引火能量的控制问题。只有这样才能控制爆炸事故的发生。

根据着火温度,一般可将可燃气体和蒸汽的危险程度分为表13－3所示的五组。

表 13－3　可燃气体、蒸汽的危险程度分类

危险程度组别	G1		G2	G3	G4	G5
着火温度/℃	>450		300～450	200～300	135～200	100～135
可燃气体及蒸汽的名称	丙酮 乙烷 醋酸乙酯 乙基氯 乙烯 氨 苯 醋酸	一氧化碳 甲烷 甲醇 萘 丙烷 民用煤气 甲苯 氢	乙炔 乙醇 异乙酸戊酯 正丁烷 正丁醇 正丙醇	乙基乙二醇 石油精 石油 正己烷 松节油	乙醛 乙醚	二硫化碳

第四节　热能引起的事故及控制

一、由热能引起的事故

由热能引起的事故大致有如下三种：

(1) 人体直接接触热能而发生的事故；

(2) 热能以可燃物作介质，扩大而形成的事故；

(3) 热能在一瞬间转变为机械能而发生的事故。

第(1)类事故是人在操作行动过程中，误认为物体的温度不太高，或作业动作失去平衡，接触高温物体时产生的事故。另外，也有与之相反的情况，高温物体向人体飞来而发生的事故。

第(2)类事故是热能使引火性物品和可燃物着火，其热能使生产设备燃烧，或者因此使人也受到伤害。

第(3)类事故是热能以高压蒸汽等形式存在，由于某些原因，其容器或锅炉破裂，在一瞬间将所积蓄的热能转变为机械能而释放出来而发生事故。这一过程造成的事故不仅使物质造成损失巨大，而且也会造成人的伤亡。

二、由高温物体引起伤害的控制

如果作业现场存在高温的物体，则这种高温物体辐射出来的辐射热与绝对温度的 4 次方成正比，操作人员接受的热量与高温物体和操作人员之间距离的平方成反比。因此，在金属熔炼炉、平炉及其他金属加热炉前作业时，由于接近加热的高温物体，这时接受的辐射热显著增加。

1. 个体防护

为使人体不受到直接的热辐射，操作人员需穿高温防护服，以避免来自设备和物体产生的高温伤害；也可采用一种非常有效的方法，就是在高温防护服中通冷气，使防护服和人体之间用冷气隔离来防止热辐射。

2. 隔热板

另外，由于热辐射和光线一样，都是直线传播的，那么，我们就可通过遮蔽的方法，就能

将热辐射吸收和反射掉，所以最好根据现场作业条件，设置活动隔热板来消除辐射热。

3. 隔离

如果有高温热源，不仅会产生热辐射，而且还会以空气作介质产生热对流，因而使室温升高，使操作人员的工作效率降低，疲劳增加，使事故发生的可能性增大。在一般情况下，这些作业是间断进行的，因此，除了靠近炉子作业以外，操作人员可以在隔离室内，监视所需的加热状态。

4. 其他危险性的防护

熔融金属不仅存在于炼铁和炼钢的作业过程中，而且也存在于铸铁、铸钢以及其他金属熔铸过程中。操作人员不仅要在熔炼炉前作业，而且要将熔融金属移入浇包再进行铸造等作业，所以在这些作业过程中，熔融金属会以火花的形式飞溅，这种火花（熔融金属粒）落到操作人员身上，因直接接触高温金属粒而容易发生烫伤事故 。

熔融金属含有大量的热量，如果由于操作失误，使它和作业现场坑洼部分的积水相接触时，这些水就会在一瞬间吸收熔融金属的热而变成蒸汽，其体积会在一瞬间增大几千倍，一下子飞散出来，产生所谓水蒸气爆炸，由此使设备遭到破坏，给操作人员也造成伤害。因此，在处理涉及有熔融金属的作业中，应彻底清除积水。另外，有时候浇包本身因高温，逐渐损坏或老化，或因操作错误，使浇包本身或熔融金属掉落，造成熔融金属飞溅而引起事故。

此外，在维修作业过程中，由于操作失误使人失去平衡，也会接触金属构件或管道等高温物体而发生烫伤。具有高热能的设备，在使用过程中容易损坏，为此，特别要对这些设备及时检查和维修。因为这种作业现场容易造成杂乱，所以还需注意整理和整顿。

三、可燃物引起的火灾控制

在一般状况下，可燃物以气体、液体或固体状态存在，并不放出热量，但在一定条件下，借助引火源的作用，就能与空气中的氧化合，产生瞬间燃烧现象，并伴随着热能和光的放射。可燃物的着火点和闪点低，即使少量的热量就能够成为引火源，因而就有发生燃烧的危险性。

虽然可燃物的燃点大都较低，但在某些条件下，只有少量的热量或能量，也能使它们着火而放出大量的热。放出的热又进一步使燃点高的可燃物燃烧，这不仅会造成物质的损失，而且会在灭火或疏散的过程中造成人员伤害，甚至引起死亡事故。因此，在贮藏这些危险品的场所或存放现场，为了杜绝一切引火源，就要对设备进行仔细检查和维修，而且对危险品的装卸要特别小心仔细。

另外，在存放这种危险品的场所，进行修理作业，即焊接作业时，特别是在高处作业时，焊接的火花可能成为引火源，所以在化工厂或存放引火物（危险品）的现场需要特别注意。

如果万一发生这类事故时，要尽可能早地加以发现，以便在事故尚未扩大的时候，就采取措施，或设法排除热量，或设法隔绝空气，不使事故继续扩大。

排除热量的方法一般使用水，因为水不论在什么地方都容易大量供给，且蒸发热大。水有时可以直接使用，有时则以更容易吸收热量的雾状形式喷射。

但是，当可燃物是油类时，则须用粉末灭火剂、细沙等切断可燃物和空气的接触，以使燃烧现象不再扩大。

灭火器往往因长时间放置，也有在关键时刻因变质而失效的情况，所以需要对其性能定期检查。因此,在有火源的地方要设置专人负责管理,在负责管理引火源的同时,还要对消防设备的性能进行检查。

此外,安全管理人员要根据车间火源情况制定防火规程,确定其职责和监督方法,以及负责组织消防队等,明确各自的任务,以防万一。对于一般工作人员,要熟悉疏散方法和路线,以防人身受到伤害。发生火灾时,一般工作人员往往惊慌失措,为了防止由于混乱而使人受到间接伤害,每年应进行一次应急救援演练。

第五节 锅炉事故的控制

一、锅炉事故及其原因

锅炉是一种密闭容器,一般都以水作介质,将大量的热能贮存起来。这样热能由燃烧的燃料产生,让水加以吸收,以高压蒸汽的形式保存在容器中。将这种载热体供给蒸汽轮机或加热用的各种加热容器,就能使热能转变为机械能。因此在锅炉中存有大量的蒸汽,万一这种巨大的热能由于某些原因,在一瞬间释放出来而发生锅炉破裂事故,则热能就会在一瞬间转变成机械能,由于这种能量的意外释放,不仅使周围的设备要遭到破坏,而且直接或间接地造成对操作人员的伤害。

因锅炉中贮存着大量的热能,所以锅炉事故后果严重。根据锅炉事故的调查分析,锅炉事故发生的原因主要有以下几方面:

(1) 锅炉结构缺陷;

(2) 结构材料的缺陷;

(3) 产生过剩蒸汽压力;

(4) 因锅炉钢板过热而使强度降低。

统一的锅炉结构标准,并按正确的强度计算来进行设计,安全、有效的锅炉结构,是消除锅炉结构缺陷最有效的途径。但是,即使精心设计,若在制造过程存在缺陷,还是有发生事故的可能性。另外,在使用中对锅炉进行维修,如果维修方法和技术存在问题,也有发生事故的可能性。

由结构材料方面的缺陷而发生的事故,大致可以分为如下两类:

(1) 由于在制造过程中材料选择不当,或使用了有缺陷的材料而发生的事故;

(2) 在使用过程中,锅炉内部和外部发生腐蚀,使强度降低,不能承受工作蒸汽压力而发生的事故;

由产生过剩蒸汽压力而发生的事故,大致有如下两种:

(1) 由于安全装置的性能不好,在使用中产生缺陷,即使达到了最高工作蒸汽压力,安全装置也不起作用而发生的事故;

(2) 根本没有安装安全装置,或者即使安装了,因可靠性低而发生的事故。

因锅炉钢板过热,强度降低而发生的锅炉事故大致有如下几种:

(1) 锅炉严重缺水继续加热时而发生的事故;

(2) 由于锅炉内壁上严重结垢而使其强度降低,发生的事故;

(3) 锅炉钢板上产生油脂膜,妨碍传热而发生的事故。

二、锅炉事故的控制

1. 确保锅炉强度

为了防止锅炉事故，使锅炉有足够的强度，一般须考虑如下两点：

（1）按锅炉结构标准计算强度，使锅炉强度有足够的安全系数；

（2）在锅炉的结构形式上采用容易承受高压的形式，即采用直径小的水管式锅炉。由于采用了这种结构形式，锅炉不仅能承受高压，而且在一旦发生事故时，也可将事故的危害限制在最小限度内。

2. 过高压力的预防

如果超过设计上规定的最高工作蒸汽压力，锅炉会处于危险状态。要防止这种情况出现，应当安装安全阀，以保证蒸汽压力不超过额定值。

要使安全阀发挥预期的作用，应尽可能安装多个安全阀。因为安装几个安全阀，可以减少使用过程中发生故障的危险性。

假设每个安全阀发生故障的概率如下：

A　安全阀发生故障的概率　P_a

B　安全阀发生故障的概率　P_b

C　安全阀发生故障的概率　P_c

D　安全阀发生故障的概率　P_d

这四个安全阀同时发生故障，完全不喷出蒸汽的概率 P_S 如下：

$$P_S = P_a \times P_b \times P_c \times P_d \tag{13-3}$$

假设每个安全阀经 1000 小时有发生一次故障的概率，则 P_S 有如下结果：

$$P_S = \left(\frac{1}{1000}\right)^4 = 10^{-12}$$

一般认为，发生概率小于 10^{-6} 的事件是小概率事件，在现实生活中是可以忽略不计的。就是说，我们可以认为，4 个安全阀同时发生故障的概率，在实际生活中几乎等于零。然而，假设不是使用多个安全阀而是使用一个，则每 1000 小时就有发生一次故障的危险。

3. 锅炉严重缺水的预防

如果利用燃料的燃烧来提供热能，锅炉中的水就变成蒸汽，如将蒸汽送出，锅炉水位就必定降低。如水位降低，只要开动供水装置即可，但有时候由于操作人员疏忽，供水不及时，或认为水位计里有水，其实是通向锅炉的水管堵塞，如果显示不出真实的状态，锅炉水的水位就会不断降低，最终达到异常水位，锅炉钢板就会因热能作用，使强度降低而发生压溃、鼓包等事故。如果操作人员经验丰富，这种事故是不会发生的。一般来说，在这种重复操作中，因人的可靠性比机器小，所以为了防止事故，应当安装水位自动控制装置。利用水位自动控制装置，防止锅炉严重缺水事故的发生。

但是，对于锅炉来说，由于水垢在锅炉中沉积，若水位计通向锅炉的水管堵塞，自动供水装置就不起作用。所以，锅炉结垢后使供水管堵塞，引起锅炉严重缺水事故时有发生。在采用供水自动控制方式时，应加强检查、维修和水质的保证，发挥其水位自动控制功能，保证锅炉的运行安全。

另一方面，在供水装置中，为了防止出现异常低水位，必须安装具有比锅炉的最大生产能力还要大的喷射式供水装置。在大型锅炉上，将几台符合要求的供水装置并联起来同时进行供水，以避免由于供水不良而引起的缺水事故。

4. 实现自动控制

对于火力发电厂使用的大型锅炉，不是由一个人，而是由很多人共同操作管理的。但是，管理人一多，对锅炉在使用过程中的负荷变化要马上进行处理时，就需要在管理上通过指令进行密切的联系，使人们的操作行动协调一致。为了用机械方法解决这些问题，减轻人的劳动强度，必须采用自动控制。目前在小型锅炉中也普遍采用了这种自动控制方式。

由于采用了自动控制，就相应的提高了锅炉的安全性。例如，假设压力超过了额定值，就能自动控制燃烧量，减少热能的供给，因而就能够避免由于压力过高而引起的危险。如水位降低，水泵就会立即开动进行供水；如水位超过了规定高度，自动控制装置就会立即动作并停止供水，使锅炉水位恢复到正常的位置。

一般来讲，采用自动控制的机械操作比人工操作的可靠性要大得多，所以它能使锅炉更加安全的运转。但是在采用自动控制方式以后，为使锅炉安全运转，操作管理的重点也要相应的改变，即对自动控制装置要经常进行检查和维修，使其机能经常保持正常状态。如果忽视了这一点，就会因自动控制装置发生故障而引起锅炉事故。

5. 锅炉钢板过热和腐蚀的预防

供给锅炉的水中含有种种杂质，如水在锅炉内受热而不断蒸发，杂质就残留于锅炉中。随着使用的时间增加，杂质浓度就会越来越高。若这种杂质在锅炉钢板上沉积就形成了水垢。因为水垢是热的不良导体，所以即使锅炉还没有达到严重缺水的程度，锅炉钢板也会过热，就会发生鼓包或压溃之类的事故。同时，水垢和杂质会腐蚀锅炉钢板，会使锅炉钢板的强度减小，产生龟裂，以致发生锅炉破裂爆炸事故。

因此，供给锅炉的水要经常进行分析，并且要符合工业标准的规定。当杂质超过标准时，就必须进行水质处理。

锅炉水绝对不能呈酸性，而应当呈弱碱性（pH 值应为 10 ~ 11），水的硬度也应越低越好。

6. 锅炉的检查和维修

因锅炉在使用过程中性能将逐渐降低，所以对锅炉的内部和外部一年至少要仔细清扫一次，仔细检查有无缺陷。发现缺陷后必须立即采取相应的措施，以保证锅炉的安全运行。除去锅炉内部的水垢时，除采用机械方法以外，还可以采用“酸洗”的方法，即将加了盐酸和抑制剂的处理液送进锅炉，再用泵使它一面循环一面将水垢溶解。

如果锅炉内外都进行清扫，就应派人进入锅炉内部，仔细检查是否发生了龟裂和腐蚀，进行必要的维修和保养，以保证不发生事故。除了这种检查以外，工作前还必须对锅炉各个部分进行仔细的检查，发现故障及时处理。

对安装了自动控制装置的锅炉来说，这些装置的检查和维修在防止事故方面就显得特别重要。因此要编制一份检查表，对各个部分的状态是否正常，每天进行检查，这在预防事故方面是非常必要的。

第六节 放射性危险性的防护

一、放射性危害及防护

如果接触放射源,放射线就会给人体带来极大的伤害。即使不直接接触放射源,只要暴露在放射源前,放射能也能通过辐射而传递。

这种放射能所传递的能量与放射性强度成正比,而与人和放射源的距离的平方成反比。而且放射性射线与光线类似,具有直线传播的性质。若在放射源和人体之间,存在某种吸收介质时,就能阻挡放射能量通过,而阻挡能力的大小则取决于这种物质的种类。

电离性放射性射线主要有:镭放射出来的 γ 射线、钋放出来的 α 射线、阴极射线管放射出来的 X 射线、放射同位素放射出来的 α 射线、β 射线、γ 射线,以及非电离性的中子射线等。

放射能照射人体时,就会使组成人体的物质产生电离作用,引起各种生理机能上的损伤,一般认为,这种影响会引起皮肤伤害、组织增生(致癌)、白血球减少、白血病、贫血症、骨髓坏疽、腺机能衰退、白内障、甚至死亡。这些症状有的是人体局部在短时间内接受了大计量放射性照射而产生的,有的是整个人体在长时间内接受了低剂量照射而产生的。白血病是后者有代表性的例子。

二、辐射危害及防护

在电焊作业、加热炉前作业等存在高温热源的操作中,这些高温热源会发射紫外线、红外线等有害辐射。人体,尤其是眼睛直接受到这种辐射能照射时,紫外线会引起急性电光性眼炎,红外线会使整个眼球受到慢性伤害。

要减少由这些辐射所具有的能量而引起的伤害,可以使用护眼遮光镜。使用护眼遮光镜时,其辐射能量与辐射源和人体之间的距离的平方成反比例地减小。

另外,因紫外线的波长在 0.31 μm 以下,而一般认为,0.288 μm 左右的波长是最危险的。

三、电离辐射危害及防护

电离辐射在感觉上不能直接觉察到,因此,对其危险程度也认识不足。所以要使用仪器进行探测电离辐射,可以使用盖革计数器、携带式计量仪器或闪烁计数器。

一般来讲,放射性射线的剂量有照射剂量和辐射剂量两种,它们分别用放射源的照射量和物质的吸收量来表示。在有必要知道吸收剂量的大小时,一般就需要使用测辐射软片来进行测量。

具有辐射能的电磁波,还存在一个微波辐射问题。从生物学的角度来看,微波辐射是引起眼睛白内障的原因,同时对生殖腺造成伤害。

为了防止由电离辐射引起的伤害,一般采用以下方法。

(1) 代替。代替就是探讨能否以危险性更小的放射性物质代替危害性大的放射性物质,并在一切可能的场合进行代替。特别是用半衰期长的放射性物质代替半衰期短的放射性物质。

(2) 屏蔽。屏蔽就是用吸收性物质来屏蔽和遮挡放射能,使之不能危害人体。在应用X射线时,要采用屏蔽室,操作人员在室外用机械手进行室内操作,而室内墙壁要衬铅,以防止穿透性强的 γ 射线透射到外部。

(3) 空间隔离。这种方式就是通过远距离隔离而减少放射性照射量。然而,放射性物质的射程随放射性的种类不同而异,α、β 粒子在极短距离内衰减、消失。α 粒子的有效射程约75 mm,β 粒子约21 mm。γ 射线和X射线像光线一样,能传播得很远,虽然在传播过程中它逐渐被减弱,但从理论上说它将传播到无限远处。

(4) 时间间隔。接受照射的时间越长,人体接受的辐射能就越大。因此,可以通过间隔地、短时间接受照射,来减少辐射能的积累。

(5) 通风排气。随着同位素种类的增多,操作现场被污染的情况也越来越严重。如果人体吸收这种已污染的空气,就会引起慢性生理损害。因此,要尽可能进行通风排气,以避免放射性对人体的影响。

(6) 个体防护。当操作现场内存在放射源时,要绝对排除它的影响是困难的,而且,一般放射能凭视觉不能觉察到。因此,为了防护由放射性引起的伤害,操作人员要穿戴好防护用具,可以使用铅围裙、手套、工作服和防尘面具等。

另外,这些用具都应作成双层,并用特殊的洗涤方法进行清洗,设置人体净化设备,有效地避免放射性的危害。

(7) 安全教育。对在有放射性的场所作业或管理放射性设备的操作人员,要经常进行有关自身保护方面的安全知识教育。

(8) 工作室的管理。为了保证安全健康地进行工作,从设计开始就要考虑设法满足下列五项条件:

1) 室内设备的表面要光滑,要用无气泡、无渗透性的材料制作;

2) 室内在结构上要没有隔板和突出的地方,而且不要有容易积存粉尘的缝隙;

3) 房间要尽可能宽敞;

4) 设置适当的照明和通风排气装置;

5) 净化室与空气污染区域要隔开。

对于这样设计的工作室,要经常进行维护和清洗,需要存放物品的地方要保持整洁,通道上没有障碍物,设备表面要保持光滑。另外,要用便于清扫和可剥性的材料进行涂装和维修。对进行清扫的废弃物要用特殊的方法进行处理,使污染不扩展到其他东西或其他地方,也是非常重要的。

第十四章　作业环境危险源及控制

第一节　事故与作业环境

一、作业环境中的能量来源

作业环境中能量来源于两种途径：一是为了生产而提供给环境的能量；二是由机械、设备、材料等本身逸散给环境的能量。表14－1列出了作业环境的能量来源。

表14－1　作业环境的能量来源

潜在的事故	为生产而提供给环境的能量	从生产能量中逸散到环境的能量
企业本身的事故	热能（暖气装置） （冷气装置） 空气调节 光能（采光） （照明） 机械能（通风） （排气）	
企业本身的事故和公害		机械能（噪声） （振动） 化学能（有害气体、蒸气） （有害粉尘）

二、事故与作业环境的关系

在生产现场，即操作人员进行生产活动的周围环境与一般的自然环境有显著的区别。在生产现场安装着生产所需要的各种机械、装置，同时还要供给生产所需的大量能量，它是一种人工环境。在这种人工环境里，往往会产生与自然环境完全不同的事故后果。例如，操作人员在行动过程中跌倒之类的现象，在自然环境里并不是什么了不起的事，而在人工环境里，就可能因为人体与周围的机械、装置等特殊环境条件，而与机械、装置发生剧烈的碰撞而受到严重伤害。

在人工环境里，由于安装着不同物理形状的机械和装置，所以人们所进行活动的周围环境就存在着危险性。另外，还存在着由于生产设备产生的噪声、泄漏出的有害气体、蒸气、粉尘或局部发热，以及在操作活动的周围，由于各种能量转换等原因而存在危险性。因此，在和自然环境显著不同的人工环境里，人们在进行生产活动的过程中，常常会受到急性伤害，或者以职业病的形式受到慢性伤害，即发生事故的可能性很大。

第二节　操作现场机械设备的配置

在作业人员活动的周围环境里，存在着机械、装置、各种工具、原材料、半成品等各种物质，人与这些东西碰撞，有时候是由于某些原因造成人“被碰撞”，有时候是由于操作失误，人体与这些东西剧烈碰撞。不管是哪种情况，造成伤害的原因是操作环境中机器设备的物理形状和配置方式不当而产生的。因此,在生产现场,除了在生产过程中经常需要的材料、设备外,其他尽可能地全部予以排除。

在操作环境里,对生产所需要的最低限度的原材料等,必须安放在离操作人员周围最近的地方。做到尽快供应,以利于节省时间和行走距离。这种合理的做法,可减少事故发生的机会,也降低了给操作人员造成伤害的可能性。高效率的操作条件,会减少事故的发生。

从环境配置来看,不仅要考虑到平面布局,还要从立体空间这一角度来加以考虑,使设备和人员配制合理,井然有序,符合人机工程学的要求,也就是说,要最大限度地利用现场空间。

另外,在原材料或半成品输送过程中,如果利用重力作用,则不仅可减少人们体力的消耗,还可缩小操作活动的范围,也可减少人直接装卸物品的机会,所以也就降低了由此而发生伤害事故的可能性。在事故原因中,以"由货物的装卸和搬运而引起的事故",约占整个事故的三分之一。

采用合理的机器、设备布置和生产方式,实现工艺过程自动化,将材料、半成品、产品合理地输送,物料的供给、装卸、搬运全部由机器代替人操作,是实现本质安全化的基础。

另外,从工程管理方面看,一般在操作难度大的地方,事故也最容易发生,因此应重点设计这些地方的作业环境和机器的合理布置。

第三节 事故与温度、湿度的关系

一、温度、湿度对事故的影响

操作环境的温度和湿度随季节的变化而变化。随着温度、湿度的变化,发生事故的可能性也发生变化。

图 14-1 是机械厂温度和湿度随季节变化,事故发生频率的变化情况的调查结果。温度和湿度的峰值都出现在 7~8 月份,事故发生的频度峰值也出现在这段时间。其原因是:随着气温升高,湿度也增加,并逐渐接近于饱和状态,使汗液从皮肤表面蒸发的比例减少。这不仅会引起人们的不舒适指数升高,而且还会使人感到"倦怠"。对于操作来说,增加了操作人员生理上的疲劳程度,使操作能力降低,同时在操作过程中,容易使操作人员在心理上产生烦躁、压抑等心理,致使事故发生的可能性增大。

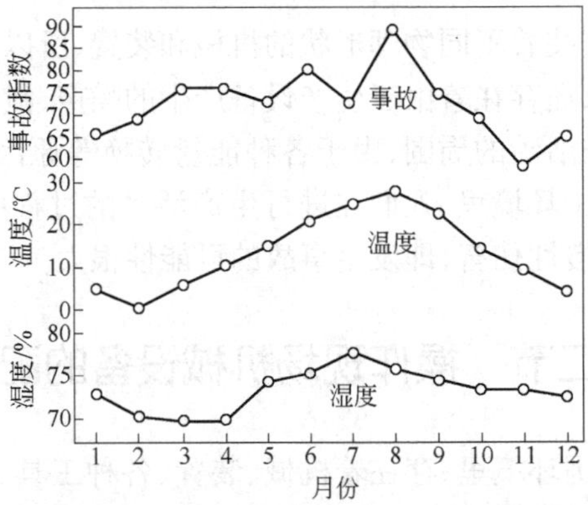

图 14-1 温度、湿度随季节变化与事故发生频率的关系

图 14－2 所示为汽车驾驶过程中的交通事故发生频度受季节变化的影响情况。根据图 14－2，交通事故无论哪一年都是在 8 月份出现一很高的峰值，表明交通事故也是温度和湿度给人的精神上、生理上带来影响的一个例子。美国学者德克斯特（Dexter）就美国学生在“人的错误与高温的关系”这一课题中进行了实验研究，证实了学生的学习成绩随温度的升高而逐渐下降这一事实。这是因为随着温度的升高，给人的生理机能带来影响，在思维判断上的谬误也随之增多的缘故。另外，在对银行职员的同样情况下进行实验，结果也证实了温度升高，记账时发生的错误也增多。

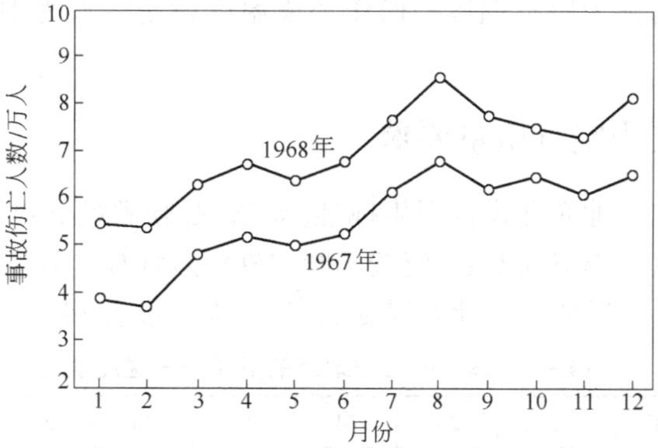

图 14－2　交通事故发生频度随季节变化的情况

图 14－3 为温度与事故频度的关系，从图 14－3 中可以看出，温度在 17～23℃时，事故发生频度低，即使温度比它更低，事故频度也有所增加，如果温度进一步升高，则事故频度有显著增加的趋势。

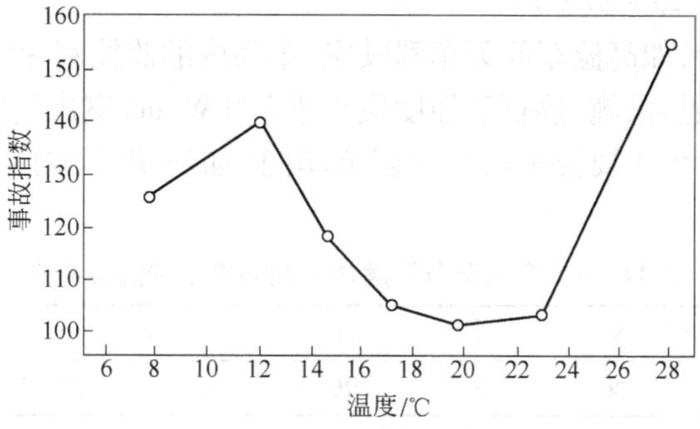

图 14－3　温度对事故发生频度的影响

温度和湿度高，对人的生理机能也有影响。湿度越高，人的生理机能受高温的影响越大，事故频度也增大。这是因为湿度越高，汗液越难从皮肤表面蒸发，使操作人员在心理上感到不舒服而显得闷热，头脑中产生错误的情况也增多的缘故。

二、感觉温度

一般情况下，人感觉到的炎热程度与温度成正比，但这并不单纯只是温度的影响。即使温度高到某一程度，但如果湿度低，汗液从皮肤表面吸收蒸发热而蒸发，人体还是感觉到凉爽。反之，温度高、湿度大人体就会感到闷热。另外，如果操作现场空气流动迅速，即使同一温度和湿度也会感到凉爽,这是因为接近皮肤表面的空气被气流迅速置换的缘故。这种置换的速度越大,汗液从皮肤表面吸收的热量也越多,人体就感到凉爽。

另外,热的传递像“高温炉”那样,不管在炉子和人体之间是否有空气这一媒质,都可以通过辐射作用放出辐射热。对高温炉来说,除了由于室内温度上升而引起的炎热外,还有从炉内辐射出来的热,使操作人员更加感到炎热。这种辐射热与离开热源距离的平方成反比,而且可以通过防护挡板来加以防止。

由此可见,人感觉到的炎热程度,不仅与温度有关,而且还随其他条件而变化。我们把这种综合的对炎热的感觉称为感觉温度。操作环境温度就是以人为中心而综合考虑的感觉温度。

三、车间作业地点夏季空气质量要求

根据 GBZ1—2002《工业企业设计卫生标准》要求,必须满足下列条件:

(1) 车间作业地点夏季空气温度,应按车间内外温差计算。其室内外温差的限度,应根据实际出现的本地区夏季通风室外计算温度确定,不得超过表 14-2 的规定。

表 14-2 车间内工作地点的夏季空气温度规定

夏季通风室外计算温度/℃	≤22	23	24	25	26	27	28	29~32	≥33
工作地点与室外温差/℃	10	9	8	7	6	5	4	3	2

(2) 当作业地点气温不小于 37℃时应采取局部降温和综合防暑措施,并应减少接触时间。

(3) 高温作业车间应设有工间休息室,休息室内气温不应高于室外气温;设有空调的休息室室内气温应保持在 25~27℃。

(4) 特殊高温作业,如高温车间天车驾驶室、车间内的监控室、操作室、炼焦车间拦焦车驾驶室等应有良好的隔热措施,热辐射强度应小于 700 W/m^2 室内气温不应超过 28℃。

(5) 工艺上以湿度为主要要求的空气调节车间(如纺织厂)内,空气温、湿度应符合表 14-3的规定。

表 14-3 空气调节厂房内不同湿度下的温度要求

相对湿度/%	50	60	70	80
温度/℃	30	29	28	27

(6) 高温作业地点采用局部送风降温措施时,带有水雾的气流达到工作地点的风速应控制在 3~5 m/s,雾滴直径应小于 100 μm;不带水雾的气流到达工作地点的风速,轻作业应控制在 2~3 m/s,重作业应控制在 4~6 m/s

(7) 在炎热季节对高温作业工种的工人应供应含盐清凉饮料(含盐量为 0.1% ~ 0.2%),饮料水温不宜高于 15℃。

第四节 采光和照明

人在作业现场进行的活动,大都是通过视觉对外界的情况作出判断而行动的。这种通过视觉对外界情况作出判断需要能量,且能量的消耗随照在物体上的照度不同而不同,即环境光线越暗，要对物体作出清晰的判断就要消耗更多的能量。但是照度过于明亮，产生眩光，反而不能清晰地看到周围的物体。不能清晰地看到周围的物体，就容易接受错误的信息，并在行动时产生错误，成为事故发生的原因。因此，作业现场需要有适当的照度，在得不到适当自然采光的场所，应当通过人工照明予以解决。容易清晰地看到周围物体的照度，随作业种类不同，一般在 70 ~300 lx 左右。

为得到一定的照度，常采用局部照明。从防止事故的角度考虑，则整个操作环境都应当照明。对不同种类的作业，所要求的照度也不同，如粗糙作业的照度应为 70 lx 左右，一般作业为 150 lx，精密的作业应为 300 lx 左右，而整个室内的照度则需要 30 ~50 lx 左右。在照明过程中要做到不产生对比度强的阴影，另外，不要采用直射光源。

第五节　噪声的影响

一、噪声的影响和允许值

1. 噪声的影响

人的活动大部分起源于由视觉看到外界情况后作出的反应，其次则是通过听觉听到声音后作出的行动反应。

人工环境里，特别是在被机械和装置挡住而成为死角的部分，不能通过视觉得到信息，而只能通过听觉得到信息，在这种情况下，听觉起到了重要的作用。信息就是对行动的指令，如果操作环境的噪声太大，就会听不清周围的声音，或者作出错误的判断，尤其是在几个人共同操作的时候，不能对操作方法交换看法，这样就可能出现错误的操作，成为发生事故的原因。

音响的刺激如果是有节奏和节拍的，则在心理上对操作人员会产生积极的作用，并能提高工作效率。但是在有机械、装置的人工操作环境里，由于要对这些提供大量的能量，并因振动、冲击、摩擦而产生具有杂乱频率的声波，使人产生不愉快的感觉。当噪声强度很大时，传递给耳膜的能量过多，若长此以往，就会给听觉造成损伤。即使噪声的强度不大，噪声在心理上也会使人产生不愉快的感觉，尤其是在共同作业的时候，还有引起事故的可能性。例如在进行大型机械、装置的拆卸、组装、清扫及调整，或移动和搬运具有较大体积的设备的共同作业的时候，噪声容易使人听错指令，使大家的动作难于协调统一而引起事故。

操作环境因机械设备发出很大的噪声，操作人员如经常置于这种环境中，终将引起听觉异常，使听力减退。对于由噪声引起的伤害来说，噪声频率、噪声持续时间的长短、产生噪声的频度都应予以考虑。

2. 噪声的允许值

不同学者对噪声的最大允许值有不同的看法，而大多数人认为应在 85 ~95 dB 之间。

由于噪声的频率不同，其危害程度也不同。高频率噪声造成的危害比低频率噪声要严重得多，而窄倍频带噪声比宽倍频带噪声危害更大。如果把频率也考虑进去，大多数学者认为，频率在 150 Hz 以下，允许值应为 100 ~110 dB；频率在 300 ~1200 Hz，允许值应为 90 ~100 dB；频率在 2400 ~4800 Hz，允许值应为 85 ~95 dB。

在我国 2002 年颁布的《工业企业设计卫生标准》（GBZ1—2002）中规定了工作场所操作人员接触生产性噪声的卫生限值。

(1) 工作场所操作人员每天连续接触噪声 8 h 噪声声级卫生限值为 85 dB(A)。对于操作人员每天接触噪声不足 8 h 的场合,可根据实际接触噪声的时间,按接触时间减半,噪声声级卫生限值增加 3 dB(A)的原则,确定噪声限制值,但最高不得超过 115 dB(A)。作业场所的噪声声级卫生限值见表 14-4。

表 14-4 工作地点噪声声级卫生限值(GBZ1—2002)

日接触噪声的时间/h	卫生限值 dB(A)
8	85
4	88
2	91
1	94
1/2	97
1/4	100
1/8	103
最高不得超过 115[dB(A)]	

(2) 非噪声作业地点的噪声声级卫生限值(GBZ1—2002)。

生产性噪声传播至非噪声作业地点的噪声声级的卫生限值见表 14-5。

表 14-5 非噪声作业地点的噪声声级卫生限值

地点名称	卫生限值 dB(A)	工效限值 dB(A)
噪声车间办公室	75	≤55
非噪声车间办公室	60	
会议室	60	
计算机室、精密加工室	70	

(3) 脉冲噪声作业地点的噪声声级卫生限值(GBZ1—2002)。

具有脉冲噪声作业地点的噪声声级卫生限值见表 14-6。

表 14-6 工作地点接触脉冲噪声声级的卫生限值

工作地点接触脉冲次数/次	峰值/dB
100	140
1000	130
10000	120

二、噪声的控制

噪声污染是由于声源振动而引起周围介质发生的一种压力脉动,在环境中不积累、不持久、也不远离扩散,对人的干扰是局部性的;在一般情况下,声源停止发声,噪声即刻消失;并且只有当声源、声音传播的途径和接收者三要素同时存在,才对听者形成干扰,噪声污染三要素见图 14-4。因此,控制噪声污染的途径可从三个方面考虑:降低声源噪声、限制声的传播与阻断声的接收。在治理噪声时,既要从这三条基本途径出发,分别研究对策,又要将这三个方面当作一个系统综合考虑,在满足降噪要求的前提下,兼顾工艺操作性能,寻求出一个经济合理的最佳方案。

图 14－4　噪声污染三要素

从广义上讲,噪声控制的内容应当包括降低噪声的强度、改变噪声的频率、缩短噪声的持续作用时间、减少噪声的重复出现次数及合理规划设计等。不过在目前,通常主要还是靠降低噪声的办法达到噪声控制的目的。

为了从作业环境中消除噪声,一般可采取下列措施:

(1) 对于产生噪声的机械和装置,应设法改变噪声的机械部件,或改变机械结构,如把组成部件做成非连续结构,并在接触面间插入起缓冲作用的弹性材料等,降低声源发出的噪声。

(2) 改变音响性质,根据共鸣原理,采取发声不大的结构,对机械、装置等应采用可以防止声源振动的结构

(3) 采取屏蔽噪声源,或在其周围设置吸音墙等措施,使噪声不能向外传播。例如采用能进行反射的、折射形式的遮蔽结构,用吸音材料做隔音墙吸收声音,防止噪声向其他方向传播。

(4) 采用个体防护的方法,在特殊作业环境里,上述措施也难以应用,这时就要利用耳塞、耳罩等防护用品来消除高频率噪声。

第六节　有害气体、蒸气和粉尘

一、有害气体、蒸气和粉尘的影响

因为作业场所不是自然环境,而是进行生产的人工环境,所以会从生产机械、装置中泄漏出有害气体、蒸气和粉尘,并扩散到整个作业场所。如在这种环境中连续操作,随着时间的推移,对人体将产生慢性的生理影响,甚至威胁人的生命。

这样的环境条件应极力予以消除,但要做到绝对没有危害是有困难的。为此,需测定环境条件的状态,并根据设备、物质的种类,仔细测定有害物质是否保持在允许值范围内。

二、有害气体、蒸气和粉尘的控制

在操作环境中,存在的有害物质,其测定值必须经常保持在临界极限值以下。

要保持这种条件,一般地说,大致可采用如下的方式:

(1) 通风换气,主要采取局部排气方式;

(2) 在操作人员周围送入新鲜空气的方式。

当室内充满有害气体、蒸气和粉尘时,即使功率相当大的风机进行通风换气,要把这些有害气体、蒸气和粉尘完全排到室外也是有困难的。尤其是室内和设备的角落处存在的有害气体、蒸气和粉尘更难排除。因此,一般通风换气的效率低,而最有效的办法是要使这种有害物质在室内扩散之前,于发源处加以捕集,并进行局部通风排气,使它们不能扩散到装

置外部,这种方式称为局部排气方式。

属于(2)的送气方式,就是往作业场所,尤其是往操作人员进行操作的周围送入新鲜空气,以保证操作人员不接触有害物质的方式。这种方式一般应用于下述场所:即无论怎样进行局部排气,也多少有一些泄漏,对操作人员有造成伤害危险的地方。

1. 局部排气方式

这种方式如图 14－5 所示,例如存在有害物质发生源 A、B、C 时,由这种装置通过管道和大功率风机进行抽吸,把抽吸的有害物质排出室外。这时,细微的粉尘由旋风除尘器予以捕集。另外,存在有害气体和蒸气时,就要设置一将有害气体变为无害气体的处理装置,使气体通过这一装置处理后再排到大气中去。另外,也可采用如图 14－5A 所示的装置,只要能够把有害气体发生源密闭起来就可以。一般地说,对于 B、C 所示的在操作时不能密闭的装置,一般需要采用排风罩,以便通过管道使之容易抽吸。

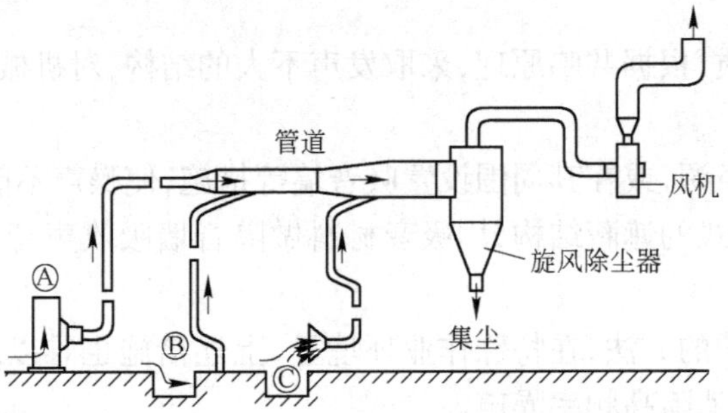

图 14－5　局部排气方式

图 14－6 示出了不同操作条件下排气罩形状。排气罩的形状和大小随有害物质的种类、作业方法、有害气体发生源的结构不同而异,一般要将容易捕集有害气体的排气罩尽可能安装在捕集效果最好的位置上。

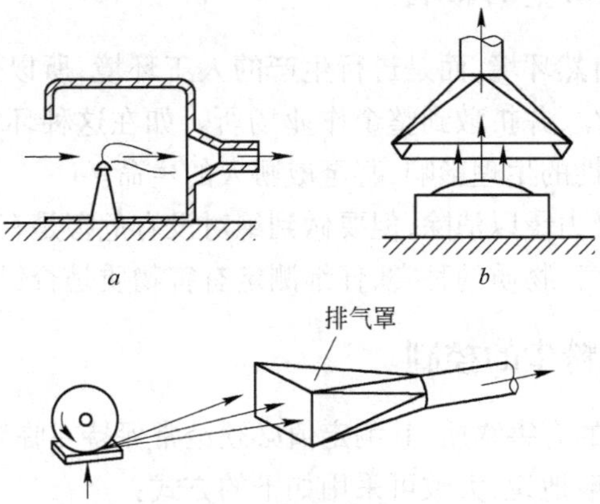

图 14－6　排气罩的形状和方式

排气罩按形状大致可以分为如下 4 种形式:

(1) 箱形方式;

(2) 棚罩方式(图 14－6a);

(3) 顶罩方式(图 14－6b);

(4) 侧面收集方式(图 14－6c)。

图 14－6a 适合于有害气体、蒸气处理时的方式。图 14－6b 是在有害气体、蒸气温度升高而产生上升气流时广泛采用的一种有效方法。图 14－6c 是砂轮研磨产生的金属粉末沿着箭头方向飞射时,在其飞射方向设置集尘罩,使金属粉末容易捕集的方式。

2. 集尘方式

要收集粉尘,需根据粉尘颗粒的大小选择集尘效率高的方式。一般地说,颗粒大的粉尘(粒度在 0.1 mm 以上),可通过设置挡板,利用惯性和重力作用使之沉降,就能够予以收集。

然而,如果颗粒过细,用这种方式就不能够收集。要收集颗粒过细的尘粒,一般大致采用如下几种方式:

(1) 利用惯性作用使粉尘与流动的水膜碰撞而加以收集的方式;

(2) 利用离心力进行分离收集的方式;

(3) 将几个小型旋风除尘器排列起来,利用离心力收集的方式;

(4) 采用喷雾方法,利用细小水滴来收集粉尘的方式;

(5) 通过放电使微粒子离子化而加以收集的方式。

(6) 利用过滤材料、收集粉尘的方式。

属于(1)的方式是从上部供水,以便在波形薄板表面形成水膜,再从水膜成直角的方向吹喷粉尘、气体和蒸汽,由水膜将它们加以捕集。

利用离心力的方式(2),有如图 14－7a 所示的旋风除尘器。这种除尘器能够捕集 5 μm 以上的粒子,其效率可达 90% 以上,因结构非常简单,所以得到了广泛的应用。

属于方式(3)的有多管式旋流除尘器。它的原理虽然和旋风除尘器相同,但集尘效率高,而且所占体积不大。图 14－7b 示出了其中一管的作用过程。这种装置可以将几十根管排列起来而构成一个整体装置。

属于方式(4)的文丘里管如图 14－7c 所示。它使水喷成雾状,让水滴来捕集气体、蒸气和粉尘,再从下面放出捕集了气体和粉尘的水。这种方法在化工厂得到了广泛应用。

方式(5)为静电除尘器,见图 14－7d。它是利用 2～3 万 V 左右的直流电,在排出的气体中进行电晕放电,使气体中的微粒子离子化,并被正极吸引而加以捕集的方式。这种方式捕集效率高,尤其是对特别微小的粒子具有比其他装置更优良的效果。它广泛应用于收集水泥以及从燃烧粉煤排出的气体中的微小粒子,对固体烟雾之类的微小粒子是一种最好的除尘方式。

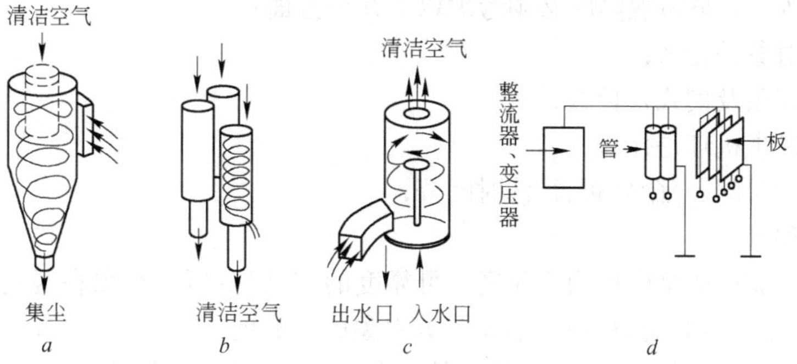

图 14－7　除尘方式

a—旋风除尘器;b—多管旋风除尘器;c—文丘里管;d—静电除尘器

第十五章 人的操作可靠性及其失误的控制

在人、机、环境系统中，影响系统安全性的因素，除机器、设备、环境外，人的作业活动的可靠性是一个更重要的因素。因此，对人机系统中人的操作可靠性分析与研究，有利于提高整个生产作业系统的可靠性，减少或消除由于人的操作失误引起的事故。

第一节 可靠性的基本概念

在阐述人的可靠性之前，我们必须首先了解可靠性的一些基本概念。

一、可靠性及可靠度

可靠性是指研究对象在规定条件下、规定时间内，完成规定功能的能力，即可靠性是对研究对象无故障工作能力的量度。根据可靠性的定义，要说明以下几个问题：

(1) 明确可靠性的研究对象。可靠性的研究对象指系统、机器、部件、人员等。本章中我们主要研究人的操作可靠性。所以，我们要研究的对象是引起系统故障或失效的人为因素。

(2) 明确系统所处的规定条件及时间。可靠性的高低与研究对象所处的环境和规定的时间有着密切的关系。研究对象所处的环境包括温度、湿度、振动、冲击、负荷、压力等，还包括维护方法、自动操作还是人工操作，操作人员的技术水平等广义的环境条件。规定的时间一般指通常的时间概念，也有因对象不同而出现的诸如次数、周期、距离等相当于时间指标的量；

(3) 明确研究对象的功能、作用。研究对象的规定功能指研究对象的技术指标。完成规定功能的能力即研究对象无故障工作的能力。作为一个系统或元件，其功能作用有主次之分，其故障引起的损失程度也不同。

就故障而言，其定义一般也是难以说明的。因为它涉及生产使用单位的职责分工界限问题，涉及到系统的复杂程度问题。同时故障有容易排除和不容易排除之别，有突然发生和逐渐形成之别等。在分析故障时必须考虑以下几个方面：

(1) 研究对象是什么；

(2) 故障现象及模式是什么；

(3) 故障发生机理是什么；

(4) 故障的时间、寿命分布、维修时间等；

(5) 故障程度。

研究对象可靠性的量度称为可靠度。可靠度的定义是：研究对象在规定条件下和规定时间内，完成规定功能的概率，用 R 表示研究对象的可靠度。

由于随机事件 A 的概率 $P(A)$ 大于或等于零，小于或等于 1，即 $0 \leqslant P(A) \leqslant 1$，所以，可靠度 R 应有 $0 \leqslant R \leqslant 1$ 的关系。

二、可靠度与不可靠度

研究对象在规定条件下和规定时间内丧失功能的概率，称为不可靠度或失效概率，记作 F。由于可靠度和不可靠度是一完备事件组，所以有：

$$R + F = 1 \text{ 或 } R = 1 - F \tag{15-1}$$

研究对象的不可靠度可以通过大量的统计实验得出。例如，有 N_0 个研究对象在规定条件下工作到某规定时间有 N_{fm} 个研究对象失效。我们把工作时间按 Δt 为一段，分为 t_1，t_2，…，t_n（$t_1 < t_2 \cdots < t_n$）时刻，如图 15-1 所示。图中的纵坐标是每个单位时间 Δt 内失效的研究对象数，如在 i 段，就是从 t_{i-1} 到 t_i 为止，这一单位时间内失效研究对象数为 ΔN_{fi}，由于全部对象为 N_0 个，在（t_{i-1}，t_i）这一单位时间内，发生失效的概率为 $\Delta N_{fi}/N_0$。我们取某一时刻 t_m，那么在 t_m 之前累计失效总数 N_{fm} 则为：

$$N_{fm} = \sum_{i=1}^{m} \Delta N_{fi} \tag{15-2}$$

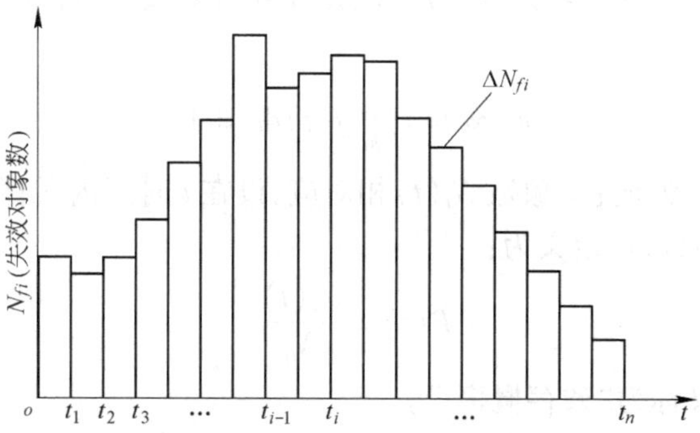

图 15-1　失效对象的频数直方图

式（15-2）用坐标表示如图 15-2 所示，因此，在 t_m 时间内发生失效的概率 F_m 由下式给出：

$$F_m = \frac{N_{fm}}{N_0} = \frac{\sum_{i=1}^{m} \Delta N_{fi}}{N_0} \tag{15-3}$$

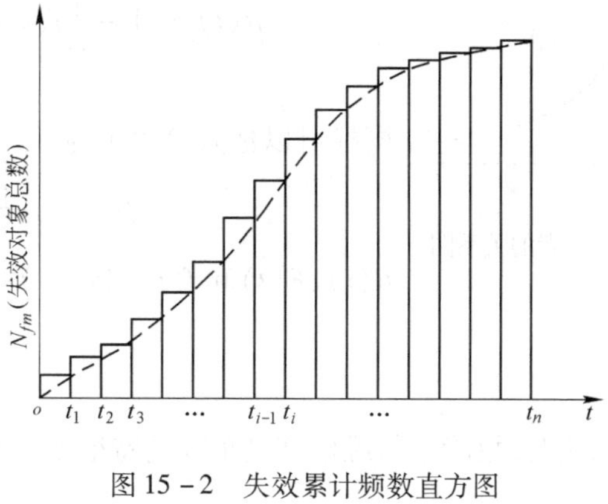

图 15-2　失效累计频数直方图

当我们所取的时间段数越来越多，而单位时间越来越小时，亦即 $n \to \infty$，$\Delta T \to 0$ 时，则图 15－2 的折线就趋向于虚线。此时，t 时间内失效对象数趋向于 $N_f(t)$，失效概率（不可靠度）趋近于 $F(t)$。

根据式（15－3）得：

$$F(t)=\frac{N_f(t)}{N_0}=\int_0^t \frac{1}{N_0}\mathrm{d}N_f(t)=\int_0^t \frac{1}{N_0}\cdot\frac{\mathrm{d}N_f(t)}{\mathrm{d}t}\mathrm{d}t \tag{15-4}$$

若设：

$$f(t)=\frac{1}{N_0}\cdot\frac{\mathrm{d}N_f(t)}{\mathrm{d}t} \tag{15-5}$$

则：

$$F(t)=\int_0^t f(t)\,\mathrm{d}t \tag{15-6}$$

式（15－5）中的 $f(t)$ 是以 t 为随机变量的概率密度函数，亦称为失效密度函数。而公式（15－6）中的 $F(t)$ 是概率分布函数，称为累积失效分布函数，通常称为不可靠度函数，它具有下列所示的特征：

$$F(\infty)=\int_0^\infty f(t)\,\mathrm{d}t=1 \tag{15-7}$$

若与 t 时间内的失效研究对象数 $N_f(t)$ 相对应，设在 t 时间内残存的未失效研究对象数 $N_s(t)$，则可靠度函数 $R(t)$ 可定义为：

$$R(t)=\frac{N_s(t)}{N_0} \tag{15-8}$$

可靠度函数有时又称为“残存概率”。

$$N_s(t)+N_f(t)=N_0 \tag{15-9}$$

根据式（15－8）、式（15－9）可得

$$R(t)=1-\frac{N_f(t)}{N_0} \tag{15-10}$$

根据式（15－4）、式（15－10）可得：

$$R(t)+F(t)=1 \tag{15-11}$$

根据式（15－6）、式（15－7）、式（15－11）可得：

$$R(t)=1-\int_0^t f(t)\,\mathrm{d}t=\int_0^\infty f(t)\,\mathrm{d}t \tag{15-12}$$

同样可以把 $f(t)$ 表示为：

$$f(t)=-\frac{\mathrm{d}R(t)}{\mathrm{d}t} \tag{15-13}$$

$R(t)$、$F(t)$ 和 $f(t)$ 三者的关系如图 15－3 所示。

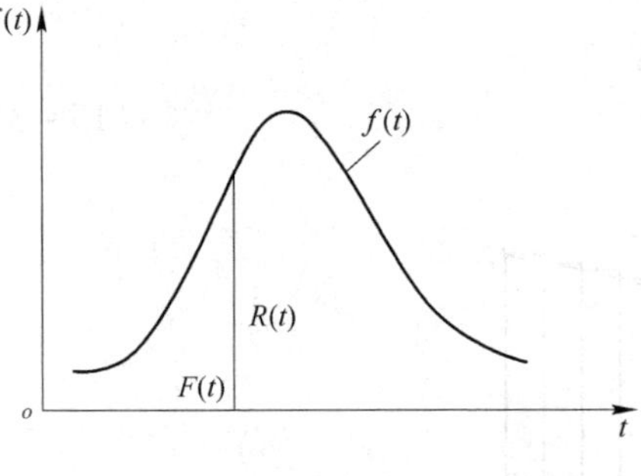

图 15－3 $R(t)$、$F(t)$ 和 $f(t)$ 三者的关系图

三、故障率与维修度

在评价研究对象可靠度时，故障率与维修度是重要的特征量。下面分别予以阐述。

1. 故障率

故障率是指表示研究对象在某时刻 t 的单位时间内发生故障的概率，用下式定义：

$$\lambda(t)=\frac{1}{N_s(t)}\cdot\frac{dN_f(t)}{dt} \tag{15-14}$$

式(15－14)中，$dN_f(t)$ 表示当 $\Delta t\to 0$ 时，在时间区间 $(t,t+\Delta t)$ 内的故障次数，$N_s(t)$ 表示到 t 时刻为止未发生故障的次数，所以 $dN_f(t)/N_s(t)$ 表示在区间 $(t,t+\Delta t)$ 内 $\Delta t\to 0$ 时，研究对象发生故障的概率。在式(15－14)中把 $dN_f(t)/N_s(t)$ 再除以 dt，即表示在单位时间内研究对象发生故障的概率。由于 $\Delta t\to 0$ 所以 $\lambda(t)$ 实际上为 t 时刻的瞬时故障率。

若对式(15－10)进行微分并代入式(15－14)，就得

$$\lambda(t)=-\frac{N_0}{N_s(t)}\times\frac{dR(t)}{dt} \tag{15-15}$$

若再将式(15－8)代入可得

$$\lambda(t)=-\frac{1}{R(t)}\times\frac{dR(t)}{dt} \tag{15-16}$$

当 $t=0$ 时，$R(0)=1$

对式(15－16)进行积分变换后可得

$$-\int_0^t\lambda(t)\,dt=\ln R(t)$$

$$R(t)=e^{-\int_0^t\lambda(t)dt} \tag{15-17}$$

根据此式就可确定故障率与可靠度的关系，特别当 $\lambda(t)=\lambda$（常数）时式(15－17)可以写成：

$$R(t)=e^{-\lambda t} \tag{15-18}$$

此时我们说研究对象的可靠度是按指数分布的。根据式(15－13)、式(15－16)又可将故障率表示为：

$$\lambda(t)=\frac{f(t)}{R(t)} \tag{15-19}$$

2. 维修度

维修度是表征可维修系统维修的难易程度。它可以定义为：可维修系统在规定条件下和规定时间内，完成维修的概率。在时间 t 内完成维修的概率记为 $M(t)$。越容易维修的系统，在同样时间内，它的 $M(t)$ 就越大。维修度 $M(t)$ 就越大。维修度 $M(t)$ 是停工时间 T_D 分布函数。

$$M(t)=P\{T_D\leqslant t\} \tag{15-20}$$

$$\lim_{t\to 0}M(t)=0\qquad\lim_{t\to\infty}M(t)=1$$

维修度的密度函数我们可以用下式表示

$$m(t)=\frac{dM(t)}{dt} \tag{15-21}$$

在 $t-t+\Delta t$ 时间内修复的概率为 $u(t)dt$，则有维修率：

$$u(t)=\frac{m(t)}{1-M(t)}=\frac{1}{1-M(t)}\times\frac{dM(t)}{dt}=-\frac{d\ln[1-M(t)]}{dt} \tag{15-22}$$

经过一系列积分变换得

$$M(t)=1-e^{-\int_0^t u(t)dt} \tag{15-23}$$

当 $u(t)=u$（常数）时，

$$M(t)=1-e^{-ut} \tag{15-24}$$

四、系统的寿命过程

正常状态的非修复系统过渡到故障状态的工作时间期望值，称为平均无故障时间，记为MTTF（Mean Time To Failure），也称为平均寿命。

正常状态的可修复系统过渡到故障状态的工作时间期望值，称为平均故障间隔时间，记为MTBF（Mean Time Between Failure）。

平均无故障时间和平均故障间隔时间可用下式定义：

$$MTTF \text{ 或 } MTBF = \int_0^{\infty} tf(t)\,\mathrm{d}t \tag{15-25}$$

经过一系列变换，若 $\lambda(t)=\lambda$（常数）时，则有

$$MTTF \text{ 或 } MTBF = \frac{1}{\lambda} \tag{15-26}$$

即，λ 是 $MTTF$ 或 $MTBF$ 的倒数。

系统的平均维修时间，称为平均修理、更换时间，记作MTTR（Mean Time To Repair）。

平均修理更换时间可由下式定义

$$MTTR = \int_0^{\infty} tm(t)\,\mathrm{d}t = \int_0^{\infty} t\frac{\mathrm{d}M(t)}{\mathrm{d}t}\mathrm{d}t = \int_0^{\infty} t\,\mathrm{d}M(t) \tag{15-27}$$

经过一系列变换，若 $u(t)=u$（常数）时，则有：

$$MTTR = \frac{1}{u} \tag{15-28}$$

$MTTF$、$MTBF$ 和 $MTTR$ 表达了系统的寿命过程。对可修复系统而言，$MTBF$ 是系统平均正常工作的时间，$MTTR$ 是平均修理时间。对不可修复系统，$MTTF$ 是系统的平均寿命，$MTTR$ 是平均更换时间。

五、系统的有效度

有效度是可靠度和维修度合起来的尺度。其定义为在系统规定条件下，在任意时刻上正常工作的概率，称为有效度。用 $A(t)$ 表示。

当系统的可靠度与维修度均服从指数分布时，则系统的有效度为：

$$A = \frac{MTBF}{MTBF+MTTR} = \frac{u}{\lambda+u} \tag{15-29}$$

六、故障率曲线

一般来说，系统的故障率 $\lambda(t)$ 可以表示为时间 t 的函数，图15-4为故障率随时间变化的曲线，这类似于一个浴盆的纵剖面，故称为故障浴盆图，它是一种典型的故障率曲线。

如图15-4所示，我们把研究对象分为3个时期，即初期故障期、偶尔故障期和耗损故障期。

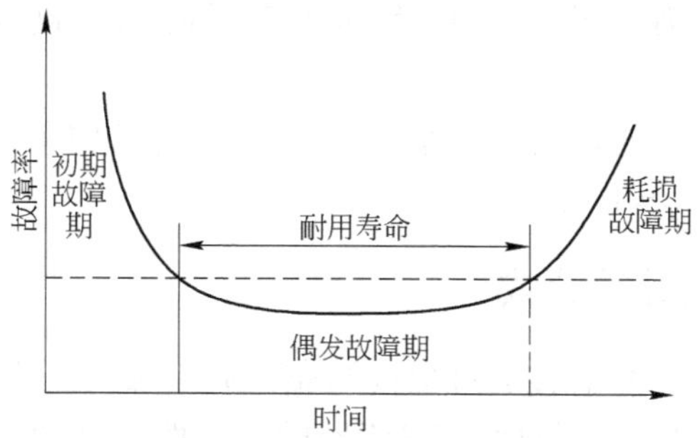

图 15－4　故障（失效）率浴盆图

1. 初期故障期

这时期反应研究对象早期阶段的故障规律。其特点是：开始时故障率较高，但随着时间的推移，故障率迅速下降，故也称为递减故障率期 DFR（Decreasing Failure Rate）。对于机械设备来说，初期故障的主要原因是由于设计中潜在的缺点所致。潜伏未被发现的错误，制造工艺的不良，材料、元器件的缺陷，在使用初期暴露出来，而呈现为故障。例如螺丝免不了有次品，焊接有可能出现假焊，零部件装配配合产生误差等。为了尽早发现这些缺陷，就要对材料、元器件做筛选实验，改进制造工艺，以及对已完成的产品或系统做完工检查性试验或做延时、老化等处理，以提高产品或系统使用初期的可靠性。对于作业者来说，初期故障主要是由于作业者的技术水平，对作业的熟练程度，以及本岗位安全操作规程的熟练程度来决定的，主要表现为人体差错。而一般而言，新工人进岗 2～3 年中差错率较多，因此要对新进岗的工人进行技术教育、安全教育，使他们尽快熟悉操作规程，以提高人的初期可靠性。

2. 偶发故障期

这时期反应研究对象处于正常工作状态。其特点是：故障率低且稳定，可认为时间的延长对故障率的影响很小，在浴盆图上（图 15－4）故障率近似于平行于盆底的一条水平直线，故又称这时期为恒定故障期 CFR（Constant Failure Rate）。无论是机器设备，还是作业者，这一时期是最好的工作时期，这一时期产生的故障或差错可以认为是随机或偶然的。人们都希望这一时期越长越好。

3. 耗损故障期

在这时期间，故障又迅速上升，反映出随时间的推移，故障率又迅速增加的模式，故又称为递增故障期 IFR（Increasing Failure Rate）。对机械设备来说，这时期的故障原因主要是老化、疲劳或工作参数随时间的增长而逐步退化，最终引起故障。研究了系统的损耗、故障期以后，就可以判定出一套预防检修和更换部分元件的方法，使损耗期延长或在损耗期开始后不久，就更换损耗元件。这样就可降低其故障率、延长偶发期。对于作业者来说，这一时期的主要原因是人逐年衰老，行动迟缓、反应慢、引起过多的失误或差错，一般 45 岁以后，人就进入损耗故障期，此时应采取安排简单作业的工种等办法，以减少人的失误。

第二节　人的操作可靠度

人的操作可靠度是把人作为研究对象，研究作业者在操作过程中完成规定作业功能的量度。其定义为：作业者在规定条件下和规定时间内正确完成操作的概率，用 R_H 表示。

与人的操作可靠度相应的是人的操作不可靠度（人体差错率）F_H。两者为一完备事件组。则有 $R_H+F_H=1$ 或 $R_H=1-F_H$

一、人的操作可靠度的计算公式

人的行动过程包括：(1)信息接受过程；(2)信息判断加工过程；(3)信息处理过程。人的可靠性也包括人接受信息的可靠性，信息判断的可靠性，信息处理的可靠性，这三个过程的可靠性就表达了人的操作可靠性。但在人的作业活动过程中，操作方式一般有间歇式操作和连续式操作，对于这两种方式的可靠度的计算方法也不一样。

1. 间歇性操作的操作可靠度计算

间歇性操作的特点是在作业活动中，作业者进行不连贯的间断操作，例如，行车升或降、汽车换挡、制动等均属间歇性操作。这种操作可能是有规律的，也有可能是随机的。因此。对于这种操作不宜用时间来表达其可靠度，一般用次数、距离、周期来描述其可靠度。

若某人执行某项操作 N 次，其中操作失败 n 次，则当 N 足够大时，则此人的操作不可靠度为：

$$F_H=\frac{n}{N} \tag{15-30}$$

所以，人在执行此项操作中，其操作可靠度为

$$R_H=1-F_H=1-\frac{n}{N} \tag{15-31}$$

例如，汽车司机操作刹车 4000 次中，有 1 次失误，则其操作可靠度为

$$R_H=1-\frac{n}{N}=1-\frac{1}{4000}=0.99975$$

这里必须说明的是，$R_H=1-\frac{n}{N}$中，要求 N 足够大，实际上，人的操作时间或次数是有限的，这里 $F_H=\frac{n}{N}$实质上是人体差错的频率。只有当 $N\to\infty$，即$\lim\limits_{N\to\infty}\frac{n}{N}$才是 F_H 的精确值，所以只有当 N 足够大时，这个误差才可以忽略不计。

2. 连续性操作的操作可靠度计算

连续性操作是在操作活动中，作业者在作业时间里进行连续的操作活动。例如对运行仪表的全过程监视，汽车司机开车活动中方向盘的操作，对道路情况的监视等。连续性操作可用直接时间进行描述，对连续性操作的操作可靠度，可用人的操作可靠性模型来描述。

$$R_H(t)=e^{-\int_0^t\lambda(t)\mathrm{d}t} \tag{15-32}$$

式中　t——连续工作时间；

$\lambda(t)$——t 时间内人的差错率。

例如，汽车司机操作方向盘的恒定差错率为 $\lambda(t)=0.0001$，若某司机驾车 300 h，其可

靠度为

$$
\begin{aligned}
R_H(300) &= e^{-\int_0^t 0.0001dt} \\
&= e^{-0.0001\times t} \\
&= e^{-0.0001\times 300} \\
&= 0.9704
\end{aligned}
$$

这里要说明的，$\lambda(t)$是随时间变化的函数，对于同一个人，在不同时间内，其差错率$\lambda(t)$是不同的。对于不同的人，其差错率$\lambda(t)$也是不同的。因此，在计算连续性操作可靠度时，一般是根据不同的人、不同的时间，进行同一操作的差错率的平均值计算的。所以上例中假定$\lambda(t)=0.0001$为司机操作方向盘的恒定差错率。

二、按人的行动过程确定人的操作可靠度

日本东京大学井口雅一教授根据信息输入、判断决策、操作处理（即S—O—R）人的行动过程模式，提出了一种确定人的操作可靠度的计算方法。他认为，机器操作者的基本可靠度r为

$$r = r_1 \times r_2 \times r_3 \tag{15-33}$$

式中 r_1——与输入有关的可靠度；

r_2——与判断有关的可靠度；

r_3——与操作输出有关的可靠度。

r_1, r_2, r_3的取值见表15-1。

表15-1 基本可靠度r_1、r_2、r_3的取值

类别	内容	r_1	r_2	r_3
简单	● 变量不超过几个 ● 人机工程学上考虑全面	0.9995～0.9999	0.9990	0.9995～0.9999
一般	● 变量不超过10个	0.9990～0.9995	0.9950	0.9990～0.9995
复杂	● 变量超过10个 ● 人机工程学上考虑不全面	0.9900～0.9990	0.9990	0.9900～0.9990

求出操作者的基本可靠度r后，再考虑作业条件、作业时间、操作频率、危险程度、心理与生理因素和环境条件对操作的影响。因而，对基本可靠度给予修正后，才可求出操作可靠度R_H。

$$R_H = 1 - bcdef(1-r) \tag{15-34}$$

式中 $(1-r)$——操作的基本不可靠度；

b——作业时间修正系数；

c——操作频率修正系数；

d——危险程度修正系数；

e——生理与心理条件修正系数；

f——环境条件修正系数。

b、c、d、e、f各值可由表15-2查得。

表 15-2　操作不可靠度修正系数

修正系数	项　目	内　容	取　值
b	作业时间	有充足的多余时间 没有充足的多余时间 完全没有多余时间	1.0 1.0~3.0 3.0~10.0
c	操作频率	频率适度 连续操作 很少操作	1.0 1.0~3.0 3.0~10.0
d	危险程度	即使误操作也很安全 误操作时危险性很大 误操作时有产生重大灾害的危险	1.0 1.0~3.0 3.0~10.0
e	生理、心理上的条件	教育训练、健康状况、疲劳、愿望等 ● 综合条件较好 ● 综合条件不好 ● 综合条件很差	 1.0 1.0~3.0 3.0~10.0
f	环境条件	● 综合条件较好 ● 综合条件不好 ● 综合条件很差	1.0 1.0~3.0 3.0~10.0

例如,求锅炉工观察水位计,操作水阀的操作可靠度,设该工人获得水位信息的可靠度为 $r_1=0.9995$,判断水位多少的可靠度 $r_2=0.9990$,操作水阀的可靠度 $r_3=0.9999$。修正系数 b、c、d、e、f 均取 1.0,则有锅炉工操作水阀的可靠度为

$$\begin{aligned} R_H &= 1-bcdef(1-r) \\ &= 1-[1-0.9995\times0.9990\times0.9999] \\ &= 0.9984 \end{aligned}$$

三、人体差错率预测法确定作业工序的可靠度

人体差错率预测法(THERP, Technique for Haman Error Rate Prediction)是将作业人员的作业工序分解成基本作业因素,求出基本作业的作业因素可靠度,根据作业因素的可靠度,求出作业工序的操作可靠度,即可求出人体差错率(操作不可靠度)。THERP 法的步骤与内容为:

(1) 了解操作者的作业工序;

(2) 将作业工序分解为基本作业过程;

(3) 把基本作业分解为作业因素;

(4) 求取各作业因素的可靠度 r_i;

(5) 作业因素的可靠度之积,为基本作业的可靠度 R_i;

(6) 基本作业的可靠度之积,为作业工序的可靠度 R_H;

(7) 用 1 减去可靠度,则为该工序的不可靠度(差错率)。$F_H=1-R_H$

作业因素的可靠度,可参考表 15-3~表 15-7 取值。

表 15-3 作业因素可靠度

作业因素	可靠度	作业因素	可靠度
阅读技术说明书	0.9918	连接电线(安装螺钉)	0.9972
读取时间(扫描记录仪)	0.9921	安装摩擦式防护罩	0.9983
读取电流计和流量计	0.9945	读时间(时钟)	0.9983
分析缓变电压和电平	0.9955	确定开关位置	0.9983
确定多位置电气开关的位置	0.9957	关闭手动阀门	0.9983
分析真空管失真	0.9961	安装排水管	0.9983
安装鳄鱼夹	0.9961	安装旋柄控制阀	0.9984
安装垫圈	0.9962	打开手动阀门	0.9985
分析锈蚀	0.9963	确定双位开关位置	0.9985
安装 O 形环	0.9965	使泄漏检测器喷射	0.9986
边阅读边记录	0.9966	确定零件的安装或拆除	0.9988
分析凹陷、裂纹和划伤	0.9967	拆除螺钉、螺母或销子	0.9988
读压力计	0.9969	安装压差计	0.9988
分析老化的防护罩	0.9969	拆除防护罩	0.9990
分析质量检查封印	0.9970	拆除旋柄控制阀	0.9991
固定螺母、螺钉和销子	0.9970	拆除节流控制阀	0.9991
使用垫圈胶合剂	0.9971		

表 15-4 差错率数据

差错率	活动内容
10^{-4}	选择一个带钥匙的开关
10^{-3}	选择一个(或一对)形状和位置与期望不同的开关
3×10^{-3}	人的一般违反错误,例如读错标签并因此而选择了一个错误的开关
10^{-2}	人的一般遗漏错误,例如在维修以后没有把一个手动操作阀旋转到一个合适的位置
3×10^{-3}	遗漏错误,被遗漏的项目包括在程序之中,而不是最后项
3×10^{-2}	简单带有自检的算术错误,而不是通过在另外纸上重复计量
5×10^{-1}	在一般的巡视检查中,如果不使用检查表,监视者未能发现阀门等不处在恰当的位置上
约 1.0	在一个极端应急情况出现以后,前 60 s 操作者不能发出正确的动作,例如大量冷却水损失事故
9×10^{-1}	在一个极端应急情况出现以后,5 min 以内操作者不能发出正确的动作
10^{-1}	在一个极端应急情况出现以后,30 min 操作者不能发出正确的动作
10^{-2}	在应急情况出现以后,几个小时操作者不能发出正确动作

表 15-5 几种仪表认读的不可靠度

仪表用途	不可靠度值		
	指针转动式	刻度盘转动式	数字式
读取数值用	0.0010	0.0010	0.0005

续表 15－5

仪表用途	不可靠度值		
	指针转动式	刻度盘转动式	数字式
检验读数用	0.0005	0.0020	0.0020
调整控制用	0.0005	0.0010	0.0005
跟随仪表控制用	0.0005	0.0010	0.0020

表 15－6　仪表不同视区的认读不可靠度

扇形区域	不可靠度	扇形区域	不可靠度
0°～15°	0.0001～0.0005	45°～60°	0.0020
15°～30°	0.0010	60°～75°	0.0025
30°～45°	0.0015	75°～90°	0.0030

表 15－7　各种控制动作的可靠度数据

按钮直径/mm	可靠度
小型	0.9995
3～6.5	0.9985
9～13	0.9993
>13	0.9998
旋钮转角/(°)	
约 15	0.9975
15～30	0.9998
>30	0.9996
指示灯数(个)	
1～2	0.9998
3～4	0.9975
5～7	0.9952
8～10	0.9946
控制杆	
长杆水平移动	0.9989
垂直移动	0.9982
短杆水平移动	0.9921
垂直移动	0.9914

例如加工某个零件，需通过车床和刨床两个基本作业工序。将此作业工序分解成单一基本作业，查得基本作业的可靠度。见图 15－5 和表 15－8。

图 15－5 中刨床加工作业因素与车床加工相同。

按人体差错率预测法，可知：

$$R_1 = R_2 = 0.9998 \times 0.9988 \times 0.9992 \times 0.9993 \times 0.9993 = 0.9964$$

因此，零件加工的可靠度为：

$$R_H = R_1 \times R_2 = 0.9964 \times 0.9964 = 0.9928$$

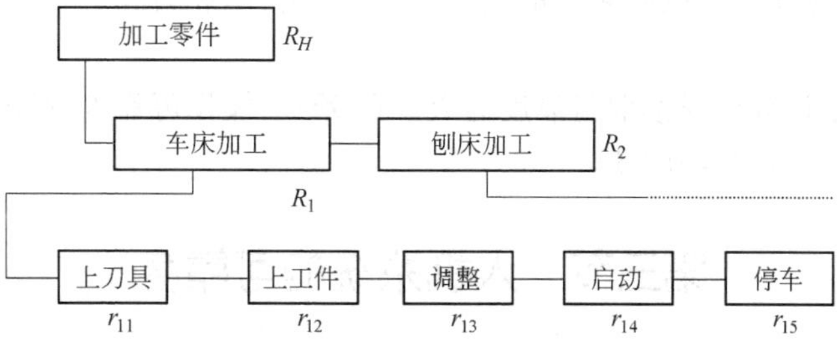

图 15－5　加工零件作业单元分解图

表 15－8　作业因素表

作 业 因 素	可　靠　度	
	车床加工（R_1）	刨床加工（R_2）
上刀具	0.9998	0.9998
上工件	0.9988	0.9988
调　整	0.9992	0.9992
启　动	0.9993	0.9993
停　车	0.9993	0.9993

四、按人的意识水平确定人体可靠度

日本桥本教授根据脑电波的测定，把热病体意识水平分为 5 个等级，提出了相应的 5 个等级的人体可靠度，见表 15－9。

表 15－9　人体各意识状态下的可靠度

阶段	意 识 状 态	注意力的作用	生 理 状 态	可 靠 度
0	无意识失神	0	睡眠、发呆	0
Ⅰ	正常以下意识模糊	不注意	疲劳、单调、瞌睡	<0.9
Ⅱ	常态、松懈	消极的心理	安静、休息、正常作业时	0.99～0.99999
Ⅲ	正常、清楚	积极地向前看，注意视野广	积极活动时	>0.99999
Ⅳ	超常态过度紧张	注意于一点，判断停止	紧急防护反应恐慌—惊慌失措	<0.9

根据人体意识水平的可靠度，可以进行工作安排的调整，或采取措施减少疲劳、消除心理、生理因素对人的可靠度的影响。提高人的作业可靠度。

五、电子装置操作可靠度的确定

美国测量学会提出了操作电子装置可靠度为读取可靠度与操作可靠度之积。即：

$$R_H = R' \times R''$$

式中　R_H——操作电子装置可靠度；

R'——读取可靠度；

R''——操作可靠度。

读取可靠度与操作可靠度随装置的结构、作业方法、作业时间等不同而不同，可查阅有关资料。

例如，操作电子计算机时读取可靠度为 $R'=0.9921$，操作可靠度 $R''=0.9900$，则操作计算机的可靠度 $R_H=R'\times R''=0.9822$

第三节　人机系统的可靠度

在阐述人机系统的可靠度之前，首先对机器的可靠度计算予以叙述。

一、机器的可靠度计算

机器的可靠度是机器、设备、部件、元件等在规定条件下和规定时间内完成规定功能的概率，用 R_M 表示。

根据本章第一节讨论可知：

$$R_M(t)=e^{-\int_0^t \lambda(t)\mathrm{d}t}=e^{-\lambda t}\qquad [\lambda(t)=\lambda(常数)]$$

式中　$R_M(t)$——机器的可靠度；

$\lambda(t)$——机器的故障率；

t——机器的运行时间。

从上式中，我们知道，求取 $R_M(t)$ 时，必须先求故障率 $\lambda(t)$ 或 λ 和运行时间 t。

求取 λ 可先从表 15－10～表 15－11 中查出 λ_0，再查表 15－12，求取严重系数 K。此时 λ 可由下式给出：

$$\lambda=K\lambda_0 \qquad (15-35)$$

所谓严重系数 K，即使用条件下的故障率 λ 与实验条件下的故障率 λ_0 的比值，称为严重系数，即 $K=\lambda/\lambda_0$。

表 15－10　美国军用手册 MTL-HDBK-217A 标准故障统计 λ_0 数据（次/10^6 h）

部 件 名 称	基本故障率	平均故障率	故障率上限值
速度计	0.35	2.8	21.4
应变测量仪	0.388	8.0	21.4
传动装置	0.104	5.1	36.6
大　型	0.60	3.3	18.5
小　型	0.17	1.8	9.6
轴承	0.02	0.5	5.5
滚动普通级	0.020	0.65	2.22
滚动重载	0.072	1.80	3.53
滚珠、轻载	0.035	0.875	1.72
传动带（驱动用）		3.60	

续表 15 - 10

部 件 名 称	基本故障率	平均故障率	故障率上限值
鼓风机	0. 342	2. 4	3. 57
电动机	0. 342	1. 22	2. 32
钢丝绳	0. 002	0. 475	2. 20
凸轮	0. 001	0. 002	0. 004
断路器	0. 045	0. 1375	0. 949
电磁型		0. 158	
温度型	0. 028	0. 3	0. 5
离合器	0. 04	0. 06	1. 1
滑差型	0. 07	0. 3	0. 94
电磁型	0. 24	0. 6	0. 93
接线柱	0. 003	0. 019	0. 0436
测量仪表	0. 135	1. 3	15. 0
压　力	0. 135	4. 0	7. 8
油压压力		1. 123	
空气压力		1. 123	
变形	1. 01	11. 6	15. 0
轴承　流动润滑轴承	0. 02	0. 5	1. 0
轴承环运动	0. 008	0. 21	0. 42
波纹管　0. 5in 管	0. 09	2. 237	6. 1
圆形管	0. 113	2. 80	5. 487
塑料管	0. 121	3. 0	5. 879
传动皮带		3. 6	
接线极	0. 01	0. 063	1. 02
螺　栓	10	40	400
制动器装配式	0. 94	2. 10	3. 38
电刷(回转装置用)	0. 04	0. 1	1. 11
电刷(其他用)	0. 87	1. 30	4. 11
温度计的真空管	0. 05	1. 0	3. 3
轴　瓦	0. 02	0. 046	0. 08
蜂鸣器	0. 05	0. 60	1. 30
壳体装配式	0. 003	0. 03	0. 33
电　缆	0. 02	0. 475	2. 20

表15-11 美国布朗宁 R. L. Browning 故障率建议值(次/h)

分离元件和组件	故障率	
	测量值	建议值
机械的杠杆、链和托架等	$10^{-6} \sim 10^{-9}$	10^{-6}
电容、电阻、线等	$10^{-6} \sim 10^{-9}$	10^{-6}
晶体管半导体	$10^{-6} \sim 10^{-9}$	10^{-6}
电气连接 缠绕	$10^{-9} \sim 10^{-11}$	10^{-9}
焊接	$10^{-7} \sim 10^{-9}$	10^{-8}
螺钉	$10^{-4} \sim 10^{-6}$	10^{-5}
电子管	$10^{-4} \sim 10^{-6}$	10^{-5}
V形皮带	$10^{-4} \sim 10^{-5}$	10^{-4}
摩擦制动器	$10^{-4} \sim 10^{-5}$	10^{-4}
管道 断裂	$10^{-8} \sim 10^{-10}$	10^{-9}
焊缝断开		10^{-9}
法兰处裂口		10^{-7}
螺旋结点断裂		10^{-5}
波纹膨胀节点断裂		10^{-5}
不加热的标准结点断裂		10^{-9}
装置和子系统		
电动、气动的电磁阀等	$10^{-4} \sim 10^{-7}$	10^{-5}
机电的继电器、开关等	$10^{-4} \sim 10^{-7}$	10^{-5}
短路器(自动故障保护)	$10^{-5} \sim 10^{-6}$	10^{-5}
配电变压器	$10^{-5} \sim 10^{-8}$	10^{-5}
气动电动机控制阀	$10^{-3} \sim 10^{-6}$	10^{-4}
安全阀(自动故障保护)		10^{-6}
安全阀(每当过压时)		10^{-4}
仪器换能器	$10^{-4} \sim 10^{-7}$	10^{-5}
仪器指示器、录音机、控制器等 气动	$10^{-3} \sim 10^{-5}$	10^{-4}
电动	$10^{-4} \sim 10^{-6}$	10^{-5}
在响应重复刺激时的人为过失	$10^{-2} \sim 10^{-3}$	10^{-2}
设备和系统		
离心泵、空压机、循环系统	$10^{-3} \sim 10^{-6}$	10^{-4}
蒸汽透平	$10^{-3} \sim 10^{-6}$	10^{-4}
电动机和发电机	$10^{-3} \sim 10^{-6}$	10^{-4}
往复泵和分配量比	$10^{-3} \sim 10^{-5}$	10^{-3}
内燃机火花点火	$10^{-3} \sim 10^{-4}$	10^{-3}
内燃机、柴油机	$10^{-3} \sim 10^{-5}$	10^{-4}
其 他		
点燃溢出的可燃气—液混合物	$10^{-1} \sim 10^{-2}$	

表 15－12　严重系数 K 的取值

使用场所	K
实验室	1
普通室内	1.1～10
船　舶	10～18
铁路车辆	13～30
牵引式公共汽车	13～30
火箭试验台	60
飞　机	80～150
火　箭	400～1000

例如，要求汽车离合器在使用 1000 h 条件下其可靠度为多少？

（1）在表 15－10 中查得离合器的故障率 $\lambda_0 = 0.3 \times 10^{-6}$次/h；

（2）离合器使用场所为汽车，故取 $K = 30$；

（3）求 λ，$\lambda = K\lambda_0 = 30 \times 0.3 \times 10^{-6} = 9 \times 10^{-6}$；

（4）已知 $t = 1000$ h，故可求得离合器的可靠度为：

$$R_M(t) = e^{-\lambda t}$$

$$R_M(1000) = e^{9 \times 10^{-6} \times 1000} = 0.991$$

二、人机系统的可靠度

人机系统的可靠度是评价人机系统设计的重要内容，人机系统最重要的形式就是人与机器的相互结合。为了获得人机系统的最高效能，除了机器本身可靠度指标要高外，还要求操作者的操作可靠度指标也要高。一般情况下，人机系统的可靠度 R_S 由机子系统的可靠度 R_M 和人子系统的可靠度 R_H 两部分串联组成，如图 15－6 所示。

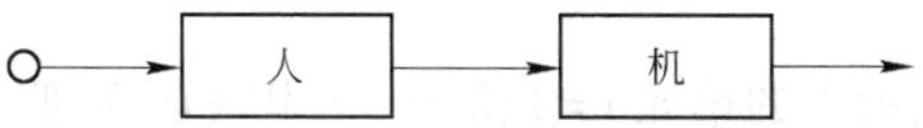

图 15－6　人机串联系统

此系统要求人、机两子系统均处于正常状态，即人和机器同时处于较高的可靠性时，人机系统才有较高的可靠性。按串联系统的概率计算原则，人机系统的可靠度 R_S 为：

$$R_S = R_M \times R_H \tag{15-36}$$

式中　R_S——人机系统的可靠度；

R_M——机子系统的可靠度；

R_H——人子系统可靠度。

根据式(15－36)，可绘成图 15－7 的关系曲线。

根据以上分析可知，要提高人机系统的可靠度，必须从提高 R_M 和 R_H 两个方面入手，过分提高某一个值，往往收效不大。例如当 $R_M = 0.95$，$R_H = 0.8$ 时，$R_S = 0.95 \times 0.8 = 0.76$，若改进机器使机器可靠度 $R_M = 0.99$，$R_S = 0.79$，并没有什么改善。在此种情况下，应考虑从提

高人的操作可靠度 R_H。在目前，科学技术的进步和发展，使得机器的可靠度有了很大的提高。那么，提高人的可靠度就显得越来越重要了，这一点应当引起我们的重视。

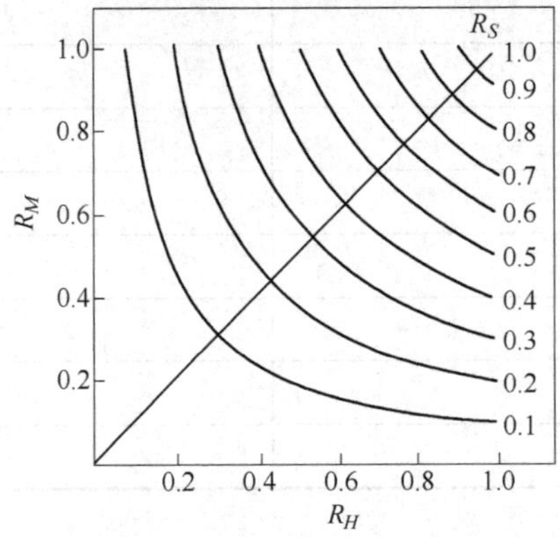

图 15－7　人和机器的可靠度与人机系统的可靠度

三、人机系统的可靠度计算

人机系统的可靠度计算是一个比较复杂的技术。为了进行可靠度计算，首先要对组成人机系统的功能及其相互关系及其可靠度取值，其次是人的操作可靠度的确定，同时还要画出可靠性逻辑图。

下面将叙述各种连接的人机系统的可靠度计算方法。

1. 串联系统

如果组成系统的任何一个单元发生故障，就会导致整个系统发生故障，那么这种系统称为串联系统，如图 15－8 所示。

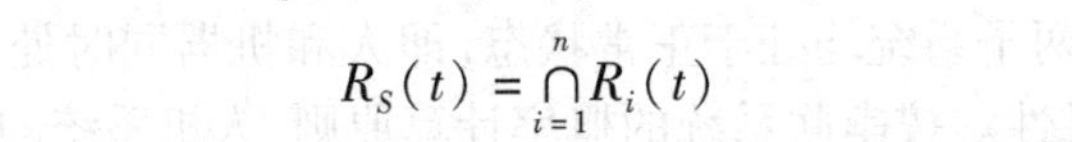

图 15－8　串联系统

图 15－8 中，在功能上独立的单元 $i=1,2,\cdots,n$ 串联布置，假定各单元的可靠度分别为 $R_1,R_2,\cdots,R_n$，则串联系统的可靠度 $R_S(t)$，根据概率的独立事件乘法定理，应为：

$$R_S(t)=R_1\times R_2\times\cdots\times R_n$$

或
$$R_S(t)=\bigcap_{i=1}^{n}R_i(t) \qquad (15-37)$$

在进行可靠度计算时，一方面，要注意系统类型的复杂性。例如由多人监视或操作的系统，在系统中，往往不是所有的人或所有的元件都投入运行，所以计算时要考虑这种因素，以免可靠度的计算结果偏低。另一方面，还要注意使用条件和环境因素对作业者和机器的干扰和影响。因此在设计时，应尽量使用准确度高的故障率和失误率数据进行计算。

2. 并联系统

在一些可靠性要求较高的人机系统中，常采用冗余的方式，它用一系列平行工作的单元组成，只有当各构造单元全发生故障时，这个系统才会发生故障，这种系统为并联系统。并联系统的结构形式有许多种类，现扼要介绍常用的几种。

(1) 并联冗余。如图 15－9 所示,将 n 个单元并联起来同时工作,执行同一功能,并且只要不是所有的单元都发生故障,系统就不会发生故障,这种连接称为并联冗余。系统的可靠度 $R_S(t)$ 可按概率相容事件加法公式计算。

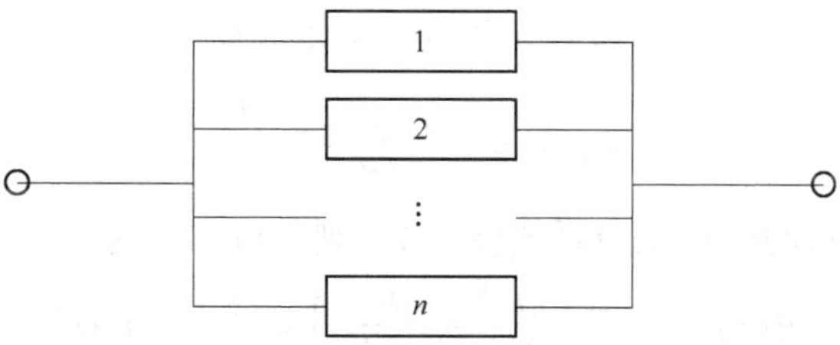

图 15－9　并联冗余系统

$$R_S(t)=1-(1-R_1)(1-R_2)\cdots(1-R_n)$$

或

$$R_S(t)=1-\bigcap_{i=1}^{n}F_i(t) \qquad (15-38)$$

式中,$F_i(t)$ 是构造单元的不可靠度。$F_i(t)=1-R_i$

若系统中只有两个单元串联构成,即 $n=2$,则式(15－38)中 R_S 应为:

$$R_S=1-(1-R_1)(1-R_2)=R_1+R_2-R_1\cdot R_2$$

若 $R_1=R_2=R,\lambda_1=\lambda_2=\lambda$,则

$$R_S=2R-R^2$$
$$R_S(t)=e^{-\lambda t}(2-e^{-\lambda t})$$

则并联冗余系统的平均故障间隔时间 $MTBF$ 和平均寿命 $MTTF$ 为:

$$MTBF\text{或}MTTF=\int_0^\infty R_S(t)\,\mathrm{d}t=\int e^{-\lambda t}(2-e^{-\lambda t})\,\mathrm{d}t=\frac{3}{2\lambda}$$

这一结果说明并联冗余系统的平均寿命和平均故障间隔时间为单个系统的 1.5 倍。

例如,由两个人监督机械检修过程,检修结束后二人都合上闸送电,机械才能运转,此时采用的是串联系统的构造,这样虽然降低了送电的可靠度,但却提高了防止事故的可靠度。相反,若为了防止断电造成事故,则应采用并联冗余系统,从而提高了送电的可靠度。又如,由两个人值勤防火,一旦发生火灾,其中任何一个操作按钮,即可报警并启动灭火装置,这时采用的是并联冗余系统。

由以上可知,两个人执行监视避免发生事故,一般在异常状态下,可以提高操作可靠度,但在正常状态下,却降低不了发生误操作的可靠度,也就是说增加了发生误操作的概率。然而,当人们发现异常现象时,为了躲避危险,而且由于紧张、恐慌等心理状态,常会出现动作失常现象,从这一点考虑,只要正常状态下的误操作不致造成大的伤害,提高异常状态下的可靠度,要比提高正常状态下不发生误操作的可靠度重要得多。

(2) 待机冗余。在图 15－10 中,在一个单元发生故障时,有同样功能的另一单元立即接上去进行工作,使系统得以继续维持,这种方式称为待机冗余或后备冗余。即开始时不是常用冗余,只是主单元经常处于工作状态,而另一个单元处于待命状态。这种替换操作在工程中如司机和副司机等常可见到。

假定有 n 个单元,其可靠度 $R_1=R_2=\cdots=R_n$,故障率 $\lambda_1=\lambda_2=\cdots=\lambda_n$,则待机冗余系统的可靠度 $R(t)$ 为:

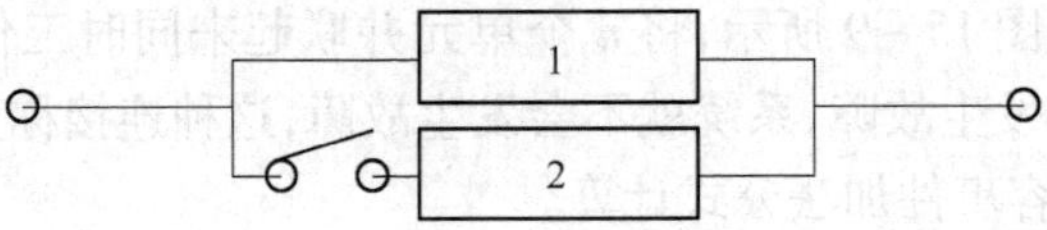

图 15 - 10　待机冗余系统

$$R(t) = e^{-\lambda t}\sum_{i=0}^{n-1}\frac{(\lambda t)^1}{i!} \quad (15-39)$$

对如图 15 - 10 所示的待机冗余系统（$n=2$），则其可靠度为：

$$R(t) = e^{-\lambda t}\left[\frac{(\lambda t)^0}{0!}+\frac{(\lambda t)^1}{1!}\right] = e^{-\lambda t}[1+\lambda t]$$

此时系统的平均故障间隔时间或平均寿命为：

$$MTBF\text{ 或 }MTTF = \int_0^{\infty} R(t)\,\mathrm{d}t = \frac{2}{\lambda}$$

可见，待机冗余系统的平均寿命或平均故障间隔时间为单个系统的 2 倍。

（3）表决冗余系统。为了减少正常状态下的误动作和异常状态下没有作出正确动作的概率，可采用由监视者或作业者或单元多数表决的方式。

假定有一个由 n 个单元组成的系统，当其中有 r 个单元发生故障或失误时，系统便失去功能，若单元组成部分的可靠度均为 R，则整个系统的可靠度：

$$R_S = \sum_{i=0}^{r-1} C_n^i (1-R)^i R^{n-i} \quad (15-40)$$

将此原则用到安全监视上，可以进一步提高避免事故的可靠度，同时也减少了正常状态的误动作。

例如：3 个人进行安全监视，有 2 个执行操作才能切断电源或行使其他非常措施。这种多数表决方式的可靠度为：

$$R_S = C_3^0 R^3 + C_3^1(1-R)R^2 = 3R^2 - 2R^3$$

即
$$R_S(t) = 3(e^{-\lambda t})^2 - 2(e^{-\lambda t})^3$$

另外，由 3 个进行安全监视，并联冗余时的可靠度。

$$R'_S = 3R - 3R^2 + R^3$$

若由 3 个人进行安全监视，串联时的可靠度。

$$R''_S = R^3$$

由 3 人中取 2 人的表决冗余系统的可靠度 R_S，由 3 人并联系统的可靠度 R'_S，以及 3 个串联系统的可靠度 R''_S 的关系如图 15 - 11 所示。

由此可见，当表决冗余系统中各单元的可靠度 R 大于 0.5 时，其系统的可靠度将会提高，若 R 小于 0.5，则可靠度反而会降低。不过，在异常状态下正确操作的概率 R_1 一般都比较高，假定 $R_1=0.90$；正常状况下误操作的概率 F 一般比较低，假定 $F=0.15$，即 $R_2=1-F=0.85$，则 3 人的多种表决冗余系统异常状态下的可靠度 R_{1S}，正常状态下的可靠度 R_{2S} 分别为：

$$R_{1S} = 3R_1^2 - 2R_1^3 = 0.972 > R_1(0.90)$$
$$R_{2S} = 3R_2^2 - 2R_2^3 = 0.9393 > R_2(0.85)$$

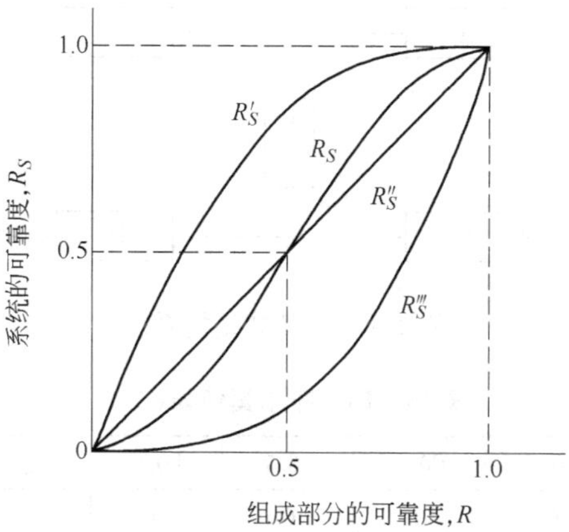

图 15－11　系统的可靠度比较

$R_S=3R^2-2R^3$ 为多数决定方式(3 人中的 2 人)；$R'_S=3R-3R^2+R^3$ 为并列式(3 人)；

$R''_S=R^3$ 为直列式(3 人)；$R'''_S=R$ 为 1 人

由此可见，多数表决冗余系统中，异常状况下的可靠性和正常状态下的可靠性都得到改善。

以上介绍了串联和并联系统的可靠度的数字模型及计算方法，实际上人机系统的连接是极其复杂的。如果把 m 个由 n 个相同可靠度单元组成的串联系统再并联起来，就称为系统并联，其可靠度计算的表示式为：

$$R_S=1-(1-R^n)^m$$

如果把 n 个由 m 个相同可靠单元组成的并联系统再串联起来，就称为单元并联，其可靠度计算表示式为：

$$R_S=[1-(1-R)^m]^n$$

3. 桥式网络结构系统

在系统的结构上，有时各单元不一定都是以单纯的串联或并联的形式连接，而其连接既不是并联又不是串联。因此，上述可靠度的计算方式就不能应用了。对这种连接系统的可靠度计算，应列举一切可能出现的状态，并把系统分为完成功能的状态和发生事故的状态。如事件不相容，就可求出发生一切成功事件的概率之和。图 15－12 表示一桥式网络结构系统。设 A，B，C，D，E 各单元的可靠度分别为 $R_A=0.8$，$R_B=0.7$，$R_C=0.8$，$R_D=0.7$，$R_E=0.9$，系统正常用 S 表示，故障用 F 表示，第 i 种状态下系统的可靠度用 R_{Si}表示。布尔真值表 15－13 所示，表中 1 表示正常，0 表示故障。因此，该系统的状态共有 $2^5=32$ 种，系统的可靠度是把系统正常状态的可靠度相加而得。例如，第 25 行 A，B 都为 1，C、D、E 为 0。这就是正常状态 S。$R_{S25}=0.8\times0.7\times(1-0.8)\times(1-0.7)\times(1-0.9)=0.00336$ 将 R_{Si}求和，即得系统的可靠度 R_S：

$$R_S=\sum_{i=1}^{32}R_{Si}=0.867$$

这种方法也称为状态枚举法。此方法适合于编制计算机程序，用来计算复杂系统的可靠度。

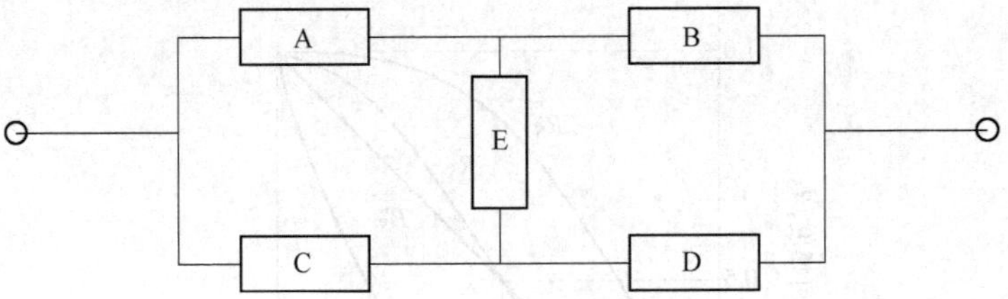

图 15 – 12　桥式结构系统

表 15 – 13　布尔真值表(2^5)

系统状态序号	A0.8	B0.7	C0.8	D0.7	E0.9	正常或故障	R_{Si}
1	0	0	0	0	0	F	
2	0	0	0	0	1	F	
3	0	0	0	1	0	F	
4	0	0	0	1	1	F	
5	0	0	1	0	0	F	
6	0	0	1	0	1	F	
7	0	0	1	1	0	S	0.00336
8	0	0	1	1	1	S	0.03024
9	0	1	0	0	0	F	
10	0	1	0	0	1	F	
11	0	1	0	1	0	F	
12	0	1	0	1	1	F	
13	0	1	1	0	0	F	
14	0	1	1	0	1	S	0.03024
15	0	1	1	1	0	S	0.00784
16	0	1	1	1	1	S	0.07056
17	1	0	0	0	0	F	
18	1	0	0	0	1	F	
19	1	0	0	1	0	F	
20	1	0	0	1	1	S	0.03024
21	1	0	1	0	0	F	
22	1	0	1	0	1	F	
23	1	0	1	1	0	S	0.01344
24	1	0	1	1	1	S	0.12096
25	1	1	0	0	0	S	0.00336
26	1	1	0	0	1	S	0.03024
27	1	1	0	1	0	S	0.00784
28	1	1	0	1	1	S	0.07056
29	1	1	1	0	0	S	0.01344

续表 15－13

系统状态序号	A0.8	B0.7	C0.8	D0.7	E0.9	正常或故障	R_{Si}
30	1	1	1	0	1	S	0.12096
31	1	1	1	1	0	S	0.03136
32	1	1	1	1	1	S	0.28224
$\sum R_{Si} = 0.86688$							

四、人机系统的可靠性设计

人机系统的可靠性与工程可靠性的差别在于，人机系统的可靠性要把涉及人的各种问题以及环境因素的控制问题纳入到人的可靠性内容当中。对人、机、环境三者及三者之间的相互配合，机能分配、可靠度分配等必须予以认真分析、研究，方可保证人机系统的整体可靠性要求。

1. 人机系统的可靠性设计程序

一般来说，人机系统的可靠性设计程序是：

(1) 制定为达到可靠性总体指标的各种设计方案；

(2) 分析设计方案的可靠性(包括理论、经验、模拟实验等)，选择可靠性设计方案；

(3) 人、机器、环境功能分配与可靠度分配；

(4) 绘制人机系统图及说明书；

(5) 试验、试制、检验计划的编制；

(6) 确认试验、改善设计；

(7) 完成最终设计，提出保证可靠性等要求的设计书。

2. 人机系统的可靠性分配

机器与人之间的配合，要尽量使人操作简便、省力，尽量减少作业者在短时间内完成许多不同的操作，使作业者的操作在其能力范围之内。在人与机器的机能分配上，要了解人、机器各自的机能特征，并进行分析比较，从而使人机系统的整体功能达到最佳状态。人和机器的机能特征比较见表 15－14。

表 15－14 人和机器的机能比较

比较项目	人的机能特征	机器的机能特征
感受能力	依靠感觉器官感受。具有高超识别能力。可识别物体的大小、形状、位置和颜色及判别音色，并且具有味觉、嗅觉和触觉。但无一定标准值，易产生偏差	凭借各种检测仪器感知。可感受的物理范围很广而且正确。对人不能察觉的超声、辐射、电磁波、磁场等也能感受及测知
操作能力	可进行各种控制。手具有非常大的自由度，能极巧妙地进行各种操作。从视觉、听觉、位置和重量感觉上得到信息可以完全反馈给控制器	操作力、速度、精密度、操作量、操作范围等均优于人的能力。在处理液体、气体、粉体方面比人强，但对柔软物体的处理能力比人差
工作效能	可完成各种各样技能的作业，但不能同时进行多种操作。不适宜在恶劣环境条件下工作。需要教育训练，要有保障安全的措施	只能完成设计的机能。动作迅速可靠，可同时完成多种操作。对单调反复的作业也不降低效率，可以在危险环境下工作
信息处理	具有抽象、归纳、认识图像、联想和发明创造等高级思考能力。能大量记忆重要经验。但每次只能处理一个信息	按原定程序规定的程式精确、正确、反复地处理数据。且记忆准确，不会忘却。取出信息也迅速

续表 15 - 14

比较项目	人的机能特征	机器的机能特征
可靠性	就人脑而言,其可靠度远远超过机械。但在极度疲劳与紧急事态下,很可能变为极不可靠。人的技术水平、经验以及生理和心理状况对可靠性很有影响。可处理意外紧急事态	按照适当设计制造的机械。在完成规定的作业中可靠性很高,而且保持恒定。但不能处理意外的事态
耐久性	容易疲劳,不能长时间连续工作,且受性别、年龄和健康状态等影响。不适应单调作业	能长期连续工作,适应单调作业。需要适当维护
灵活性	通过教育训练,可具有多方面的适应能力	如果是专用机械,不经调理则不能改作其他用途
经济性	除工资之外还需要福利方面的费用。发生事故时,可能造成伤亡	需要购置费、运转费。不能使用时,损失的仅是该机械的价值

人和机器除了表 15 - 14 所列不同机能特征外,还有其基本限度。人的基本限度有 4 个:(1)正确度的限度,(2)体力的限度,(3)行动速度的限度,(4)知觉能力的限度。机器的基本限度也有 4 个:(1)力学性能能维持能力的限度;(2)机器正常动作的限度;(3)机械判断能力的限度;(4)费用的限度。

在人和机器的技能分配上美国人机工程学学者 E. J. Mc Cormick 曾做了如下的比较和归纳。

(1) 人能完成并胜过机器的机能有:发出微量的声和光;接受和组成声、光形式;随机应变和采用灵活的程序;通过多种感觉通道接受并长期大量储存信息,在适当的时机回忆起有关情节;长于归纳法,形成概念和创造出新方法等。

(2) 目前的机械能完成并胜过人的机能有:对控制信号迅速作出反应,平稳而准确地运用巨大能量;做重复的和有规律的动作;暂时储存信息,然后全部抹掉而不留任何"记忆",进行快速运算,长于演绎法,能同时执行许多种不同功能等。

总之,在人机系统的机能分配时,其分配原则是:

人—机机能分配,使人—机可靠性最佳;

人—环机能分配,使人—环可靠性最佳;

机—环机能分配,使机—环可靠性最佳。

人—机—环境机能分配,使人机系统的可靠性最佳。

人机系统的可靠性分配是为达到系统的总体的可靠性指标,按各子系统的功能,分配其可靠性指标。可靠性指标分配,一般有以下几种方法:

(1) 等分配方法。若 n 个相同(或形似)的子系统串联组成一人机系统,设各子系统的可靠度为 R_i,即可得到系统的可靠度 $R_S(t)$ 为:

$$R_S(t) = \bigcap_{i=1}^{n} R_i(t)$$

因此,第 i 个子系统的可靠度 R_i 为:

$$R_i = \sqrt[n]{R_S} \tag{15-41}$$

设 $R_s = 0.9580$, $n = 3$,则每个子系统的可靠度为:

$$R_i = \sqrt[3]{0.9580} = 0.9858$$

(2) 按重要性分配。等分配法的缺点是不能体现各子系统的在系统中的重要程度。在实际工作中,系统中的各子系统的作用和重要性是不相同的。因此,在可靠度的分配上应按各子系统的重要程度来分配，才能反映实际情况。这样，既能保证系统的可靠性要求，又不增加成本。

设系统由 n 个子系统串联构成，各子系统均由独立的单元构成。

子系统的重要系数 $W_i=p\{$系统 S 失效/当子系统失败$\}(i=1,2,\cdots,n)$

W_i 可以定为，由于第 i 个子系统 A_i 的失效而引起整个系统 S 失效的概率。

有了各子系统的重要系数 W_i，则第 i 个子系统的可靠度应为：

$$R'_i=1-W_i(1-R_i) \tag{15-42}$$

式中　R'_i——第 i 个子系统的可靠度；

R_i——第 i 个子系统的等分配可靠度。

(3) 按复杂程度分配。一般来说，复杂系统中的组成单元比简单系统中的组成单元要多，且单元多的系统一般比单元少的系统容易失效，所以系统的失效与其复杂程度有关。

复杂程度一般用复杂系数(n_i/N)表示。其中 n_i 为第 i 个子系统中单元数，N 为整个系统的单元数，$N=\sum_{i=1}^{n}n_i$。

若各子系统的可靠度服从指数分布，则子系统与系统的可靠度关系可用下式表示：

$$R''_i=(R_S)\frac{n_i}{N} \tag{15-43}$$

式中　R_S——系统规定的可靠度；

R''_i——第 i 个子系统按复杂程度分配的可靠度。

当系统的可靠度的分配要同时考虑重要程度和复杂程度时，则可按以下方法分配其可靠度。

设系统 S 由 n 个子系统组成，各子系统由相互独立的单元构成，各个系统的可靠度均服从指数分布，第 i 个子系统的平均寿命可按下式计算：

$$Q_i=\frac{NW_it_i}{n_i[-\ln R_s(t)]}$$

式中　t_i——第 i 个子系统的工作时间；

其他符号同前。

第 i 个子系统的可靠度为：

$$R_i(t)=e^{\frac{-t_i}{Q_i}} \tag{15-44}$$

例如有个单元构成串联系统，单元的复杂性表现在构成要素的数量方面，分别为 35，91，88，231 和 88。工作时间 $t_1=t_2=t_3=t_4=12$ h，$t_5=6$ h，$W_1=W_2=W_3=W_4=0.8$，$W_5=0.25$，系统所要求的可靠度 $R_S(t)=0.9$，则按式(15-44)可分别求出 Q_i 和 $R_i(t)$。

$$Q_1=\frac{NW_1t_1}{n_1[-\ln R_S(t)]}=\frac{533\times0.8\times12}{35[-\ln0.9]}=1387.56\ \text{h}$$

$$R_1(12)=e^{\frac{-12}{1387.56}}=0.9914$$

同理

$$Q_2=533.677\ \text{h}$$

$$R_2=e^{\frac{-12}{533.677}}=0.9778$$

$$Q_3=551.87\ \text{h}$$

$$R_3 = e^{\frac{-12}{551.87}} = 0.9785$$

$$Q_4 = 210.24\ h$$

$$R_4 = e^{\frac{-12}{210.24}} = 0.9445$$

$$Q_5 = \frac{533 \times 0.25 \times 6}{88[-\ln 0.9]} = 86.23\ h$$

$$R_5 = e^{\frac{-6}{86.23}} = 0.9328$$

3. 人、机、环境各因素可靠性设计分析

（1）人的操作可靠性设计。人的操作可靠性设计包括以下几方面的内容：

1）人的任务分析，根据总的任务要求和人、机、环境机能分析与分配，找出人要完成的所有任务，并将其分解为具体操作。

2）人员配置考虑及人与人之间的分工；

3）人完成任务时发生差错的可能性分析。

4）显示、控制装置设置对人操作的影响分析。

5）环境因素对人的影响。

6）对人员的心理和生理要求，选拔人员的条件与训练要求。

7）对人员的生活、休息、医务保障等措施的安排与执行。

（2）机器的可靠性设计：

1）安全系统的选择、静强度、疲劳强度及概率断裂力学设计。

2）冗余设计。

3）容错设计，失效保护设计，故障自动诊断和恢复能力。

4）维修性设计。

5）人机界面与接口设计。

6）耐环境设计。

7）降额使用。

（3）环境的可靠性设计。

1）各种环境条件的分析判断及其准确性。

2）环境条件规范化。

3）机器所需要的人造环境条件。

4）人员对环境条件和生理卫生要求及环境控制、生命保障系统和个人装置设计。

4. 人机系统设计注意事项

（1）明确人机系统的目的及实现目的的制约条件，例如地理、环境、人力、财力、技术装备、技术水平等，必须具体分析，确定人机系统的类型。

（2）提高系统的机能与可靠性，并不是孤立地依靠某子系统的机能和可靠性的改善和提高，而是力求各子系统、单元间的相互匹配、使整体优化。

（3）尽量将生产过程变为简单操作，且各种操作对作业人员不带有危险性。尽量采用坐姿作业方式，并且使作业者采取正确姿势。如果站姿作业，作业时间不宜过长。

（4）最重要的显示器和控制器应当安排在最适宜的位置，并按机能或系统分组。有关联的显示器和控制器要呈对应关系排列。

（5）要充分考虑人的心理因素与生理条件。

（6）要考虑人和机器间的相互监督作用。一方面，要做到，即使是人发生误动作，也不造成事故，而且还要让人知道动作的错误所在，这就是由机器监督人，另一方面，当机器出现异常时，人应当能准确判断异常原因，及时进行调整，使之恢复正常，这便是由人监督机器。

（7）人机系统的分析评价是对整体系统的可靠性、安全性、舒适性，以及作业效率等进行综合分析与评价。

第四节 人的失误及控制

在作业活动中，人的行为具有灵活性、机动性和多变性。这些都受心理、生理、生活环境、生产条件与技术水平等因素的影响，往往造成作业目的与实际作业效果之间的偏差，引起这种偏差的原因就是人的失误。所谓人的失误，就是人为地使系统发生故障或发生机能不良的事件，是违背设计和操作规程的错误行为。本节通过对人为失误的表现、人为失误的影响因素，减少和控制人为失误的方法等方面予以分析探讨，以提高人机系统的安全性与可靠性。

一、人失误的表现

由于人的行为具有多变、灵活、机动的特性，人失误的表现也是多种多样的。根据对各类生产操作活动的分析，人的失误表现形式大致分为以下几个方面：

（1）操作错误、忽视安全、忽视警告。

1）未经许可开动、关停、移动机器；

2）开动、关停机器时未给信号；

3）开关未紧锁，造成意外转动、通电或泄露等；

4）忘记开关设备；

5）忽视警告标志、警告信号；

6）操作错误（指按钮、阀门、扳手、把柄等的操作）；

7）奔跑作业；

8）供给或送料速度过快；

9）机器超速运转；

10）违章驾驶机动车；

11）酒后作业；

12）客货混装；

13）冲压机作业时，手伸进压模；

14）工件紧固不牢；

15）用压缩空气吹铁屑；

16）其他。

（2）造成安全装置失效。

1）拆除了安全装置；

2）安全装置堵塞，失掉了作用；

3）调整的错误,造成安全装置失效；
4）其他。
(3) 使用不安全设备。
1）临时使用不牢固的设备；
2）使用无安全装置的设备；
3）其他。
(4) 手代替工具操作。
1）用手代替手动工具；
2）用手清除切屑；
3）不用夹具固定,用手拿工件进行加工。
(5) 物体。
指成品、半成品、材料、工具、切屑和生产用品等存放不当。
(6) 冒险进入危险场所。
1）冒险进入涵洞；
2）接近漏料处(无安全设施)；
3）采伐、采集、运材、装车时,未离开危险区；
4）未经安全检察人员允许进入油罐或井中；
5）未做好准备工作就开始作业；
6）冒进信号；
7）调车场超速上下车；
8）易燃易爆场所有明火；
9）私自搭乘矿车；
10）在绞车道行走；
11）未及时瞭望等。
(7) 攀坐不安全位置等(如平台护栏、汽车挡板、吊车吊钩等)
(8) 在起吊物下作业。
(9) 机器运输时加油、修理、检查、调整、焊接、清扫等。
(10) 有分散注意力的行为。
(11) 在必须使用个人防护用品用具的作业或场合中,忽视其使用。
1）未戴护目镜或面罩；
2）未戴防护手套；
3）未穿安全鞋；
4）未戴安全帽；
5）未佩戴呼吸用具；
6）未佩戴安全带；
7）未戴工作帽；
8）其他。
(12) 不安全装束。
1）在有旋转零部件的设备旁作业穿肥大服装；

2）操纵带有旋转零部件的设备时戴手套；

3）其他。

（13）对易燃易爆危险品处理错误。

二、人失误的影响因素

前面我们阐述了人失误的表现，那么产生人失误的因素有哪些呢？下面将从人的行为过程：感觉、判断、反应（即 S—O—R）和人的行为机动与能力等方面，对人的失误的原因进行分析。

（1）没看见、读错、没听见、听错，这属于感觉过程的失误。此类失误主要由下列因素引起的：

1）显示不完善；

2）输入信息混乱；

3）知觉能力缺陷；

4）错觉。

（2）联络失误，确认不充分。其原因有：

1）联络信息的方式与判断的方法不完全；

2）联络信息的实施不彻底；

3）联络信息的表达内容不全面；

4）接受信息时，没有充分确认，错误领会了所表达的内容。

（3）由于反射行为引起的失误。反射行为造成的危害很多，特别是在危险场所里，不标准的作业姿势等都会造成事故发生。

（4）遗忘。其原因是：

1）没有想起来；

2）暂时记忆消失；

3）过程中断的遗忘。

（5）单调作业引起的瞌睡、失神。在一些简单、重复、没有什么变化 和刺激的单调作业中，人的知觉与思考力便下降，出现回忆和发愣状态，同时冲动性行为增多，此时极易发生失误。

（6）精神不集中。其原因是：

1）信息处理时间间隔长，易使人思想开小差，结果忘记或影响了应当进行的信息处理；

2）意识水平模糊，对信息难于处理。

（7）不良习惯引起失误：

1）习惯性违章作业；

2）对作业厌烦、懒惰；

3）随大流、逞能好强；

（8）疲劳引起的失误：

1）对信息的方向性、选择性和过滤性差；

2）输出时的程序混乱、行为缺乏准确性；

3）带病操作、连续加班作业；

(9) 操作方向引起失误：

1) 无操作方向显示；

2) 与人体习惯方向相反。

(10) 操作调整失误，有以下几方面原因：

1) 技能水平低，作业不熟练；

2) 操作烦琐、困难；

3) 教育、训练不够；

4) 安全意识不强。

(11) 操作工具的形状、布置等缺陷引起的失误：

1) 操作工具的形状、布置不合理 ；

2) 记错了操作对象的位置；

3) 方向性混乱；

4) 工具、用品等选择错误。

(12) 异常状态下的错误行为：

1) 紧急状态下缺乏经验；

2) 惊慌失措、草木皆兵；

3) 注意力集中于一点。

(13) 环境原因。如光线、温湿度、空气质量、噪声振动、色彩、作业场所布置等。

(14) 管理与教育训练方面的原因：

1) 制度不健全，工作安排不妥；

2) 安全教育不够；

3) 安全意识、安全技能掌握不够。

三、人的失误的控制

根据以上对人的失误的表现，人的失误的影响因素的分析，我们对人的失误的控制可从以下几方面入手。

1. 管理安全化

管理安全化是针对企业岗位、工种的特点，制定各种安全操作规程及经常性的安全教育、技术培训，对作业人员合理分工等，以提高人的安全素质，减少失误。

(1) 对新工人进行三级安全教育和技术培训；

(2) 对特殊工种有专门的培训计划；

(3) 对各岗位、工种要制定安全操作规程和实施办法；

(4) 利用事故教训、安全宣传栏、安全教育电视、展览进行安全教育，提高安全意识；

(5) 单调作业应减少作业时间，或采用背景音乐进行调节，减少因单调作业引起的失误；

(6) 开展危险预知活动，提高作业者多危险的辨识能力；

(7) 合理安排工作，发挥操作者的特长；

(8) 采用工间休息和保健、防暑降温、防寒防冻等措施，消除人的疲劳；

(9) 按规定实行加班作业，禁止连续加班和患病者坚持工作；

(10) 制定各种措施,提高工人的工作积极性等。

2. 操作安全化

(1) 采用行政和经济手段,推行各工种的标准化作业,减少人的失误;

(2) 思想工作和行政措施一齐抓,全方位、多层次,党、政、工、团、安全部门齐抓同管。

(3) 建立必要的操作标准监督岗,让工人之间、上下级之间相互监督执行标准操作。

3. 本质安全化

本质安全化,即机器、设备从技术上是安全的,若人发生误操作,也不会发生事故,且设备本身可以防止人的操作失误。

(1) 显示装置的信号适合人的心理、生理特征以减少因信息传递混乱而引起的人的失误。

(2) 控制装置要操作简便、省力。

(3) 显示器、控制器的布置要合理。

(4) 安全防护装置、个体防护品要安全可靠。

(5) 有缺陷的工具要及时修理或更换。

4. 环境安全化

(1) 开展文明生产,作业场所材料、原料、产品等要整洁、安全通道畅通。

(2) 工具、备用品要存放合理,保护设备清洁。

(3) 要求作业者劳保用品穿戴整洁。

(4) 绿化车间、产区环境。

(5) 改善作业场所的小气候条件,如温度、湿度、压力、采光照明等要适合人的心理生理条件。

(6) 设备操作部位采用不同的几何形状和颜色,信号明确,消除噪声,警告牌和指示板醒目,且生动形象。

5. 作业方法安全化

复杂的机械系统,在信息处理上时常发生错误。怎样才能减少差错,使操作者能正确判断和处理异常信息,以防止由人的判断失误而引起的错误行为?现以控制流程的控制室为例,说明在异常状态下,人正确处理机器设备的异常情况,避免事故发生。在控制室内通常有许多仪表要监视,不容易立即察觉到哪个仪表处于异常,即使发觉也不易判断出设备的哪个部分出现了问题。为了能够迅速做出判断,可事先制定一张决断表,由决断表给控制室操作人员提示何处出了问题,然后由控制室操作人员作出适当判断和处理。

如图 15-13 所示的缓冲罐,装有流量计 F_1 和 F_2 以及水位 L_1 联动的阀门 V_1。如以 H、L、N 分别代表流量计 F_1、F_2 处的流量过大、过小和正常,以 O、C、N 分别代表阀门 V_1 全开、关闭和正常,于是 F_1、F_2、V_1 可组成 $3^3=27$ 种情况(见表 15-15)。

表中事态号码 1、2、3、…,表示各种情况所呈现的事态,各种事态号码代表的事态内容见表 15-16。如号码 4 是入口管堵塞,出现这种事态的情况之一是序号 3 所列的 F_1 正常、V_1 正常、F_2 流量过小。即入口堵塞的事态有可能 F_2 流量过小引起。由表 15-15 还可以知道出现入口管子堵塞这种事态还有序号 4、6、12、13、15、21、22、24 所列的各种情况。这样,从发生的事态现象就可以分析判断出故障所在,而由各部分的情况也可以推断出可能出现的故障。当出现事态 A 时,表示装置上发生了异常情况,必须认真正确分析和处理。

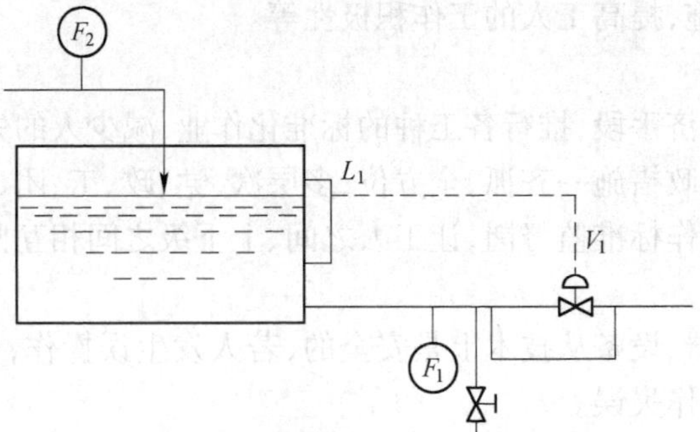

图 15 – 13　缓冲罐示意图

表 15 – 15　缓冲罐异常事态决断表

序号	F_1	V_1	F_2	事态	序号	F_1	V_1	F_2	事态	序号	F_1	V_1	F_2	事态
(1)	N	N	N	1	(10)	H	N	N	5	(19)	L	N	N	A
(2)	N	N	H	1,2	(11)	H	N	H	2,3	(20)	L	N	H	2,3
(3)	N	N	L	4	(12)	H	N	L	4	(21)	L	N	L	4
(4)	N	O	N	4	(13)	H	O	N	4	(22)	L	O	N	4
(5)	N	O	H	A	(14)	H	O	H	6	(23)	L	O	H	A
(6)	N	O	L	4	(15)	H	O	L	4	(24)	L	O	L	4
(7)	N	C	N	2、3	(16)	H	C	N	2、3	(25)	L	C	N	2、3
(8)	N	C	H	2、3	(17)	H	C	H	2、3	(26)	L	C	H	2、3
(9)	N	C	L	5	(18)	H	C	L	5	(27)	L	C	L	6

表 15 – 16　事态号码表示的内容

号　码	事 态 内 容
1	工作正常
2	F_2 和 V_1 间的管子泄漏
3	分流阀因误操作而打开
4	入口管子堵塞
5	罐有漏洞
6	流出不正常
A	异常状态

参考文献

[1] 袁昌明,王金国,于飞．实用安全管理技术[M]．北京:冶金工业出版社,1998.

[2] 全国注册安全工程师执业资格考试辅导教材编审委员会．安全生产法及相关法律知识[M]．北京:煤炭工业出版社,2005.

[3] 全国注册安全工程师执业资格考试辅导教材编审委员会．安全生产管理知识[M]．北京:煤炭工业出版社,2005.

[4] 毛海峰．现代安全管理理论与实务[M]．北京:首都经济贸易大学出版社,2000.

[5] 袁昌明,张晓东,章保东．安全系统工程[M]．北京:中国计量出版社,2006.

[6] 徐德蜀,邱成．安全文化通论[M]．北京:化学工业出版社,2004.

[7] 卞耀武,李适时,黄淑和,闪淳昌．《中华人民共和国安全生产法》读本[M]．北京:煤炭工业出版社,2000.

[8] 赵耀江．安全法学[M]．北京:机械工业出版社,2007.

[9] 吴超,吴宗之．公共安全知识读本[M]．北京:化学工业出版社, 2006.

[10] 邢娟娟．职业危害评价与控制[M]．北京:航空工业出版社,2005.

[11] 吴穹,许开立．安全管理学[M]．北京:煤炭工业出版社,2002.

[12] 高等学校安全工程学科教学指导委员会、中国职业安全健康协会编．安全工程师任职资格培训教材[M]．北京:中国石化出版社,2005.

[13] 徐德蜀,邱成．企业安全文化简论[M]．北京:化学工业出版社,2005.

[14] 吴宗之,高进东,魏利军．危险评价方法及其应用[M]．北京:冶金工业出版社, 2002. 8.

[15] 蒋军成,郭振龙．安全系统工程[M]．北京: 化学工业出版社 2004. 4.

[16] 全国注册安全工程师职业资格考试辅导教材编审委员会．安全生产管理知识[M]．北京:煤炭工业出版社,2005. 6.

[17] 全国注册安全工程师执业资格考试辅导教材编审委员会．安全生产技术[M]．北京:煤炭工业出版社,2005. 6.

[18] 青岛贤司著(日)．安全管理学[M]．罗国钦,刘宜家译．四川省冶金局,四川省劳动局,1982.

[19] 青岛贤司著(日)．安全工程学[M]．梁李成,钟鼎方译．四川省冶金局,四川省劳动局,1981.

[20] 青岛贤司著(日)．安全教育学[M]．宗树森,陈刚,徐宝荞译．四川省冶金局,四川省劳动局,1983.

[21] 国家机械工业委员会质量安全监督司．机械工厂安全性评价[M]．北京:机械工业出版社, 1988. 5.

[22] 董立斋,巩长春．工业安全评价理论和方法[M]．北京:机械工业出版社, 1988. 10.

[23] 张景林,崔国章．安全系统工程[M]．北京:煤炭工业出版社, 2002. 8.

[24] 沈裴敏．安全系统工程理论与应用[M]．北京:煤炭工业出版社, 2001. 6.

[25] 肖爱民．安全系统工程学[M]．北京:中国劳动出版社, 1992.

[26] 袁昌明,张东胜．某大厦爆破拆除工程安全性评价[J]．中国计量学院学报,2005,16(1)51 - 55.

[27] 袁昌明．金属矿山井下开采安全评价的研究,工业安全与防尘[J]. 1993,8. 37 - 39.

[28] 袁昌明．事故树分析中最小割集、最小径集的计算机求解[J]．中国计量学院学报,2002, 13(4), 308 - 310.

[29] 袁昌明．城市经济、环境和观念与可持续发展的关系[J]．工业安全卫生月刊,2003,1(163). 32 - 36.

[30] 袁昌明．澜沧铅矿井下有毒有害气体测评与控制[J]．安全与环境学报,2002,2(5)36 - 38.

[31] 袁昌明．澜沧铅矿硫化矿炸药自爆危险性分析[J]．工业安全与环保,2003,29(3)24 - 26.

[32] 袁昌明．关于安全科学若干问题的探讨[J]．工业安全卫生月刊,2003,5(167)．34 - 40.

[33] 袁昌明,崔晓君．事故预测模型的建立与应用[J]．中国计量学院学报,2004,15(4)314 - 316.

[34] 袁昌明,崔晓君．人体节律临界日测算方法的探讨[J]．人类工效学,2005,11(2)32 - 36.

[35] 袁昌明．油库火灾爆炸危险性分析与控制(安全科学理论与实践)[M]．北京:北京理工大学出版社,2005,8. 217 - 221.

[36] 袁昌明．硫化矿炸药的爆炸机理与实验研究,爆破器材,2004,33(3)16 - 20.

[37] Yuan Changming, Cui Xiaojun. A study on indentification , Analysis and control of Hazard Sources in cola coking plant , the 20th Annual Conference of Asia Pacific Occupational Safety & Health Organization, Beijing, China, 31August - 3September 2004, 356 - 362.

[38] 吴宗之,高进东．重大危险源辨识与控制[M]．北京:冶金工业出版社, 2001. 6.

[39] 吴宗之,刘茂．重大事故应急救援系统及预案导论[M]．北京:冶金工业出版社, 2003. 4.

[40] 崔克清．安全工程大词典[M]．北京:化学工业出版社, 1995. 11.

[41] 曲和鼎,王恒毅．安全软科学的理论与应用[M]．天津:天津科技翻译出版公司, 1991. 10.

[42] 左东红,贡凯青．安全系统工程[M]．北京: 化学工业出版社, 2004.

[43] 袁昌明．关于安全发展若干问题的探讨[J]．工业安全卫生月刊(中国台湾),2008,7(229)61 - 66.

[44] Yuan Changming, Duan Yue. Study on Identification, Analysis and Control of azard in a Coking Production Process, Proceeding of the 2008 International Symposium on Safety Science and Technology, . September 24 - 27, 2008, Beijing, China, Science Press USA Inc, Vol Ⅶ, Part A, 76 - 79.

[45] Yuan Changming. Research on Safety Evaluation Method for Underground Metal Mines, Proceeding of the 2007 International Conference on Mine Hazards Prevention and Control, Qingdao, China, 17 - 19 October, 2007, Science Press USA Inc, 465 - 469.

[46] 孔凡玉,杜洪奎,袁昌明．锅炉压力容器安全技术[M]．北京:中国计量出版社,2008,11.